城市领导者手册

Finance for City Leaders Handbook

财政规划——写给城市领导者

联合国人居署　编著

马尔科·卡米亚（Marco Kamiya）　张乐因（Le-Yin Zhang）　主编

王　伟　那子晔　朱　洁　李一双　等译

中国建筑工业出版社

联合国人居署
实现城市更美好的前景

著作权合同登记：图字01-2017-7658号

图书在版编目（CIP）数据

财政规划——写给城市领导者／联合国人居署编著；马尔科·卡米亚，
张乐因主编；王伟等译. —北京：中国建筑工业出版社，2018.5
（城市领导者手册）
ISBN 978-7-112-22626-9

Ⅰ.①财…　Ⅱ.①联…②马…③张…④王…　Ⅲ.①财政管理-作用-城市规
划-研究-世界　Ⅳ.①TU984

中国版本图书馆CIP数据核字（2018）第200156号

FINANCE FOR CITY LEADERS HANDBOOK
ISBN 978-92-1-132721-2
First published in Nairobi in 2016 by UN-Habitat
© United Nations Human Settlements Programme（UN-Habitat），2016
Cover Photo © Flickr/Kevin Wong

责任编辑：董苏华　孙书妍
责任校对：张　颖

城市领导者手册
财政规划 —— 写给城市领导者
联合国人居署　编著
马尔科·卡米亚　张乐因　主编
王　伟　那子晔　朱　洁　李一双　等译
*

中国建筑工业出版社出版、发行（北京海淀三里河路9号）
各地新华书店、建筑书店经销
北京锋尚制版有限公司制版
北京富诚彩色印刷有限公司
*
开本：787×1092毫米　1/16　印张：14½　字数：351千字
2018年10月第一版　2018年10月第一次印刷
定价：138.00元
ISBN 978-7-112-22626-9
（31884）

版权所有　翻印必究
如有印装质量问题，可寄本社退换
（邮政编码 100037）

目　录

中文版序一

正如联合国人居署所倡导的，全球城市的快速增长以及城市作为经济发展动力的重要角色要求来自公共、私营部门和社会群众共同参与到促进可持续和包容的城市化进程的财政、设计和城市政策实施中。提供给城市领导者满足经济、社会和监管环境的恰当的财政机制和框架是实现《新城市议程》目标的基石。

当前，我们正在执行基多举行的"人居Ⅲ"大会上通过的《新城市议程》，这正是开展支持可持续城市化的财政研究的绝佳时机。《新城市议程》是一项以行动为导向的计划，旨在有效解决城市化中包括财政问题在内的一系列复杂挑战。这是国家城市政策、城市立法、城市规划与设计、规划中的城市扩展和城市化融资五项战略的组合。"人居Ⅲ"进程为建立促进公平、繁荣和共享的城市发展新模式提供了一个难得的机会。

《财政规划——写给城市领导者》对城市化迅速发展带来的挑战以及城市拥有的各种融资工具进行了前沿、全面和深入的分析。通过为城市领导者提供一系列强调可持续性、包容性和财务自主性的广泛融资解决方案，本书将有助于就城市如何审视融资以支持重大资本支出、基础设施维护运营和公共服务展开有益讨论。

"人居Ⅲ"大会提出的城市化新方法必须适应城市动态变化带来的挑战。联合国人居署推出的《财政规划——写给城市领导者》是一个具有里程碑意义的出版物，它融汇了来自15余个公共、私人和多边机构的30多位专家作者为发掘建设和维持城市繁荣所需工具而共同辛勤工作得来的智慧结晶。

麦姆娜·谢里夫

（Maimunah Sharif）

联合国人居署副秘书长及执行主任

中文版序二

　　可持续、包容性的城市化已成为快速增长的全球城市的必然发展方向。联合国人类住区规划署（人居署）在联合国"人居Ⅲ"大会上通过的《新城市议程》为指导此发展方向提供了包括融资在内的具体的导向计划。人居署推出的这本《财政规划——写给城市领导者》基于融资和融资工具对城市可持续性、包容性和财务自由性发展进行了深入全面的分析，为城市领导者提供了一些可行的融资解决方案。

　　如今，中国大力发展开放型经济，推进"一带一路"等国际合作，新型产业蓬勃发展，传统行业深刻重塑。近五年来，中国的国内生产总值增长6.9%，居民收入增长7.3%，取得了全方位、开创性的成就。为保持经济中高速增长，优化投资结构，鼓励民间投资，发挥政府对融资的积极引导和撬动作用，促进中国城市的可持续化进程，这本《财政规划——写给城市领导者》可以作为中国城市领导的一个较好的借鉴读物，促进有关城市重大资本支出、基础设施维护运营和公共服务方面融资的有益讨论。

马尔科·卡米亚

（Marco Kamiya）

联合国人居署城市经济与金融局局长

序　言

　　全球城市的快速发展以及城市作为经济发展基本驱动力的角色，要求来自公共与私营部门的城市领导者在财政融资、规划设计以及政策执行上共同努力，以实现可持续、包容性的城市化。与经济、社会、管理环境相适应的、适宜的财政融资机制与框架，是城市领导者实现《新城市议程》目标的成功基础。

　　世界领导人正在讨论的《新城市议程》将会在基多举行的联合国住房与城市可持续发展第三次会议上得到通过（简称"人居Ⅲ"）——这是进行可持续城市化财政融资研究的绝佳时机。《新城市议程》是一个行动导向的计划，旨在有效解决城市化所面临的包括财政融资在内的诸多复杂挑战。这一计划由国家城市政策、城市立法、城市规划与设计、城市扩展计划以及城市财政融资五大战略组成。第三次人居会议的举行，为打造促进公平、幸福与共同繁荣的城市发展新模式提供了不可多得的契机。

　　《财政规划——写给城市领导者》对快速城市化所带来的问题进行了及时、全面和深入的分析，并且提供了各种各样可供城市使用的财政融资工具。通过为城市领导者提供大量强调可持续性、包容性和财政自主性的融资方案，该出版物将进一步推动在城市重大资本支出、基础设施运营维护以及公共服务等领域所展开的方兴未艾的对话交流。

　　在第三次人居会议上提出新的城市化方案以应对日新月异的城市运作体系所带来的挑战，势在必行。联合国人居署推出的《财政规划——写给城市领导者》是一本具有里程碑意义的出版物，它集供职于15个以上公共、私营以及多边机构的30多位合作者专业知识之大成，意图为城市实现持久繁荣贡献各种政策工具。

约翰·克洛斯 博士
（Dr. Joan Clos）
第三次人居会议秘书长
联合国人居署执行主任

关于主编及其他参编人员

主编

马尔科·卡米亚（Marco Kamiya），联合国人居署城市经济与金融局（位于肯尼亚内罗毕）局长。除与联合国人居署合作开展实地项目外，卡米亚还进行城市财政、城市扩张经济学、地方基础设施投资政策方面的研究。在加入联合国人居署前，就职于拉丁美洲开发银行（CAF）以及泛美开发银行，还曾担任PADECO有限公司（一家总部位于东京的咨询公司）国际开发项目的主管。曾在哈佛大学攻读国际发展专业。

张乐因（Le-Yin Zhang），伦敦大学学院巴特利特发展规划院城市经济发展部硕士专业课程导师、教授。专攻城市经济管理，对城市发展拥有广泛的研究兴趣，包括低碳转型、绿色金融以及中国的财政体制。她的成果包括《城市经济管理：发展中国家的挑战与策略》（劳特利奇出版社，2015年）以及多篇期刊论文、专著章节和报告。拥有北京师范大学理学学士学位和伦敦大学博士学位。

其他主要参编人员

拉尔斯·M·安德森（Lars M. Andersson），地方政府财政专家。1986年，他成立了瑞典地方政府资助基金会（Kommuninvest）。目前，他是法国地方政府基金会以及全球城市开发基金董事会成员，在一些政府和机构担任国际顾问。

多米尼克·伯比奇（Dominic Burbidge），牛津大学跨学科领域研究院学科讲师，同时是政治与国际关系研究院研究员，著有《肯尼亚民主的阴影：普遍腐败的普遍预期》（劳特利奇出版社，2016年）；发表过数篇与社会信任、地方政府、宪制设计相关的期刊论文。此外，他在肯尼亚斯特拉斯莫尔大学讲授法律。

道格·卡尔（Doug Carr），仲量联行（JLL）公共事业部纽约地区副总裁。主要为政府、教育部门以及非营利组织提供房地产规划与开发方面的咨询服务，尤其在政府和社会资本合作（PPP）和公共交通导向开发模式（TOD）等方面具有丰富的经验。

尼克·齐斯曼（Nic Cheeseman），牛津大学非洲政治学副教授，《牛津非洲政治学百科全书》创始编辑。他也是期刊《该我们吃了》（2010）和《非洲政治学手册》（2013）的编辑之一。最近，由剑桥大学出版社出版了他的首个专题研究《民主在非洲》（2015）。他正在运营广受欢迎的网站"民主在非洲"（www.democracyinafrica.org）。他还是肯尼亚《星期日国家报》的专栏作家以及联合国前秘书长科菲·安南创立的非洲进步小组的作家和顾问。

格瑞·克拉克（Greg Clark），伦敦大学学院城市领导力倡议顾问委员会的联席主席，名誉教授。他的其他身份还包括欧洲城市土地研究院资深会员，布鲁金斯学会大都市政策项目国际会员，JLL城市研究中心主席，OECD LEED项目战略顾问以及城市研究中心国际研究员。他为OECD主持了20个城市和区域发展的审查评估，并且担任13个国家的国家城市政策顾问。

斯凯·戴尔梅达（Skye d'Almeida），负责管理C40城市气候领导小组的可持续城市融资计划，该计划由花旗基金会和WRI罗斯中心联合发起。在这个职位中，她致力于促进城市网络协同合作，使其加大在可持续城市基础设施和服务上的资金投入。她的经历包括设计和实施气候财政机制，担任能源、经济、管控政策的顾问，与美国能源部合作建立国际清洁能源决策者网络。她在昆士兰大学获得了商科和工科的多个学位。

洛德斯·格尔曼（Lourdes Germán），城市财政专家，林肯土地政策研究院国际和研究所行动事务处主任。发起了研究所的全球城市财政健康项目。在加入林肯土地政策研究院之前，她曾在多个公共和私人机构内从事与市政财政相关的课题研究，并曾任教于美国东北大学。她是"公民创新项目"的创始人和负责人，马萨诸塞州财政和管理委员会主席，并被任命为波士顿市审计和财政事务委员会的成员。

帕维尔·科恰诺夫（Pavel Kochanov），国际金融公司的高级专家，专攻全球地方政府组织的信用和治理风险。在担任IFC目前的职位之前，他在世界权威金融评级机构"标准普尔"工作，致力于建立信用风险标准和政府管理评估体系。他拥有莫斯科国立大学经济学博士学位。

亚索·小西（Yasuo Konishi），全球开发方案有限公司（GDS）经理。他在私人机构有超过30年的工作经验，并担任大型国际组织，如世界银行、国际金融公司、联合国、欧洲复兴开发银行和美洲开发银行的顾问。在GDS，他从事世界范围内的供应链分析和本地经济发展的相关工作。他拥有塔夫茨（Tufts）大学弗莱彻法律与外交学院硕士学位。

莱昂纳多·莱特列尔（Leonardo Letelier），智利大学公共事务学院副教授和研究生主任。专攻财政分权，是《财政分权：理论与实践》（2012年）一书的作者。他曾是联合国、泛美开发银行和世界银行的顾问。获英国苏塞克斯大学经济学博士。

蒂姆·穆恩（Tim Moonen），在总部位于伦敦的咨询公司——城市商业公司任情报总监。他擅长城市治理、融资和绩效比较。他的项目客户和合作伙伴包括布鲁金斯学会、未来城市助推中心、OECD LEED项目、奥斯陆地区以及大悉尼地区委员会。他与JLL合作，负责两年一度的全球200个城市的指标审查。蒂姆在布里斯托尔大学获得了政治和国际研究学博士。

阿曼多·莫拉莱斯（Armando Morales），国际货币基金组织常驻肯尼亚代表。在那里他担任非洲货币政策网络部门的协调人和东非货币政策框架协调化的项目主任。在担任国际货币基金组织的肯尼亚驻地代表之前，他是IMF的印度尼西亚驻地代表。他还担任德意志银行新兴欧洲研究集团、秘鲁中央银行以及其他组织的高级经济学家。

米克尔·莫雷尔（Miquel Morell），专注于空间规划、城市规划以及住房政策领域的经济学家。作为加泰罗尼亚经济学家协会的代表，他是中央区域土地规划任务的技术报告成员之一。他也致力于城市开发公共和私人投资项目资金可行性和可持续性的分析。在ESADE商学院取得工商管理硕士学位。

丹尼尔·普拉茨（Daniel Platz），供职于联合国经济与社会事务金融与发展办公室的经济学家。他是负责监管和促进亚的斯亚贝巴行动议程、多哈金融发展宣言以及蒙特雷协定实施的小组成员之一。他在支持联合国政府间进程方面有超过15年的经验，并且在市政财政和金融普惠性方面有着广泛经验。在新学院大学（The New School）取得了全球政治经济与金融的硕士和经济学博士。

德米特里·波日达耶夫（Dmitry Pozhidaev），联合国资本发展基金的区域技术顾问，负责基金在非洲南部和东部的项目规划工作。他是伦敦商学院的硕士，在莫斯科大学获得定量研究和统计专业的博士学位。

德娃世瑞·萨哈（Devashree Saha），布鲁金斯学会都市政策项目的副研究员。她在美国各州和区域经济增长与繁荣的动力方面有将近10年的政策研究和分析经验，尤其是清洁能源和经济发展政策相互关系方面的专家。她关于清洁能源财政方面的著作，为美国各州和大都市区的政策制定者提供参考。她在得克萨斯大学奥斯汀分校获得了公共政策博士学位。

约尔·西格尔（Yoel Siegel），联合国人居署城市经济部的高级顾问。除此之外他还在可持续性地方经济项目方面为地方政府提供咨询。他在创建社区就业中心、开发工业园区、推动培训研讨以及促进包容性城市开发方面浸润数载。

劳伦斯·沃尔特斯（Lawrence Walters），杨伯翰大学罗姆尼公共管理研究所斯图尔特·格罗公共管理讲席教授。他最近完成一本关于房产税政策和管理的合编卷，一本发展中国家房产税政策的指导手册以及一本有关管理环境问题的著作。他最近的研究致力于帮助发展中国家开发土地财政工具并编纂辅导教材。他在宾夕法尼亚大学沃顿商学院取得博士学位。

联合国人居署参编人员

凯蒂娅·迪特里希（Katja Dietrich），联合国人居署住房和贫民窟改造部门的区域项目经理。她目前专注于发展参与式的贫民窟改造项目。在加入联合国人居署之前，她在德国发展公司工作。她在亚琛大学获得经济地理和城市规划硕士学位。

穆罕默德·法里德（Muhammad Farid），联合国人居署阿富汗办公室知识管理部研究员。在加入联合国之前，他是阿富汗城市发展和住房部的城市顾问。他还担任位于喀布尔的卡尔丹大学的兼职教授。他在伦敦城市大学取得经济学硕士学位。

莉斯·帕特森·冈特纳（Liz Paterson Gauntner），联合国人居署城市经济和财政部门的顾问。她参与了联合国人居署同其他国际机构合作进行的非洲、拉丁美洲和加勒比地区以及北美的城市项目。她曾为旧金山湾区大都会交通委员会工作。她在波特兰州立大学取得城市规划硕士和公共健康硕士。

伊丽莎白·格拉斯（Elizabeth Glass），联合国人居署经济与融资部顾问。在加入人居署之前，她在华盛顿哥伦比亚特区的经济政策研究院工作。她还与一些国际发展组织合作从事发展中国家教育去中心化和经济发展的研究。她在新学院大学取得国际经济发展的硕士学位。

扬胡恩·穆恩（Younghoon Moon），联合国人居署经济与融资部顾问，致力于支持地方政府发展地方经济和促进城市繁荣。他专注于整合生产部门的效率和空间分析。在加入人居署之前，他为世界银行肯尼亚部门竞争力项目工作，还曾担任韩国外汇银行外国直接投资领域的分析师。他在哥伦比亚大学取得政策管理硕士学位。

梅丽莎·佩默泽尔（Melissa Permezel），联合国人居署住房和贫民窟改造部门的政策和开发工具顾问。她专注于贫民窟的城镇化和开发问题。在加入人居署之前，她为各地市政府、联合国其他部门以及私人公司工作。她在墨尔本大学取得城市规划博士学位。

道格拉斯·拉根（Douglas Ragan），联合国人居署青年和生计部门的主任。他管理联合国人居署全球发展中国家青年发展项目库。他还负责联合国人居署三大旗舰青年项目：城市青年基金、青年21倡议、一站式青年资源中心。他在麦吉尔大学取得管理学硕士学位，目前是科罗拉多大学建筑和设计博士研究生，研究方向为贫民窟的青年领导组织。

克斯廷·萨默（Kerstin Sommer），联合国人居署贫民窟改造部门的主任。在该部门，她负责协调非洲、加勒比地区和太平洋国家的35个贫民窟改造项目。在这之前，她为人居署非洲和阿拉伯国家区域办公室提供城市档案、贫民窟改造、住房和能力建设等方面的支持。她在特里尔大学获得应用地理学的硕士学位。

在有关性别、青年和人权等涉及跨学科内容的章节部分，我们的跨学科研究团队为此付出了巨大的努力，在此，我们要感谢索尼娅·加德里（Sonja Ghaderi）、朱迪恩·穆卢瓦（udith Mulwa）、布莱恩·奥伦加（Brian Olunga）、雅万·翁巴多（Javan Ombado）、罗西奥·阿尔米拉斯-蒂塞伊拉（Rocío Armillas-Tiseyra）、塔伊布·博伊斯（Taib Boyce）和黑兹尔·库里亚（Hazel Kuria）。

我们也要感谢作为本研究课题协作者的伊丽莎白·格拉斯，以及Moges Beyene和Juan Luis Arango，他们在本书的出版过程中提供了许多专业性的研究支持。

前　言

城市财政概览

　　城市是21世纪的驱动力量。通过将大量人口聚集在一起，城市激发经济增长，培育创新，促进繁荣。然而，能否为居民创造宜居的环境，让经济活动惠及所有居民，使城市能够生态友好、公平共享并智慧弹性地应对破坏性因素，也是城市发展面临的急迫挑战。尤其紧迫的是，为实现可持续发展目标而每年所需3万亿到4万亿美元的融资难题。在这个愈加城市化的世界，城市本身在弥补这一融资缺口方面扮演了至关重要的角色。

　　权力下放是克服这些挑战的关键。分权提供了一条具有响应性的治理路径，使得地方政府能够满足居民和企业的特定需求。然而，在许多国家，地方政府事权的增加并没有带来与此相适应的财权的增加。在城市化的背景下，城市面临着用更少的资源做更多事情的境况。特别是随着城市的发展（尤其在非洲和亚洲），对于基础设施和基本公共服务的需求也在增加——由于低人口密度的蔓延式发展和城市规模的不规则扩张，有时这种需求增加的速度甚至超过了人口增长的速度。一方面导致对新的融资需求迫切，另一方面基本公共服务的持续性提供和现有基础设施维护的成本也在增长，并且往往难以得到满足。结果，在许多地方，公民和地方政府之间的社会契约关系常常陷入一种焦灼状态。

　　尽管地方政府手中的资源有限，却需要作出艰难的选择以平衡一系列迫切的需求。它必须保障人们在住房和基本公共服务需求方面的基本人权，考虑妇女、青年和低收入人群的需要，并且要保证环境可持续和推动经济发展。此外，技术能力、法律框架和治理方面的缺陷构成了许多城市履行其职责的巨大障碍。对于城市领导者而言，尽管政治问题有时是棘手和压倒性的，但其他很多问题在本质上却是技术性的，是可以得到解决的。

　　事实上，存在许多可以帮助城市改善财务状况的工具。城市所需做的第一步就是改善其基本的财务管理，包括管理好自身收入以及将"明天更好型"城市规划与其所需的预算和财务计划相匹配。地方政府必须设法将创收行为与日常运转及城市发展联系起来，以实现地方财政的长期可持续性。各国可以支持其地方政府在这一领域的能力建设，并建立支持性的规制框架和国家层面的制度。

解决基本财务管理问题的行动一旦开始，就可以利用借贷支持急需的城市建设投资。借贷的方式多样，包括市政债券、商业银行贷款以及国家和区域开发银行的贷款。城市政府在中央政府的协助下，应将其借贷工具与偿债能力、抗风险能力以及实际的投资需求匹配起来。

除了传统的融资工具外，还有一系列创新性融资方案在中等收入国家得到越来越多的检验——包括绿色债券、城市间协调性打包融资和土地融资工具。城市面临的巨大融资难题不能仅通过公共部门来解决。私营部门对于城市的社会、经济和环境可持续发展具有至关重要的作用。城市与私营部门合作实现可持续发展目标的方式多种多样，其中包括各类政府和社会资本合作（PPP）模式。此外，城市财政的改善必须与响应性治理和城市管理的有关要素相结合——其中包括城市规划和规制框架——以促使所有利益相关方协调一致地实现共同的城市愿景。

提升城市领导者对各种财政融资工具的熟悉程度会提升这些工具得以成功运用的可能性，这也是本书的主要目的。

本书概览

《财政规划——写给城市领导者》全书分为三个部分，分别是城市财政导论（第1至第3章）、设计融资产品（第4至第12章）和交叉议题（第13至第15章）。在第1章和第2章，多米尼克·伯比奇（Dominic Burbidge）和尼克·齐斯曼（Nic Cheeseman）设定了本书余下内容的基调。作者阐释了城市财政的指导原则，解释了城市财政的重要性，并介绍了一些提高地方自主创收型收入的工具，这些工具在第二部分中有更详细的论述。

第3章由阿曼多·莫拉莱斯（Armando Morales）、丹尼尔·普拉茨（Daniel Platz）和莱昂纳多·莱特列尔（Leonardo Elias Letelier）撰写，探讨了财政分权化背后的理论依据、对于财政分权正反两方面的观点以及财政分权成功的因素。作者认为，财政分权是城市可持续和自主融资的重要组成部分，但它必须在监管和法治环境下进行。监管和法治赋予城市政府权力，同时也使城市政府对其收支负责。

第二部分从第4章开始，由洛德斯·格尔曼（Lourdes Germán）和伊丽莎白·格拉斯（Elizabeth Glass）撰写，讨论了非税自主创收型收入。作者介绍了一些获得自主创收型收入的非税收工具，其中包括使用者付费、罚款和土地使用费。本章认为，非税自主创收型收入对提高城市收入和城市财政自主能力至关重要。

在第5章中，德娃世瑞·萨哈（Devashree Saha）和斯凯·戴尔梅达（Skye d'Almeida）认为，对于那些既有利于生态环境，又有利于公共利益的项目而言，绿色市政债券大有裨益。作者首先解释了绿色债券的概念，并检视了当前绿色债券市场的状态。章节的后半部分回顾了发行绿色市政债券所面临的一些挑战以及城市政府如何获得这一重要的融资来源。

第6章由拉尔斯·M·安德森（Lars M. Andersson）和帕维尔·科恰诺夫（Pavel Kochanov）撰写，讨论了集中打包型融资机制。在这种机制下，多个城市将它们的融资需求集中起来，以提升它们在资本市场上的融资份额。作者认为，要使中小城市能够获得长期和成本适中的融资，该机制尤其重要。

在第7章中，张乐因（Le-Yin Zhang）和马尔科·卡米亚（Marco Kamiya）讨论了政府和社会资本合作关系（PPP）的利弊。作者认为，PPP模式作为一种重要的融资机制，在发展中国家和发达国家中都获得了广泛的成功。尽管其自身面临一系列监管方面的挑战，但PPP模式作为重要基础设施项目融资有力工具的地位业已得到事实证明。

第8章由莉斯·帕特森·冈特纳（Liz Paterson Gauntner）和米克尔·莫雷尔（Miquel Morell）撰写，提出了一种为有规划的城市扩张融资的方法（即PCE）。作者认为，PCE为城市的可持续发展提供了必要框架，其实施必须从三方面入手，即城市规划和设计、规则和法规以及公共财政管理。

在第9章中，劳伦斯·沃尔特斯（Lawrence C. Walters）和莉斯·帕特森·冈特纳（Liz Patterson Gauntner）回顾了通常用于获取土地收入与根据土地价值和属性来提高收入的工具。作者认为，虽然理论和实践都支持使用来自土地的收入，但在利用这些工具时，必须明白要想顺利取得收入所面临的挑战。

在第10章中，格瑞·克拉克（Greg Clark）和蒂姆·穆恩（Tim Moonen）和道格·卡尔（Doug Carr）论证了房地产开发在城市发展中的作用。本章首先讨论了人为干预下的城市发展所具有的优点，然后解释了城市如何利用规划和资产管理来创造和获取价值。接着作者论述了城市发展规划的作用与对智慧型规划分析框架的需求，之后概述了协同性土地利用规划的作用和价值。随后本章探讨了政府如何吸引私人资本共同投资，也讨论了在城市发展过程中，明确经常影响房地产投资的根本性问题的必要性。最后作者论证了房地产规划和开发在城市竞争力方面的作用。

第11章由德米特里·波日达耶夫（Dmitry Pozhidaev）和穆罕默德·法里德（Muhammad Farid）撰写，概述了改善最不发达国家（LDC）城市融资资本市场的工具。在研究了最不发达国家利用资本市场为城市融资的各种方案后，作者描述了最适合最不发达国家城市的金融和非金融机制。本章最后讨论了决策过程和市政当局获取市场基金（常规或其他）的具体步骤。

约尔·西格尔（Yoel Siegel）和马尔科·卡米亚（Marco Kamiya）在第12章中对中小城市基础设施发展基金进行了论述，全书第二部分也到此结束。本章介绍了使用地方基础设施发展基金为当地基础设施建设进行融资的背景和实施要求。作者强调，需要为基础设施发展基金建立适当的法律和监管框架，并需要采取全面综合的方法以实现长期和可持续融资。

第三部分是本书的最后一部分，包含了关于交叉问题的三章内容。在第13章中，克斯廷·萨默（Kerstin Sommer）、凯蒂娅·迪特里希（Katja Dietrich）和梅丽萨·佩默泽尔

（Melissa Permezel）解释了参与式贫民窟改造融资如何推动包容性城市化并营造宜居环境，使人们共享繁荣。作者讨论了创造包容性城市空间所面临的挑战，详细介绍了联合国人居署的参与式贫民窟改造计划——该计划是一个充满前景的发展模式，也展现了本章所涉及的许多理念。

第14章由塔伊布·博伊斯（Taib Boyce）、索尼娅·加德里（Sonja Ghaderi）、布赖恩·奥伦加（Brian Olunga）、雅万·翁巴多（Javan Ombado）、罗西奥·阿尔米拉斯–蒂塞伊拉（Rocío Armillas-Tiseyra）、朱迪恩·穆卢瓦（Judith Mulwa）、道格拉斯·拉根（Douglas Ragan）、伊莫金·豪厄尔斯（Imogen Howells）和黑兹尔·库里亚（Hazel Kuria）共同完成，解释了青年、性别和人权问题与城市财政的关联性以及对城市领导者的重要性，这些问题也是联合国工作的主要内容和可持续发展目标的核心议题。本章提供了框架和具体示例，以促使城市领导者将这些问题纳入其促进城市繁荣的地方议程之中。

第15章由扬胡恩·穆恩（Younghoon Moon）、马尔科·卡米亚（Marco Kamiya）和亚索·小西（Yasuo Konishi）撰写，从空间分析和城市布局的角度审视了地方经济发展，并将价值链和供给分析引入城市发展领域。本章介绍了一种创新性的地方经济发展路径，以帮助城市领导者刺激经济增长，促进竞争性部门的发展并创造就业机会，为地方自主创收型收入的可持续性奠定基础。

致谢

本书中的大部分章节写作是志愿性的，在此表达我们对作者最诚挚的谢意。无论是资深还是年轻的研究者，他们都将自身的经验和洞见融入了写作的坚持与奉献之中。非常感谢他们！

如果没有来自联合国人居署的经费支持、国际城市联盟和牛津大学的赞助以及联合国人居署执行主任约翰·克洛斯博士的支持——后者极力倡导将财政权利纳为整个城市可持续发展政策的一部分——本书的付诸出版将是天方夜谭。我们也要特别致敬Gulelat Kebede，作为联合国人居署城市经济部门的前协调官，他的支持在本书的出版过程中具有决定性意义。

来自牛津大学非洲研究中心、伦敦大学学院巴特利特发展规划院、仲量联行、C40城市联盟、布鲁金斯学会以及国际货币基金组织的作者为我们的研究提供了大量的技术支持，当然这些并不损害作者所在机构的利益。

我们感激所有在出版过程中起到支持作用的贡献者、赞助者和合作组织。

马尔科·卡米亚是联合国人居署城市经济与金融局局长。

张乐因是伦敦大学学院巴特利特发展规划院城市经济发展部硕士专业课程教授和课程主任。

第一部分

城市财政导论

第1章 城市财政的原则

前言

　　世界人口城市化加速推进，据相关预测，到2050年，三分之二的人类将居住在城镇，这种变化对政府（尤其是地方政府）改革提出了要求，需要其对大规模城镇化的经济社会后果承担起管理职责。[1]这种转变的范围和复杂程度，使得我们无法准确预判某个地方政府需要做出何种改变。尽管如此，通过经验比较与策略讨论，我们仍可以确立一些作为改革通用指南的原则。至关重要的是，改革进程必须立足于制定和贯彻造福市民的政策跃迁。

　　城市财政是改革进程不可缺少的部分，因为它为变革提供资金支持。如果城市政府不扩大资金来源以应对挑战，大量的人口迁入可能导致公共服务质量的下降以及生活水平的降低。本章提供了城市财政的背景，并探讨了指导融资管理的原则。对所有的地方政府来说，领导人可以思考政府资金在多大程度上优先用于市民，以及在这个位置上可以做哪些改进。

什么是城市财政？

城市财政由地方政府在城市地区的收入和支出两部分组成。尽管各地方政府参与财政决策的职责与能力差异巨大，但是各国的城市财政通常都是通过公平税赋和使用外部资源形成足够的资金，来为市民提供满意的本地服务。这确实是一项艰巨的任务，但这是包括世界各国城市政府在内的所有行政体系机构的共同目标。实现这个目标不仅取决于成功的税收与支出筹划，也依赖于地方政府部门间的协作，比如在工作上高效地互相帮助，共同努力使市民能够轻松获得政府服务与援助。

地方政府收入可以分成两个主要来源（如图A所绘）。第一种是内部收入——这根据地方政府的条例和授权自我筹集。地方政府筹集的该类收入由法律规定，并且在各国之间差异巨大。然而，总体而言，地方政府

"世界人口城市化加速，有关估计表明，到2050年，三分之二的人类将居住在城镇。"

经常为他们提供的服务征收税费（如垃圾收集或者组织停车位），并且对其管辖范围内私人所有的财产征收财产税。

地方政府获得收入的第二种形式是从外部来源获得外部收入。通常，地方政府以政府间转移支付的形式获得支持，即中央政府将其收入的一部分分配给各地政府。此外，如果中央政府认为借款对发展而言不可或缺并且相信地方政府可以按时还款，也可以通过借款的方式对地方政府提供支持。进一步的外部收入来自发展援助，它可以在需要时（例如，地震对部分地区产生严重的影响）直接从中央政府获得，或者作为援助项目的部分从国际开发机构中获得。通常来说，城市政府必须确保一段时间内，其收入的总和等于其支出的总和。

地方政府内部收入

土地收入	非土地收入	使用费
·财产税 ·土地税费	·商业许可费 ·家庭税、车辆税等	·服务：供水、排水、停车 ·行政性收费：建筑许可证、工商注册、市场费用

地方政府外部收入

政府间转移支付	借款	发展援助
·无条件的一般转移支付 ·有条件的转移支付	·政府借款 ·私人部门借款	·国内援助（例如灾难援助） ·国际发展援助

图A 典型的地方政府收入来源

资料来源：Hamish Nixon，Victoria Chambers，Sierd Hadley，and Thomas Hart，Urban Finance：Rapid Evidence Assessment（London，Overseas Development Institute，2015），p. 6.

城市财政为什么重要?

城市财政对于地方政府提供商品与服务的可持续性十分重要。追求可持续发展目标（SDG）已经成为全球的共识[2]，显然，只有同步改革与完善世界各地的城市政府，才能实现这些目标。城市政府尤其应该响应来自贫困、教育、水以及环境的挑战，（如果在这些方面）过度依赖中央政府和国际机构会导致对策不接地气且难以落实的窘境。完善的城市政府财政对于可持续发展目标Ⅱ来说尤其必要，其致力于使城市和人居环境更具包容性、安全性、弹性和可持续性。

可以有无数条理由来说明形成更有效的城市财政的必要性（图B）。没有强劲而稳定的收入来源，就不可能开发可持续城镇。其所带来的一个可能结果就是城市当局将缺乏必要的财力来为城镇化效应进行有效规划，而这可能降低市民的生活水平并且对大量迁入人口涌入所造成的影响无能为力。相应地，这可能进一步对居民的生活质量以及本地区对投资的吸引力产生长远影响。与此同时，除非建立起能够从本地市民获取条线分明的收益现金流的机制，强化财政问责——

社会公众以此使政府对税收收入的使用负责——就不可能实现，而这一切将使善治渐行渐远。

地方政府如何加强城市财政可持续性?

对世界各国来说，提高城市政府财政的可持续性均不可或缺。如果说（公共服务）被提供的程度取决于地方政府绩效的优异与否，财力不足将使地方服务陷入困顿和不可持续，并且可能葬送未来的发展前景。不幸的是，通过分权来改革地方政府收入的尝试，往往被证明比最初设想的更具挑战性。国际专家保罗·斯莫克（Paul Smoke）写道：

"以地方自己的收入来源创收可能是最具争议性的财政观点，如果考虑到人们在具体改革建议方面所达成的诸多共识，财政分权的理论着实令人失望不已。现有的经验文献有力地说明了地方政府的收入创造，往往是达不到预期的。"[3]

如果地方政府的创收通常达不到预期，那它将如何被证明对城市政府而言更具有可持续性呢？

回答这个问题，并非易事。首先，认识到国家允许地方决策而进行行政分权具有多种模式是很重要的。这也就意味着全面推行同样的政策并不可取。一些国家允许给予地方政府很小的自由裁量权，而其他国家则允许大量的自由裁量权。给予多大程度的自由裁量权，取决于宪法对于地方政府可为和不可为的相关规定。

世界各国具有不同的分权程度。一般而言，在联邦制国家，其最大的决策权掌握

图B　城市财政为什么重要?

在地区、省份或者地方政府层面。最著名的联邦制国家的例子包括尼日利亚、美国、巴西。联邦宪法通常给予最大程度的地方自主权，在征收税收的类型上给予地方政府广泛的自由裁量权。

而分权型单一制国家，有一个集中的政治管理，但是它们也允许权力下放。权力下放是宪法的一个条款，允许在一系列政府职能上进行地方决策。在这里，这些职能是地方政治自主权，这是由政治中心设立的，通常不能轻易改变（例如，要求修改宪法）。对于地方财政而言，在地方政治行为者制定预算和决定实行什么样的税收水平时，往往会通过权力下放获取一定的自由裁量权。然而，跟联邦制一样，不同省份和县市也依然存在税率和支出水平差异的潜在并发症，但如果通过选举地方代表来让公民参与决策并决定地方政府如何履行职能，将产生巨大效益。

最后，非联邦制和非权力下放型单一制的国家，其政治体系高度集权化。它们主要存在于非洲和中东。

宪法与国家立法规定了地方政府所拥有的权力以及通过创收来弥补支出所能采取的做法。这一点不仅对于确保城市政府不从事任何超出其权限范围的行为至关重要，而且有助于人们在对成功与失败的城市财政进行案例比较时，关注这一层面的问题。然而，有些运转良好的案例往往不能在特定的权限下复制，因为在特定的宪法和法律环境中，禁止采取那种方式筹集资金。因此，城市财政的一个出发点，就是任何时候都要遵从法律——包括属于地方政府的法律以及列入国家宪法的法律——来相应地思考创收和支出计划。

哪些应该算作地方的，哪些应该视为中央的？

有时候，法律提供了自由裁量权来决定哪些税收和公共服务供给应该归地方，哪些应该留给中央政府。对于许多涉及城市财政的议题来说，这是一个十分关键的问题。它也意味着，在可持续运作的城市政府和职责冗杂或经费匮乏的城市政府间，存在着天壤之别。

回答这个问题的关键要义就是辅助性原则。法律哲学家约翰·芬尼斯（John Finnis）所描述的辅助性原则的内容是要求"较大的组织不应该承担那些可以由更小的组织有效实施的功能"。[4]这一原则的基本思想就是：政府最好就是地方的，只有当中央政府能够明显实现增进效率的目标时，才应该把决策权从地方政府拿走。正如芬尼斯进一步论述的那样，"组织的恰当功能是实现组织参与者的自给自足，或者更准确地说，是每个人在项目中通过个人创造性和努力，积极主动承担义务、履行义务，来成就自我的过程。"[5]尊重个人主动性的必要性，不仅见诸市民与政府的案例，它也适用于政府机构自身。通常，高层政府的权力越大，就越可能抹杀地方政府工作者的个人创造力，而这终将有损地方政府培育收入基础的能力。

城市财政原则："受益原则"与"支付能力原则"

在税收体系安排上，有两条主要的原则。一是"受益原则"，这是由公共财政理论家提出并长期坚持的观点，其认为"在一个公平的税收体系中，每个纳税人的贡献应该与他/她获得的公共服务相一致"[6]，这种方式将税收和公共服务提供捆绑在一起，有助于让税收产生的费用与提供特定公共物品和服务所花的费用密切相关。

为了有助于理解"受益原则",它可以与一种变换方式相对比,即"支付能力原则"。顾名思义,该原则蕴含着"每一个纳税者的贡献应该与他/她的支付能力相一致"。[7]该原则与受益原则的区别在于其与所支付的对象没有直接联系。公民交多少税,根据他们的能力而定,并不必然考虑他们纳税后的结果。

事实上,大多数税收体系是两种方法中一些部分的结合——更富有的公民交更多的税,而一些税则是跟服务直接联系在一起的。这种方式的优点在于,将税收与公共服务联系起来,有助于在公民与政府间建立社会契约,比如公民知道他们为什么而缴税并且他们能够目睹其效果。据信,这有助于提高纳税遵从度。公共服务的消费者,同时也是公共物品的付费者,这体现了一种公平。[8]

为了将受益原则的优势最大化,一些实践者建议将特定的税收配置到特定的用途。[9]这样可以让公民更愿意纳税,因为他们明确地知道自己的钱去了哪儿,同时也有助于减少贪腐。税收专家威尔森·普里查德(Wilson Prichard)写道:

"税收专款专用的目的,是在政府与纳税人之间建立更充分的信任,这也为改进公共支出的监督提供了基础。专款专用这种案例,在低收入国家显得尤为重要,(因为)这些国家纳税人与政府间的信任通常是有限的,并且支出监督尤为困难。"[10]

普里查德描述了加纳的增值税(VAT)案例。在那里,增值税的执行,是与特定公共服务的提供联系在一起的,并且这有助于增进纳税人之间的互相信任,也使公众在一定程度上更为容易监督政府行为。[11]

尽管如此,也存在一些对受益原则的批判。一些反对者指出,将税收与特定利益绑在一起,限制了政府的支出自主权,因为政府的双手被专款专用的决定所束缚,当一些更为紧急的情况出现时,不能够改变资金的用途。其次,这种方式可能导致在公共服务供给上出现厚此薄彼——如果只有一些人为这些服务付费,为什么其他人还应该获得服务呢?这些争论险些将公共物品转变为"俱乐部"物品,后者只有特定的人群才能享用。最后,公共服务供给对于长期的发展是有益的,因为通过采取多部门大范围地提供公共服务的方式,可以解决协调性的问题,并带来更高的效率进而减少成本。然而,为纳税更多的人提供更多的公共服务,即在富有地区比贫困地区提供更多的公共服务,随着时间推移,可能会进一步加剧贫富差距。

出于上述原因,受益原则和支付能力原则的综合,通常被认为是最恰当的。

城市财政的原则:地方政府自主权

为了弥补受益原则的不足之处,理论家们开始更为强调地方政府获得自主权的重要性,即他们能自己决定什么能够最大程度地推动地方经济发展。这些建议包括:

- 地方政府应该被允许制定地方税率;

- 税率应该与其管辖范围内的支出责任相一致;

- 应该发挥激励的作用,让地方政府在财政问题上负起责任。[12]

发展经济学家阿马蒂亚·森（Amartya Sen）认为，这不仅仅是财政自主权的问题，也是为公民与公共政策实践者将地方发展理念融入治理决策中提供自由。[13]如果地方政府致力于为公民服务，那么必须就目标与目的同地方百姓进行对话。

就城市财政的原则而言，这些新的政策建议提倡给予地方政府更大的自由进行试点实验，让他们能决定在自己的区域内，什么起作用，什么不起作用。然而，这并不是允许官员们想干什么就干什么，其目的是提高地方政府官员决策的责任感。城市领导应该尽可能清楚税收收入以及目前提供的服务的成本，并且能够将二者之间建立起联系，以便让所有的相关者——不论是公民还是政府官员——在行为上尽心尽责。城市财政专家伊利亚斯（Ilias Dirie）解释道：

"能否构建起负责任的响应型地方政府，取决于地方政府是否在地方收入上拥有至少一定程度上的自由，这些自由还包括试错以及被问责的自由。这意味着要使地方政府做到财政负责并且能在基本服务筹资上有所创新，必须让他们在一些重大税源的税率上有自主控制权。"[14]

对于联邦制或者分权型国家而言，财政责任也包括政治责任，因为公民对议员投票，而这些议员能够领导和指挥地方政府。在这种情况下，建立起公民与政府之间的社会契约是更重要的，双方均致力于实现共同利益，通过良好治理实现互利共赢。

政治代表也有责任确保中央–地方关系能够有助于支持城市财政的可持续性。正如2015年联合国人居署专家所言：

"在那些地方当局能够从财产税以及服务收费中获得收入的地方，重要的税收增加有时候会遭到中央政府的拒绝或者推迟，因为后者担心来自城市人口的支持选票将因此而流失；有时由于担心地方纳税人的政治反对，（增税）甚至被地方当局自己否决。"[15]

加纳阿克拉© Flickr/jbdobane

在选举周期之间的短暂时间内实现可持续的地方财政可能是困难的。然而，通过选举而形成的问责制，可以对腐败进行有效的监督，并且选举产生的破坏性影响，通常随着时间推移逐渐消弭。[16]此外，领导层的改变可以为城市领导人创造新契机，来彻底检查与评估城市财政体系。

结论

随着世界人口城镇化的推进，城市政府将肩负起愈来愈多的期盼和要求。与此同时，一些原则也逐渐明确，以指导地方政府实践者达到地方财政的自我平衡状态。稳健的城市财政是发展的重要组分，并且由于城市地方政府与百姓需求之间天然的联姻，城市财政在治理中扮演着独一无二的角色。

第1章中的讨论，形成了以下清单，有助于对城市财政可持续性进行反思：

- 我们政府的税收权力是否依法执行，是否与宪法一致？

- 政府更多依赖内部收入还是外部收入？

- 政府提供的公共物品和服务是否与特定的税收或者事业性收费联系在一起？

- 政府决策者是否觉得他们有基于百姓需求改变政策的自由权？是否有余地进行试错来确定什么能起到更好的作用？

- 对于在税费上建立起公众支持的必要性如何有助于形成一个有效的社会契约这样的问题，我们是否给予了足够的关切？

- 我们与中央政府的关系能否得到改善，以避免不必要的预算波动？

在所有这些关注点和决策中，我们必须将辅助性原则牢记于心：那些职能之所以由地方承担，是因为唯有如此那些职能才能够有效地执行，并且具有地方创造性。这条原则有助于评估地方层级政府职能的适当性。

多尼米克·伯比奇（Dominic Burbidge），牛津大学跨学科领域研究院部门讲师，政治与国际关系部研究员。

尼克·齐斯曼（Nic Cheeseman），牛津大学非洲政治学副教授，《非洲政治与非洲事务》前任编辑，《民主在非洲》一书的作者（剑桥大学出版社，2015年）。

注　释

1. UN-Habitat, Guide to Municipal Finance (Nairobi, United Nations Settlements Programme, 2009), p. vii.

2. Available from https://sustainabledevelopment.un.org/?menu=1300.

3. Paul Smoke, "Urban Government Revenues: Political Economy Challenges and Opportunities," in The Challenge of Local Government Financing in Developing Countries (n.p., United Nations Human Settlements Programme, 2014), p. 9.

4. John Finnis, Natural Law & Natural Rights, 2nd ed. (Oxford, Oxford University Press, 2011), pp. 146–147.

5. John Finnis, Natural Law & Natural Rights, 2nd ed. (Oxford, Oxford University Press, 2011), p. 146.

6. Richard A. Musgrave and Peggy B. Musgrave, Public Finance in Theory and Practice, 5th ed. (New York, McGraw-Hill Book Company, 1989), p. 219.

7. Richard A. Musgrave and Peggy B. Musgrave, Public Finance in Theory and Practice, 5th ed. (New York, McGraw-Hill Book Company, 1989), p. 219.

8. Harvey S. Rosen and Ted Gayer, Public Finance, 10th ed. (Maidenhead, United Kingdom, McGraw-Hill Education, 2014), p. 355.

9. Richard A. Musgrave and Peggy B. Musgrave, Public Finance in Theory and Practice, 5th ed. (New York, McGraw-Hill Book Company, 1989), p. 222.

10. Wilson Prichard, Taxation, Responsiveness and Accountability in Sub-Saharan Africa: The Dynamics of Tax Bargaining (Cambridge, Cambridge University Press, 2015), p. 257.

11. Wilson Prichard, Taxation, Responsiveness and Accountability in Sub-Saharan Africa: The Dynamics of Tax Bargaining (Cambridge, Cambridge University Press, 2015), p. 257.

12. Hamish Nixon, Victoria Chambers, Sierd Hadley, and Thomas Hart, Urban Finance: Rapid Evidence Assessment (London, Overseas Development Institute, 2015), p. 6.

13. Amartya Sen, Development as Freedom (Oxford, Oxford University Press, 1999). For an explanation and defense of the wideness of Sen's acceptable notions of development, see Sabina Alkire, Valuing Freedoms: Sen's Capability Approach and Poverty Reduction (Oxford, Oxford University Press, 2002), pp. 8–10.

14. Ilias Dirie, Municipal Finance: Innovative Resourcing for Municipal Infrastructure and Service Provision (London, Commonwealth Local Government Forum, 2006), p. 260. Quoted in Hamish Nixon, Victoria Chambers, Sierd Hadley, and Thomas Hart, Urban Finance: Rapid Evidence Assessment (London, Overseas Development Institute, 2015), p. 6.

15. UN-Habitat, The Challenge of Local Government Financing in Developing Countries (Nairobi, United Nations Human Settlements Programme, 2015), p. 8.

16. Staffan I. Lindberg, Democracy and Elections in Africa (Baltimore, John Hopkins University Press, 2006).

第2章 扩大城市收入

前言

在世界城镇化进程推进的同时，城市政府所面临的支出成本也可能逐年增长。因此，增加城市财政收入是当今城市领导者面临的最紧迫的挑战。通常认为人口的增长也相应地导致税基增长——显而易见，在城市政府提供更多服务的同时，也有更多的当地百姓为此支付相应的费用。然而，基于以下两点，这种一般假设被证明是错误的：第一，人口统计特征的变化与生活方式、经济分工、收入分配的改变是并进的。这些转变意味着公民期望从地方政府得到的公共服务与时俱进，并将改变他们为地方政府公共服务贡献资金的方式。第二，地方人口增长通常不会引起中央政府对地方政府转移支付规模的即刻调整。尽管中央政府在调整转移支付比率上存在时滞，但作为提供公共物品和服务的前线，地方政府通常需要对变化了的环境做出即刻响应。

面对这些困境，增加城市财政收入是地方领导者们最重要的任务。由于创收是在地方当局自己的掌控之中，他们可以根据人口结构特征以及生活方式的变化而做出相应的部分调整，以加强公共服务供给。也就是说随着人口改变，地方政府也可以相应地改变。

城市领导者们可以通过许多不同的方式来增加可支配资金，（这些方式）包括新的旅游税、财产税、经营性税收以及与特定服务供给连接在一起的收费。至于何者可取，需要对法律、技术以及政治约束的有关规定进行前瞻性审视，应具体问题具体分析。本章给城市领导者介绍了几个可行选项，并且权衡这些不同策略间的优缺点。这些选项充分考虑到城市领导者如何在创收方面获取最广泛公众支持的问题——这一点对于他们的举措成功与否是至关重要的。为了给读者提供引导，本章提供了处理这些问题的三个不同视角：地方政府管理、经济以及地方政治。地方财政收入稳步增长的实现与否，取决于能否平衡这三个视角，并把握它们各自的优势。

> "创造城市财政收入是地方领导者们最重要的任务。由于创收是在地方当局自己的掌控之中，他们可以根据人口结构特征以及生活方式的变化而做出相应的部分调整，以加强公共服务供给。"

什么带来地方政府收入？

城市财政收入是通过向当地百姓征收税费而形成的，通常以地方政府提供公共物品与服务的形式作为回报。不同国家间财政收入规模差异巨大，这是因为不同国家对于地方税费征收权限的法律规定大相径庭。图A展示了5个经济合作与发展组织（简称经合组织，OECD）国家地方政府收取的费用占GDP的比重。过去15年间逐渐上升的趋势线，反映了地方税费与21世纪治理之间联系紧密。

在这里，有必要将税收与费用之间的区别阐释清楚，我们为此提供了实例：

■ 税收指的是对公民和企业征收的费用，以为政府的核心功能活动提供资金。尽管税收可能被用于特定目的，比如支持某个公共设施项目或者解决特定的问题，但通常

它们所形成的收入，可以被政府根据所需配置到广泛的不同活动中。根据一个国家的宪法及法律框架，地方层面的税收包括：

- 财产税

- 所得税（例如劳动所得）

- 消费税

- 旅游税

- 销售税（例如增值税）

- 营业税

- 交易税（货物税）

■ 费用（有时候也叫"费率"）通常指的是因提供特定的服务而向个人或企业直接收

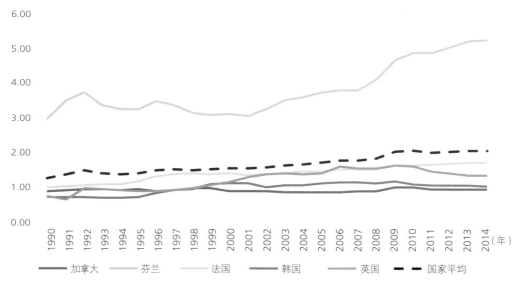

图A 经合组织（OECD）国家地方政府的使用者付费与GDP的比重，1990—2014年
注：该图用尽可能长的数据折线展示了5个经合组织（OECD）国家的有关情况。地方层面所征收的使用费并没有被包括在省/州层面。那些只在省/州层面收取使用费的国家不在这一分析之列。
资料来源：OECD, Fiscal Decentralisation Database, available from http://www.oecd.org/tax/federalism/oecdfiscaldecentralisationdatabase.htm.

取的费用。因此，它们类似于那些被摊派到私营公司的费用。地方层面的费用可能包括：

- 垃圾收集费

- 电费

- 水费

- 许可及执照费

要谋求扩张城市财政，问题不仅在于以上哪一项可以增加，也需要思考哪些已经征收但是需要进一步改革，哪些是总体无效率而需要削减的。

创收的每一个选择都必须达到双重目标，即让地方政府最终实现可持续性的同时，也有助于营造公民税收遵从的文化氛围。即使某项税收或者费用对地方政府而言是有利可图的，但其执行的方式也应该有助于增强公民的参与感和主人翁意识，让人们以纳税为荣。通过这种方式，每一项税费的征收，都能获得税收被市民如何看待的反馈，进而影响税收服从水平以及公民主导的责任机制。这一机制在新生的民主国家以及欠发达国家尤其具有重要意义，因为在这些地方，地方层级的税收支付可能相对少见，确保税收遵从的执行机制也捉襟见肘。

政府视角：通过内部改革来扩展城市财政收入

如果城市致力于为人们提供服务，通过升级基础设施来适应不断增加的居民数量，那么有效的可持续的收入来源是很必要的。大多数城市从中央政府转移支付中获得部分收入，也被授权允许收取一些地方上的收入。可预期且可持续的收入来源，对于确保关键性财政承诺（比如政府职员的工资）

在短期以及长期内的兑现必不可少。因此，大多数专家建议，城市政府应该培育起多元化的收入来源组合，以免对某些收入流形成依赖。这就要求城市领导者们思考，如何使创收来源不只是不同种类税收，也包含多元经济活动所带来的税收。建立起这种收入机制，可以确保经济中某一部分的冲击不会对整个城市的税收基础造成破坏。

收入来源之所以重要，还有其他原因。大量学术研究表明，地方政府预算资金越是依赖中央政府的转移支付，他们就越拥护国家政策的优先权。这可能妨碍地方创新，使城市领导者们难以对地方关切做出回应。

四条起始原则有助于引导我们关于扩展收入征取的思考：

1. 收入创造中地方所占份额越大，地方当局就越能够谋划自己的优先政策取向，免于中央政府的安排和约束。

2. 收入来源的多元化组合对于确保地方当局能够应对某些特定收入流的冲击而言是十分重要的。

3. 通过收取费用形成的收入所占的比例越大，地方当局对他们的开支就越可能细心负责。

4. 收入的长期稳定以及自给自足是问题的关键，因此政府应该对税费征收进行预期管理，以确保给税收人员下达的目标能够有序传导到纳税人层面。

正如第1章所讨论的，许多政府发现将特定的税费支付与公民所享用的相应公共物品捆绑在一起是大有裨益的，因为当公民认为他们的支付物有所值时，自愿服从才更有可能。通常情况下，在地方政府语境中，这种捆绑已经是现实，比如市民为垃圾收集、停车位等某些特定服务支付费用。除此之外，也有必要认识到税费征收的方式在很大程度上会影响市民感受，比如说，为征收停车费开收据，这样的做法就会使大家觉得费用的征收是有理有据的并且绝不会被随意挪

索马里哈尔格萨风景 © UN–Habitat

用。对于公共基础设施建设而言，一个显而易见的事实是城市纳税人出资所进行的升级改善，将在很大程度上使市民感受到缴纳税费的好处。

然而，关于征收何种税费的政策讨论早已汗牛充栋，但鲜有人探究的则是税务人员培训的议题。征税是一件困难的工作，这种工作处于面对市民对糟糕的地方公共服务供给不满的最前沿。如此一来，政府雇员应该记住可能面临如下问题：

- 对于筹集的资金用于哪些公益事务缺乏意识；

- 对于如何最好地收取税费缺乏训练，尤其是对于新引入的收费项目；

- 开展工作偏向于根据过时的体制，即使老的方法可能产生巨大的成本并给当地百姓强加不必要的官僚负担；

- 在市民们眼中，自己的职业被低看，感觉自己基本上没有职业上升空间；

- 工资低，增加了通过寻租赚取收益的吸引力；

- 觉得有些实施中的政策对于市民来说根本是不公平的，却求助无门，找不到顺畅的反映渠道。

征税工作所面临的这些挑战，可以通过额外的培训、与上级交流渠道的拓宽以及对税收人员工作的肯定而得到缓和。通过这些方法，有关纳税益处的有效公共关系得以践行，这有助于纳税人以及征税人履行他们的角色。

经济学视角：通过有效的税收扩大城市财政收入

除了行政管理上的可行方法外，思考税收的经济影响也是重要的。经济学家的关注点在于征收的税费是否有效率。对于这点，他们并不是说税收的征收是不是很快，而在于它是如何影响经济的其他部分的。可能产生的结果是一项税收过高而拖累了经济总体的发展速度，或者对某些部门的生产经营施加了过度的负担。要成功实现财政增收，很重要的一点在于意识到税费对地方经济增长的影响。即便是政府要通过提供公共产品来促进发展——私人部门往往在这一领域爱莫能助——也绝不能强征那些被公众广泛抵制或者影响经济生产活力进而导致整体收益下滑的税负。

为了帮助人们理解什么是有效率的税收，经济学家阿瑟·拉弗（Arthur Laffer）用曲线图表描绘了税率与政府收入的关系。在"拉弗曲线"普及之前，人们通常认为政府的税率越高，其获取的收入越多。然而，拉弗阐释了在某个点之后，企业和个人可能被过度征税，税收减少了经济活动，并且也相应减少了政府的总体收入。图B呈现了这条拉弗曲线。

随着税率的增加，政府的收入在一开始是增加的。然而，当税负达到一定程度之后，人们难以继续通过生产经营和消费活动获得效益，国际投资者也将整个产业链进行转移，这样，政府再也不能增加税收收入。城市领导者必须认识到这种悖论的存在，进而调整自身的税费政策以实现经济效益。举例来说，他们应该思考诸如此类的问题：通盘考虑百姓缴纳的税费，总体而言是否对经济活动造成过多的负担？实现有效的税收是否需要地方与中央政府之间更大程度上的数

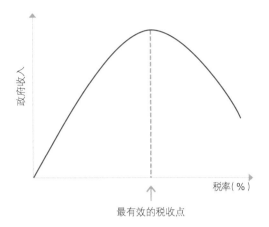

图B　拉弗曲线

据信息共享，以确保当局能够了然如何才能确保企业主继续投入生产并保证雇员获得公平待遇？

考虑征税成本差异也是重要的——它随税收类型的不同而有所变化。在评估了征税成本之后，我们就能更明显地看到，某些税收和费用并不一定给地方当局带来充裕的财政收入。然而，这不能构成立刻摒弃这一税收的必然理由。在决定实施或者废除某项税收时，下面的清单值得参考：

- 来自某项税收的收入减少是一种短期下降还是长期趋势？如果是前者，那么在长期趋势明朗之前，避免整体性的改变是明智之举。

- 是不是不必要的高征税成本才导致税收缺乏收益性？如果是这样，与其废除该税收，倒不如换一种征税方式，可能会逆转这种亏损的态势。

- 税收是否与提供市民认为必不可少的公共物品和公共服务相联系？如果是，尽管免除某项税收能够为百姓省钱，但是由于相应的服务也随之停

止，进而可能导致大规模潜在的破坏性反馈并最终有损公众对地方政府的整体信任。

- 实施该税收的当前成本是否会随着税收的免除而同样地完全移除？有时候，人员和机构成本并不会随着税收取消而消除。因此，必须进行相应的评估，也就是说，就算税收项目取消，相应的人员、机构和管理形成的网络对于地方政府是否仍然是一个负担？如果是，那么城市政府在免除该税收后仍然不能节省开支。

政治学视角：通过民主对话增加城市财政收入

再一次作为补充，第三种视角可以通过调查地方公众的质疑以及他们与政治团体的关系而有所发觉。大多数宪法鼓励将公务员与政治家进行明确区分。当然，这是一个非常积极的事情，因为它有助于避免政府雇员为了短期政治目的而进行操纵的现象。角色的清晰界定确保了公务员的选择不是基于他们的政治观点或者党派关系，而是基于他们的专业知识，而这也将有助于保护公务员，清楚的职业角色界限不应该被逾越。然而，仍然有必要理解不同行为者的目标，以成功地推进改革。对于这个问题，没有什么比扩大城市财政收入更贴切的例子了。税收通常是不受欢迎的，税费的增长总是遭到地方政客的反对。那么对于地方政治领导层而言，如何才能获得公众对于增税的支持？

增加城市财政收入与获得公共支持并不必然截然对立。事实上，如果城市领导者们能够进行正确的领导，二者可以协调在一起。提供公共物品以及有关税收如何被使用的信息，可以对市民的纳税意愿产生极大的

积极影响。如果市民能够感觉到自己支付的税费得以良好使用，对政府本身的信任和支持也就相应地水涨船高。这样，无论是要达到税收遵从的目标，还是要获取地方政客对于税制改革的支持，如许成效都可谓是意义非凡。

什么是必需的，也就决定了什么物品和服务是市民认为最重要的，因而首先要使用税收来改进这些领域，以兑现真实的承诺，从而公开地展示税收支付与服务供给之间的联系。如果这些得以有效实施，税收支付和服务供给可以相互作用而形成良性循环。如果更多的政府收入被用于提供可见度高的公共物品（如道路、医院、公园），大众对于地方政府和政客的支持度可能会同步得以提升。

政治领导者通常缺乏关于所管辖区域内供给最欠缺服务的高效信息，这意味着他们有时可能忽视了改善这些最需要改革的项目。这个问题尤其是在非洲国家经常出现，在那里关于地方服务供给的综合数据经常是难以整理的，如此的数据缺陷可能导致资源分配上的无效——在某些地方配置了过多的公共物品和服务而在其他地方又太少。乍一想，人们可能以为是政客偏向于某一特定区域，但是真实的原因可能在于他们仅仅是没有意识到转移少量的政府资源去帮助之前被忽视的区域所能够获得的效益。

因此，预算计划必须从有效的绘图工作开始，标记出什么已经提供了，并明确优先权，这一步工作对于行政人员、政客以及市民们有着共同的意义。这项工作应该包括评估哪些地区、哪些市民远离关键服务进而最迫切需求相关服务。公民参与和公共参与对该进程是至关重要的，因为他们提供了重要而宝贵的机制来凝聚思想，并就政府的政策计划贡献自己所知的信息。

尼日利亚拉各斯的天际线© Wikipedia

　　2007年，巴巴图德·法什拉（Babatunde Fashola）以微弱多数赢得州长选举，被选为前任州长博拉·蒂努布（Bola Tinubu）的继任者。在接下来的几年中，他进一步推进蒂努布之前为扩大财政收入所做的努力，对酒店和饭馆引入新的消费税，并且将拉各斯州执行的税收的税率进一步提高。这些措施最初引起了一些部门的抨击，但是由于这些资金被投入到一些重要的公共事业——如减少犯罪、改善道路、提供健康诊疗等，随着时间推移，这些措施事实上提升了他的受欢迎度。显然，他的政治策略，包括高度强调税收支付与公共服务供给之间的关系，获得了大众对于扩张税收体系的支持。最终，他以显著的更大优势赢得了2011年的选举，获得80%强的选票。

　　市民与公众参与给城市政府带来一系列非常重要的好处。最近的研究表明，"有效的公众参与以及获得更多的公共信息有助于减少腐败和促进社会经济发展。"[1]最显而易见的是，有效的参与和沟通意味着地方政府实施的政策更可能契合市民的偏好，并且更可能在所做的事情上获得信任。除此之外，就体现在政府的创收和大众对政府的支持上。相关案例研究阐释了尼日利亚拉各斯州的法什拉州长如何通过成功地将增税所能带来的价值传达给当地百姓，进而在扩大地方政府收入的同时又增加了他的选票份额。[2]

　　当寻求建立社会契约和增加税收支付时，应牢记于心的最重要的一件事情就是递减式税收和递增式税收的区别。递减式税收有统一的税率，适用于每个人，而不顾他们个人的收入水平（例如消费税或者增值税）。递增式税收基于纳税者的收入和财务水平而更改支付率（例如，所得税）。递减式税收通常被认为会对更低收入的群体产生不对称的影响。此外，在税收形式上还有第二个重要的区分：相对于间接税（比如增值税），公民对直接税（比如所得税）更为敏感。因此，研究者通常建议如果要建立税收支付和公共服务供给的有效社会契约，直接税的效果会更加显著。

　　上述变量彼此之间密切相关，因为当评估哪种地方税费将扩大财政收入时，有必要关注公民对于公平性的感受，而后者通常与税费征收的递延与否息息相关。当然，这个问题不能一概而论。例如，当对钻石征收消费税时，影响了每一个购买钻石的人，但这首先主要影响的是购买钻石的富人，在这个案例中，也就正好是他们支付了递减税。让某些特定的商品（比如食物、书籍、鞋）都免除递减税也是可能的。同样的道理，这意味着递减税的增加并不必然影响所有的消费群体。所有这些观点，有助于解释如何在进行扩大财政收入的有关决策时将其对地方经济的整体影响以及地方百姓对税收公平性的感知牢记于心。

政府和社会资本合作：成本与效益

　　政府和社会资本合作（PPP）从20世纪80年代晚期开始流行，它有助于扩大政府发挥效用的范围，同时避免政府提供服务和采购过程中惯常出现的无效率。基于扩大财政收入的目的，同私营部门展开合作，政府可以获得诸多潜在效益（例如，当要执行征税这一棘手工作时），但这也存在一些潜在的缺陷。

这些好处包括对税收绩效提供激励以增进税收的效率，鼓励税收服务提供者之间的竞争。除此之外，PPP可以让公共部门雇员向私营部门学习相应的管理和领导技能。此外，合作的双方通常共担失败的风险，这一优势在实施新的税收政策时表现得尤为淋漓尽致。

至于潜在的代价，尽管PPP为政府引入了崭新的思想和人力资源，但也意味着一部分的收入流向了私人供应者，以覆盖他们的费用支出。这无疑减少了当地政府所获得的总收入——当然，如果通过PPP而征收的税收总量的增长幅度更大，那么政府获得的收入依然有所增加。引入私营部门也可能给人以如许的成见，即税收并非交给了政府部门，而是流入了第三方的腰包，进而降低了百姓对政府的信任。此外，就问责机制而言，私营部门并没有同样畅通的渠道，可能出现的情况包括私营部门经营者违反法律、腐败进一步蔓延或者人们感觉自己受到不公正的待遇。正是由于公民不能通过正式的民主渠道将私营合作者罢黜，要将这些问题逐一厘清可能耗时良久。因此，当实施PPP战略时，政府建立起良好的监督机制尤为重要。最后，私营部门在面对公民不配合纳税这样的问题时，通常并不具有法律权威，这意味着他们在征收人们不欢迎的税种时会遇到很大困难。这样，由于偷税漏税情况的出现，地方政府的成本将随之升高。

以上从正反两个方面说明，在决定开展PPP时应该意识到，在多大程度上将某些税费交由第三方执行是合适的，以及应该如何建立合作关系以确保整个过程透明高效。

结论

本章回顾了扩大财政收入的不同机制和策略。最为核心的是，我们从三个相互区别但互补的视角，即政府、经济学家和政治家，来探究这个问题。每一种视角都有助于我们在紧要关头看到问题的症结所在。扩大财政收入并不仅仅是增加税费数量这样单纯的问题，它也必须摸索出一条使税制实践高效且广受支持的路径。理想状态下，地方政府收入应被视为保障公平的兜底网、经济发展的助推器以及联络选民的粘合剂。

之前的讨论形成了以下的清单，可供城市领导者思考如何增加他们的城市财政收入：

- 其他国家通常使用的税费是否契合本地的情况？

- 本地百姓是否认为征收的税费是公平的？他们是否在自己所缴纳的税费中有获得感？

- 我们这个地方的税费征收人员是否接受过适当的培训？他们是否理解所征收资金背后的意图？他们是否获得足够工资以免他们寻求额外收入？

- 我们的税费收取是否有效率？是否导致了总体收入的下降？或者抑制了经济的增长进而扼杀了未来的税收收入？

- 当地政客们是否理解地方政府创收的意义？就这一点而言，他们是否致力于为地方政府所从事的工作进行传播？他们是否认识到，通过向市民展示重要的税收支付如何提供了公共服务和设施，可以获得政治资本？

多米尼克·伯比奇（Dominic Burbidge），牛津大学多学科领域研究院部门讲师，政治与国际关系部研究员。

尼克·齐斯曼（Nic Cheeseman），牛津大学非洲政治学副教授，《非洲政治与非洲事务》前任编辑，《民主在非洲》一书的作者（剑桥大学出版社，2015年）。

注　释

1. Transparency & Accountability Initiative, Budgets: A Guide to Best Practice in Transparency, Accountability and Civic Engagement Across the Public Sector (London, Transparency & Accountability Initiative, 2011).

2. For further description of the Lagos case study, see Nic Cheeseman, "Why Lagos Is the Best Stop for Governors Out to Transform Counties," Daily Nation, 30 August 2013. Available from http://mobile.nation.co.ke/News/Why+Lagos+is+the+best+stop+for+governors/-/1950946/1974342/-/format/xhtml/-/wc5t6f/-/index.html. See also Diane de Gramont, Governing Lagos: Unlocking the Politics of Reform (Washington, Carnegie Endowment for International Peace, 2015).

第3章 | 分权与地方政府财政

前言

　　财政分权——即将某些支出职责和收入权限转移给更低层级的政府——已经成为财政政策可选框架的主流。它通常是对为追求更大地方自主权而表达不满的政治诉求的响应，有时巨大的区域发展鸿沟也会导致类似的结果。在有些情境下，语言和文化的差异能够解释这种趋势。在许多新兴的和低收入国家，所有这些因素都起到一定作用，同时还伴随着种族矛盾的因素，使得公共服务的分散提供更为迫切。

　　对于分权的争论包括政治的、行政的和财政的维度。哲学上的争论可以追溯到18世纪的亚历山大·汉密尔顿（Alexander Hamilton）和19世纪的托克维尔（Tocqueville）。苏联的解体唤起了新一波对该议题在学术和政治上的研讨热情，并聚焦于所谓转型国家的政策取向。在此之后，该浪潮席卷了拉丁美洲国家，见证了民主在部分国家的复兴以及另一些国家内部动乱的结束。一些欧洲的保守政府也在20世纪八九十年代提倡分权，一定程度上是由于全球化所推动的"亲市场"潮流。[1]

> "财政分权作为一种有效提高公共支出和创收效率的政策工具而兴起。"

随着时代的进一步发展，财政分权作为一种有效提高公共支出和创收效率的政策工具而兴起。本章回顾了财政分权如何实施、支持和反对财政分权的论证、国家政府在管理地方财政中面临的挑战、地方政府可以用于加强财政自主权的工具以及发达国家和发展中国家财政分权的国际经验。

财政分权如何运行?

财政分权过程因国而异。单一制国家和联邦制国家在中央与地方政府的互动关系上有所区别。在单一制政府中，一定程度的分权也是可能的，这取决于中央与地方层面政府（如中央、省级和地区层次）的互动框架。相比而言，联邦制政府，正如其所定义的那样，由拥有法律授予的更大自主权的地方级政府所组成。分权化的决策运行使得地方可以参与到国家发展目标中来。

对地方政府公共服务供给（权限）的配置需要通盘考虑各种不同的标准，可能包括人口规模、财政能力、发展需求和独一无二的社会经济特征。对于某些特定的功能，地方政府通常与上级政府共同承担，其中上级政府扮演着调控或者政策制定角色，而下级政府则对具体的公共服务供给负责。例如，桥梁施工的技术规格可能来自更高层级政府的授权，而在地方层面，地方政府负责建设和维护桥梁。

对地方政府的资金分配必须与他们的支出义务相一致，这才能实现更负责的服务输出。政府间的协调、规划、预算、财政报告和实施需要额外的制度安排。要使这些制度安排透明且能够忠诚履责，必须对地方财政绩效进行充分的披露和监督。相比之下，巨细靡遗的中央调控往往使得调控缺乏效率。明确的转移支付和财政资金使用规则，加之不同层级政府间恰当的协调，往往会大大提升公共服务供给效率，长远来看可以确保公共资源的高效利用。

财政分权的利弊

以下两个问题有助于理解财政分权的利弊：（1）为什么一些国家比另一些国家财权更分散？（2）财政分权对公共物品供给质量的潜在影响是什么？如果财政分权是外生因素的结果，如中位选民的收入、人口异质性的程度或者政治制度的类型等，那么自上而下地推进分权化可能对于一国政府而言难有空间。相反，如果分权化被认为是优化公共服务输出的最好途径，那么它应该被视为财政政策不可分割的部分。

赞同财政分权的论证

其中一条支持财政分权的有力的规范性论点是"地方选民的真实表达"。中央政府官员对个人偏好的有限认知经常导致在公共资源最优分配问题上的次优决策。这一思路延续了哈耶克（Hayek）对于自由市场经济通俗易懂的辩护。[2]根据这一观点，相较于中央，地方官员和政治领导们可能更加了解人们的偏好。该论证的另一种演变是，集权化通常与全国各地公共服务供给的同质化密切相关[3]，这可能与增加地方偏好多样性是冲突的。因此，财政和政治权力向更低层级政府的下放，可能是提高资源分配效率的一种方式，因为地方的需求通常能够得到地方（次国家）层级政府的充分认识和恰当关注。

规范论证的第二种思路将地方政治管辖与有效竞争市场中的经营行为等量齐观。[4]地方政府的存在与私营公司一样，他们进入某个特定的行业，对某些群体的需求做出回应。同样，如果相对于当地百姓的税收支付能力而言，经营该管辖区的行政成本太高，他们也可能最终被赶出"地方公共物品行业"。正如不同的公司根据消费者的不同需求和市场产品不同的预期用途而组织各种不同的生产一样，地方政府通过提供某些类型的地方服务同样会导致空间分异。自治地区可能会为了不同群体的不同偏好而在地方公共服务供给上竞相做出改变。从理论上讲，选民通过政治程序可以"表达他们的偏好"，如支持绩效良好的地方政府，或者处罚绩效不佳的地方政府，让他们对地方服务供给的质量承担责任。这种"问责制优势"在国家层面可能被稀释，因为（国家层面的）政治职责太过宽泛，选民对政府绩效的监督能力更弱。[5]

另外一种观点将政府描绘成"寻租"经济代理人，他们充分利用权力从纳税人手中攫取李嘉图租金（Ricardian rents）。根据这种理论，分权化可以被看作一种制度设计，来保护个人免受政府侵害[6]，正如中央银行捍卫货币政策以免受到当局的不当影响一样。人们通常将中央政府与私人垄断组织等量齐观，以至于两者都是征税和提供公共物品的唯一实体。

结果，相对于竞争性市场而言，他们可能倾向于收取高额的价格（税收）并且提供低质量的公共物品。当选民对"利维坦"（Leviathan）的危害更有意识时，该理论预测中位选民将会自动地将他的政治偏好倾向于更加分权化的制度安排。这一定程度上解释了为什么高收入国家倾向于更加分权化[7]。基于这一假设，大量的经验文献试图为财政分权带来更低的税收负担提供证据，但是却并没有得到确切的结论。

反对财政分权的论证

另外一些观点，对"将地方公共物品行业等价于私人竞争市场"所蕴含的三个理论假设提出了质疑。这些受到质疑的假设包括：（1）地方政府是选民的真正代表，并且努力提供物美价（税收）廉的公共物品让百姓满意；（2）地方公共物品行业是广泛竞争的，在管辖区之间没有外部性，所有的成本和福利均完全归属于当地居民；（3）当地选民不仅在投票箱投票，也通过选择他们想要居住的区域以及希望拥有的地方政府类型来实现"用脚投票"。

质疑的核心立足于人们的偏好难以全面显露的事实——从中央和地方政府缺乏必要的激励来竞争或最大化选区福利的大量实例中就可见一斑。这是因为民主体制并不总是能够在中央和地方层面同时得以良好运行，对于广大发展中国家而言，这一情况尤为突出。[8]此外，在不健全的民主体制下，分权可能导致地方当局和地方利益集团之间的沆瀣一气，可能引起腐败和精英掌权。最后，一些经验证据指出，相比于地方当局，中央政府官员具有更专业的职业素养和更为便捷的信息渠道。

所罗门群岛，霍尼亚拉的中央市场© UN–Habitat/
Benhard Barth

此外，有关跨管辖区高迁移率的假设与经验证据不一致。首先，家庭和劳动关系可能阻碍蒂伯特模型（Tiebout fashion）下迁移的发生。换句话说，由于种种原因，市民可能不会为了他们个人效用的最大化而改变他们的住所。政治科学家丹尼尔·特莱斯曼（Daniel Treisman）认为绩效不佳的地方政府

不太可能因为人们的迁移而做出改变，原因在于地方服务的质量主要资本化为不动产的价格，使得房产拥有者和租户"用脚投票"成本高昂。[9]况且，地方政府并没有将当地贫困群体作为服务对象的必要激励，而对于这些群体而言迁移成本会更高。此外，过度的跨辖区迁移也可能成为一个问题——如果越来越多的迁入者从中分一杯羹，那些绩效高于平均水平的地方政府可能面临额外的财政压力。

有必要单独提一提财政分权导致的财政失衡的可能性。[10]如果地方政府在决定税收基础和税率时期望获得中央政府的"兜底"，那么道德风险问题就会产生，进而导致过度举债。[11]道德风险上升根源在于中央政府为地方政府提供救助。[12]这种问题更可能出现在制度约束疲软且制度设计不健全的国家，尤其是发展中国家。

财政分权的案例

实践是最好的老师。怀揣着"政府功能包罗万象"的认识，莱特里尔（Letelier）

肯尼亚内罗毕的天际线© UN–Habitat

和赛斯（Saez）意识到在讨论财政分权的最优程度时，有必要对两种不同的效果进行辨析。[13]一方面，如果权力被委托给太小的管辖区，可能难以发挥规模经济效益（规模效应），进而增加了公共物品的成本，使得分权化沦为昂贵又无效的方案。另一方面，随着时间推移，"冯·哈耶克效应"将会使得地方政府对人民的需求有更好的把握，因为分权化扎根基层，使得自下而上的集体诉求成为可能。因此，分权化的最优程度取决于这两种效应的平衡。

如何实现财政分权制度的效益最大化并且控制财政风险

财政分权应该被视为综合性财政框架的一部分，单兵突进可能导致整个政府运作的不协调，最终损害财政政策的效果并增加宏观经济风险。[14]案例1审视了撒哈拉以南非洲的分权化，案例2关注了哥伦比亚财政分权的过程，说明了分权体系下控制财政风险面临的挑战。

过往经验表明，一个能够最大化潜在收益并将风险降到最低的综合性分权架构包含以下必不可少的要素：（1）明确各层级政府的支出责任；（2）允许地方级政府筹集自有财政收入来增强财政责任；（3）设计转移支付制度以实现激励相容；（4）加强对地方级政府的预算硬约束。

有效的公共服务供给必须明确界定支出条目。例如，如果将投资和维护职能分开，最终可能会导致两类支出乏善可陈，因为没有任何一级政府会为最终产品的交付完全担责，墨西哥教育部门所面临的基础设施退化的困境恰恰根源于如上所述的恶性循环。[15]实物资本，例如供水系统、排水系统、道路和发电厂，也需要长期的维护，以确保服务供给是高质量的。不幸的是，由于能力有限，资产管理在发展中国家通常被忽视了。[16]

相比之下，支出责任与资源分配的长期错配可能导致浪费和服务供给质量的恶化。

墨西哥瓜达拉哈拉的行人© Flickr/Carlos Rivera

在一些案例中（例如中国和巴西），资金的转移明显超过了其支出，导致了资金利用的无效。在另外一些案例中（例如，20世纪90年代的转型经济体），可获得的资金与支出授权不一致，导致债务积累或者欠款，并且分权体系下的公共服务质量显著恶化。

在财政分权过程中，应该注意地方政府摆脱财政纪律约束的潜在动机。一个挥之不去的症结在于，当地方政府有长期从中央政府获得可观的转移支付的合理预期时，它们就有挣脱名义预算约束的冲动。[17]此外，预算软约束、地区间竞争、强制政策以及短期选举周期均可能使得这个共同普遍的问题更加复杂。[18]

在明确的转移支付框架下，应该通过限制政府融资或者担保，来引入市场纪律约束。然而，这可能与地方政府期望获得更大自主权的愿望相冲突。另外可供参考的选项包括行政约束（债务限额、政府担保）；在县级层面引入财政规则，努力使旨在逃避规则进行失真报告的风险最小化（比如在中国存在的表外交易以及在丹麦将当期支出不合理地归类为资本支出），或者采取合作计划，让地方政府提高对决策影响的认识（例如，澳大利亚）。要打好政策组合拳需要中央政府强有力的领导和高超的管理水准，以避免整个过程陷入官僚主义的渊薮。

在那些拥有大量现有可用和潜在自然资源的国家，一个特殊的问题出现了。在将地下的资产转变为金融、实物或者人力资本时，这些国家面临着资源资产不可再生以及复杂多变的难题，而在联邦制或者说分权体制中，这一挑战显得尤为棘手。各个地区觉得他们有权从开采他们辖区内自然资源所获得的财政资金中直接获益。而这可能导致资源得不到最佳的利用，尤其是在缺乏财政

规则来缓解需求管理（短期）和跨期偿付能力（长期）之间的张力时。财政政策框架应该因国而异，整合各地区的特殊需求、资源视野（短期的与长远的）、对收入波动的敏感性（高或者低）、国内资本稀缺性/发展需求、吸收能力和公共投资效率。作为一般准则，较大比例的资源收入应该进行储蓄和国内投资，以平滑开支，防止资源开采的丰缺不均对整个支出体系产生不良影响。[19]

对地方政府的融资安排

城镇化的推进以及政治分权造成全球范围内地方对基础设施融资的大量需求。成功的分权化将会增加地方支出义务，同样也提升地方政府的筹资能力，包括使地方政府能够动员足够的资源进行资本投资的融资安排。要对社会基础设施（供水、卫生、污水处理、教育和健康）和物质基础设施（交通、电力、信息通信技术）供给相关的资本性资产进行建设、翻新、修复或者升级，资本投资不可或缺。在地方层面实施可持续发展2030年议程——包括减缓和适应气候变化——将会进一步增加对绿色基础设施的投资。

长期融资有助于解决基础设施项目巨大的前期成本及较长摊销期的问题。使用长期融资也能让地方政府消除政府间资本性转移支付的周期性或者收入来源的过度波动。然而，当城市政府通过举债来为他们的基础设施需求融资时，他们的自有收入来源和政府间转移支付也必须满足其长期的偿还要求。要将地方当局塑造成为有信誉的借款者，首先需要稳固地方收入。国内的金融市场也需要进一步发展，因为即使是信誉最好的市政府，在没有额外担保的情况下，也难以从国际市场上借得足够资金。因此，对于最优分权机制来说，地方层面缺乏良好信用是主要

的需求侧制约，而金融市场深度不够是主要的供给侧制约。当需求侧和供给侧的制约消除以后，设计构造良好的融资安排就可以满足地方基础设施投资的长期资金需求。[20]

克服需求制约：获得良好信用

要提高地方的借款能力，必然要有保证收入大于支出获得稳定盈余的实际能力。地方收入来源可能包括使用费、收费、税收以及政府间转移支付，有时候还有双边和多边发展援助的补充。除此之外的潜在来源包括投资收入、不动产销售、土地价值捕获以及许可证。用户收费多数是征收自人们为他们所获得的福利和效用进行的支付（如供水、环卫、能源、停车位）。然而，税收是为对全社会供给的公共物品进行融资的最合适的工具，例如警察、急救、消防、路灯等。

发展中国家的地方政府仍然大量依赖于中央政府财政转移支付和税收分享机制来为优先的投资进行筹资。从上级政府向下级政府转移的资金，占发展中国家地方政府的70%～72%，而在发达国家这一比例为38%～39%。[21]如果设计良好，这些转移支付可能进一步带动地方的创收。在坦桑尼亚，政府间转移支付1%的增长可以带来地方政府当局自有收入0.3%～0.6%的额外增长。[22]政府和捐助者应该对地方政府提高他们的创收能力给予激励。例如，基于绩效的奖励和补贴贷款，并配合基于市场的激励，这一机制能够帮助地方政府提高他们的开发贷款实践能力，使他们能够为实现可持续发展目标所需的资本投资进行筹资。[23]

良好的管理将有效支撑地方政府财政的健康运作。稳健财政管理的四个原则包括预算、核算、报告和审计。资金不仅应该被合理地使用和监管，要制定适当的计划和预算，

也需要充足的信息渠道。从更宽泛的视角来看，良好的管理对服务质量有直接的影响，并可能最终转化为更高的收入潜力。乌干达的坎帕拉的成功经验表明，通过更新不动产登记、出租车和其他业务的经营许可以及提高债务整合度，城市费率基础得以扩展，并最终转化成本地收入连续两年80%的增长。

加强供给侧：建设包容性和有弹性的地方信贷市场

建设活跃的政府债券市场的政策为对地方债务感兴趣的投资者提供了新的投资标的。在亚的斯亚贝巴行动计划中，各国同意强化长期债券市场作为开发性金融来源的功用，同时也设计资本市场的监管机制来减少剧烈波动和促进有助于可持续发展的长期投资。最近的研究表明，地方债券现货市场的发展程度与健全的监管框架、合理的法律法规以及更大的贸易开放是正相关的。

适当的法律和监管环境，对于可持续的政府信贷市场而言至关重要。有效的司法机制——包括政府破产机制在内（如，第9章中的美国政府）——通过保障地方层面债权人和债务人的权利和义务来维持市政债券市场的有序运行。在一些国家，对市政收入托底（集合信托）以及发行人评级的硬性要求提高了投资者对市政债券的投资兴趣，也增强了政府获得长期银行贷款的能力。

至于投资者缺乏对地方资本市场进行风险预测能力的问题，评级机构大有可为。在地方层面，问题在于地方政府的参与不够（图A）。事实上，即使是除美国外的发达国家，也很少有地方政府要求从哪怕是三家主要评级机构中的任意一家获得评级。而在美国，仅标准普尔就对12000多个地方政府进行了评级。对许多低收入国家的地方政府

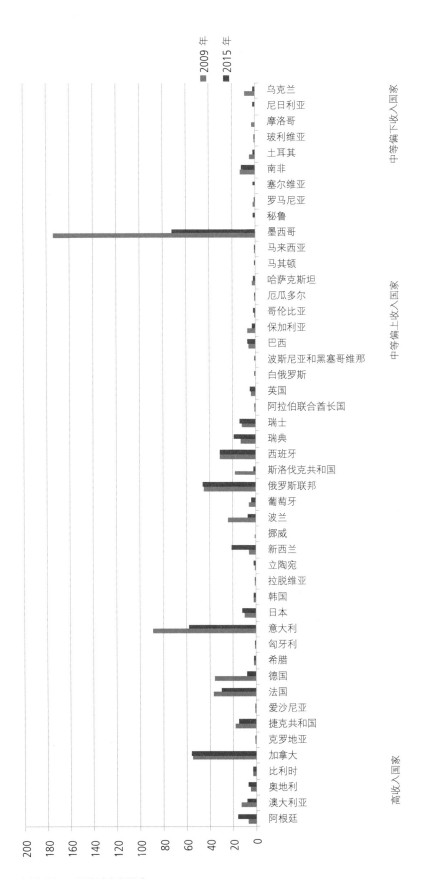

图A 从全球三大主流评级机构之一获得评级的地方政府数量（按国家和收入水平进行分组，2009—2015年）

注：在美国（不包含在图中），有超过 2000 个地方政府获得了三大评级机构之一的评级。

资料来源：*information provided by Fitch, Moody's, S&P.*

而言，由于主流评级机构在本国较少开展业务，它们只不过难以负担得起评级罢了。国家发展援助机构在降低评级机构准入门槛上可以发挥关键作用，比如为一些政府的第一次信用评级支付费用，这样就可以让首次发行者不用承担这些成本。

对于同国际评级机构鲜有交集的地方政府而言，发展地方评级机构有助于为评级创造更加便利的条件。例如，最近几年一些区域性评级机构在非洲兴起，并且获得了投资者对其声誉的青睐，典型代表有西非评级机构（成立于2005年）和布洛菲尔德金融（成立于2007年），它们已经成为诸如高士特公司（1992年）和全球信用评级公司（GCR）等原有评级机构的一员。塞内加尔的达喀尔和乌干达的坎帕拉已经从当地评级机构中获得了高评级。坎帕拉获得了GCR的长期A级评级，这是GCR的全球最高评级。

进入地方市政信贷市场

从银行借款——通常来说是从政府所有的金融机构和开发银行借款——对于除美国外的大多数发达经济体而言，是地方信贷融资的主要来源。而在美国，即使是最小的城镇也可以通过发行债券筹得数百万美元。美国3.7万亿美元规模的债券市场在世界上仍然是独一无二的。其他大城市则逐渐开始涉足市政债券市场。在中等收入和低收入国家，地方层面政府进入资本市场仅仅是更大城市的特权；在诸如南非、尼日利亚、喀麦隆之类的非洲市场，市政债券波动不已。缺乏获取私人或公共信贷途径的地方政府只能完全依赖中央政府的资本拨款用以支持大规模的投资。

现在让我们探讨项目规划的问题。城市的整体信誉固然重要，但是基础设施项目也需要精心规划、设计和估计以实现成功的融资。这就需要对项目开发服务进行前瞻性的投入，其内容涵盖从市场需求分析到具体机制设计的方方面面。许多市政和公共事业并没有上述的前瞻性投入，这一情况在广大发展中国家尤甚。专门的"项目开发基金"将有助于解决这个问题并根据具体需求而发挥不同的作用。例如，在2000年初期，双边援助者资助了南非的市政基础设施投资项目（MIIU），这在当时为市政和公共事业成功地提供了金融、技术和管理支持。最近，洛克菲勒基金会以及国际金融公司创建了"弹性基础设施项目开发基金"，为那些致力于为基础设施项目融资的城市获取法律、技术以及金融咨询顾问提供资金支持。

不同形式的信用增级可以进一步帮助地方级发行人降低失败风险。信用增级机制可以对偿付采取收入托底的形式（例如，美国的偿债基金，墨西哥的联邦分税补助，或者印度泰米尔纳德邦的债券服务基金），对债券偿付进行部分的或者100%的担保［例如美国国际开发署（USAID）为首期约翰内斯堡债券偿付进行的部分担保］，或者使用联合融资。结构合理的银行贷款或者债券可能同时利用多种信用增级机制。作为补充，国家的、地区的和多边的开发银行也扮演着至关重要的角色，因为他们可以以优惠的条件（包括利率和期限）为市政当局提供直接贷款。开发银行可以通过承销、担保或者投资市政债务（包括有价证券），来帮助投资者树立信心，使地方政府能够建立起他们的信用纪录。

市政信贷市场的全球掠影

一旦克服了需求和供给障碍，许多先进的市政融资工具就可以得到使用（表1），包括地方政府担保的融资方案（比如一般责任债券、收益债券、绿色债券）、开发税（例如关联费、影响费）、公共和私人方案（例如PPP、绩效薪酬）以及撬动私营部门的机制（例如贷款担保、租税增额融资）。尽管对这些市场化融资机制的使用越来越频繁，但这也仅仅是对于发达经济体（如美国、西欧和其他一些经合组织国家）的繁荣城市而言。（这些机制）有些需要多个合作伙伴（包括私人资本在内）的共同参与，而其他方式大部分则依赖于地方政府的强制权力。

许多拆借机制已经在一些城市得以运用，对于这些城市而言，虽然它们的信用还达不到投资级，但是它们已经在朝这个方向做出巨大努力。

美国纽约的行人© Flickr/Stefane Georgi

- 由国家或州政府主体运作的城市开发基金从私人贷款者、中央政府和捐赠机构调集资金，再把这些资金转贷给地方级政府来支持他们的资本投资项目。虽然偿付债务的能力是获得这些资金的重要底线，但条件通常是宽松的。更复杂的安排，可能追求为地方基础设施投资融资和加强地方信贷市场建设的双重目标。在哥伦比亚，Findeter基金使用国外借款来贴现私营商业银行对地方公共部门和地方私营实体的贷款，而这些贷款投资于城市服务和公共事业。Findeter模式的成功，得益于地方金融市场的深度和一个能够承担大规模市政和城市服务贷款相关信用风险的可靠的金融机构的存在。

- 在贫穷的国家，混合融资（即市场贷款和拨款的结合）能够帮助地方政府维持债务的还本付息。在布基纳法索，瓦加杜古城因火灾而毁灭的中央

市场的重建工作就进行了混合融资，包括从法国开发机构（AFD）获得的长期资金和300万格兰特的拨款，而没有使用中央政府的担保。[24]

- 许多全球的大城市利用土地相关的收入来为资本投资进行融资。例如在上海，46%的城市扩张是通过土地融资机制来支持的，在这种方式中，城市将已初步开发的土地出售给商业区或者产业区运营商，而收入用于对城市设施的再投资。在土地开发或者以PPP进行出让开发的案例中，土地出售给开发商进行基础设施的建设和运营。其他获得土地收入的方法包括买进土地并且在服务配套完善（例如通过公共交通的改善）和价值较高的时候再次出售，或者向从发展项目中受益的人们征收影响费。这些机制的实际运作命途多舛（尤其是在评估收益和识别受益者时），而它们的潜能也有待充分发掘——尤其那些大多数土地由中央政府持有的城市。[25]然而，我们也必须认识到，土地的价值也会

受市场波动的影响。经济繁荣期间土地价值飞涨可能导致过度借贷的推波助澜，进而产生宏观经济风险。[26]

- 辅助混合融资对于发展中国家五花八门的市政当局来说大有发展空间。在这种情况下，可靠的中介机构，比如说国家或者州政府，可以以多样化的市政公共设施贷款池为支持发行一种债务工具，并且被预先设立的还本付息基金覆盖。借款方通过该计划向投资者提供了多元化的投资组合。例如，印度泰米尔纳德邦就使用混合融资工具为13个小城市的供水和环卫项目进行筹资——相较于其他可能的方式，其拥有较长的期限和较低的成本。然而，该融资机制的协调成本可能较高，致使评级较高的地方政府可能不愿意参与。将混合融资与由捐助者和私营公司支持的信用增级有机结合有助于辨识和集合一系列值得投资的基础设施项目，进而能够使当地银行和资本市场在无追索权的基础上提供融资。[27]

表1　先进的政府融资工具

政府导向的融资选项	开发征税	公共与私营选项	私营部门杠杆
一般责任债券	捐赠要求	公私伙伴关系	贷款损失储备基金
收益债券	关联费	绩效薪酬	偿债准备金
工业收入债券	影响费	证券化与结构化金融	贷款担保
绿色债券		巨灾债券	票据融资
合格的节能债券			债券池融资
社会影响债券			租赁购买集合融资
公益基金			租税增额融资
联合存款计划			价值捕获
节能贷款			
清洁能源资产评估计划			
绿色排放许可拍卖			

资料来源：Center for Urban Innovation, Smart Cities Financing Guide (Tempe, Ariz., Arizona State University, 2015).

结论

财政分权可以成为改进公共服务供给质量、强化政府责任和优化地方财政资金利用效率的有效政策工具。然而，为了实现成功的财政分权，对于如何在收支两条线上进行地方政府间的财政责任划分这一问题，中央和地方政府必须进行策略性应对。此外，财政当局对地方政府的权力下放，必须考虑地方政府的能力以及他们承担这些职责的法律法规框架。

将地方支出和创收职责授权给地方政府的制度安排将公共物品和服务的消费者与地方政府官员直接联系起来，而正是由后者来决定公共资金如何分配以及实施怎样的税收政策。如果强有力的执行机构、优良的治理以及支持性的法律法规框架能够形成合力，那么，财政分权不啻为提振城市财政的不二法门。

案例1 撒哈拉以南非洲制度建设中面临的困难

在撒哈拉以南非洲的案例中，财政分权得以迅速贯彻——一定程度上是由于人们将其作为缓和紧张的种族关系的一种手段。在撒哈拉以南非洲国家，对于不同层级政府的权力和职能有明确的法律界定。国家层面的职能主要包括政策和标准的制定、国防之类的公共物品的供给。另一方面，地方政府的责任是政策的实施以及地方服务供给，例如健康卫生、水、地方道路和交通、大多数农业推广服务和初级教育（除了肯尼亚，其地方政府只提供学前教育）。在肯尼亚（2010年）和尼日利亚（1967年），权力下放是作为中央集权体制下种族统治的替代选项而开展的，而在乌干达（1986年）则是因内战而产生的。在南非，财政分权随1994年种族隔离制度瓦解而形成。起初南非因能力所限，形成了地方层面的报表制度，并且最终实施多年预算框架。在肯尼亚，最初与公共服务输出有关的困难得到了解决，但是在国家层面尤其是在县级层面存在的预算编制问题，一直挥之不去。

面对财政分权，改进预算过程的努力似乎更为迫切。肯尼亚和南非同时解决能力、信息和财政管理的问题。在南非，当地政府展示了一些地方政府案例，证明通过同伴学习和导师制度，并结合标杆管理，他们完全能够确定和解决主要的成本驱动因素。在那样的背景下，改进预算格式，引进新的财政分类体系，改进记账标准，以及改进会计科目是改革财政管理体系和改善基准信息的基本要素。在肯尼亚，过渡期间的政府间协调由过渡机关和政府间预算和经济委员会支持——该委员会由所有47个县的领导和国库内阁秘书参加，由肯尼亚共和国副总统主持。

目前来看，健全的财政规章对于防止地方政府过度举债通常是卓有成效的。具体而言，地方政府借款仅能用于开发项目融资和短期流动性管理。此外，在肯尼亚、尼日利亚（仅针对外债）和乌干达，任何长期借债都需要获得中央政府的批准（在肯尼亚和尼日利亚需要中央政府担保），并且在这些国家，对于地方政府债务存量有一个总体限额（在肯尼亚，限额标准为上年度经审计的收入的20%，尼日利亚为50%，乌干达为

肯尼亚内罗毕的市中心© UN–Habitat/Baraka Mwau

25%）。在南非，通过立法禁止中央政府对地方政府债务的担保。与之形成鲜明对比的是，公共部门破产的机制公开透明，此外，如果地方政府忽视公共财政管理规定，将会面临严厉的制裁。在尼日利亚，瓜分产油州的石油收入，将使后者面临收入不稳定的风险，进而违背了地区收入均等化的目标，最终的结果是，联邦和州的收入减少的幅度比石油价格下降的幅度更大。[28]这实质上是违背了稳健预算过程的真谛，经常导致薪水拖欠、银行债务拖欠以及联邦政府的局部紧急救助。

案例2　哥伦比亚的财政分权与财政管理改善[29]

在20世纪90年代，哥伦比亚的财政分权政策对地方政府进行了相当大的权力转移。尽管有充足的理由相信地方政府能更好地提供地方公共物品和服务，并对当地的需求做出回应，然而政府间转移支付依然应该与支出受托任务相匹配，以强化地方的支出责任制。但是由于缺乏这样的授权，地方层面的财政纪律明显弱化。此外，哥伦比亚的财政分权政策对于支持地方层面依靠自有资源创收缺乏激励机制。

为了解决这些政策缺陷，哥伦比亚在20世纪90年代实施了几项改革措施，例如："819法案提高不同层级政府间的财政协调性，要求中央行政机关和地方政府每年发布一份步调一致的10年期宏观经济框架……预算需要在十年的期间内进行平衡。其进一步规定所有层级政府的财政管理（包括支出授权和收入汇集）必须与中期的宏观经济框架一致。"[30]

其他的改革旨在解决地方政府自有资源创收激励机制、市政开支要求以及已经证明无效的拨款政策等议题。

哥伦比亚的案例，说明了建立法律法规框架，以使财政分权目标与支出激励和问责机制相一致的重要性。此外，该案例强调了在一定时期之后，将政策设计和实施中的经验教训融入整合，进而改进财政分权政策的重要性。

巴西里约热内卢，罗西尼亚© Wikipedia

阿曼多·莫拉莱斯（Armando Morales），国际货币基金组织（IMF）常驻肯尼亚代表，从事对拉丁美洲、亚洲、非洲多国经济政策议题的研究。

莱昂纳多·莱特列尔（Leonardo Letelier S.），智利大学公共事务学院研究生主任，出版了大量与财政分权相关的著作。他是联合国、泛美开发银行和世界银行在该领域的顾问。

丹尼尔·普拉茨（Daniel Platz），联合国开发融资署利益相关者参与机制的召集人。在那里，他作为团队的一员，监测和推进亚的斯亚贝巴行动议程、开发融资多哈宣言、蒙特雷共识的实施。

注 释

1. V. Tanzi, "The Future of Fiscal Federalism," European Journal of Political Economy, vol. 24 (2008), pp. 705–712.

2. Friedrich Hayek, "The Use of Knowledge in Society," American Economic Review, vol. 35, no. 4 (1945), pp. 519–530.

3. W. Oates, Fiscal Federalism (New York, Harcourt Brace Jovanovich, 1972).

4. J. Tirole, "The Internal Organization of Government," Oxford Economic Papers, vol. 46 (1994), pp. 1–29; C. M. Tiebout, "A Pure Theory of Local Expenditures," Journal of Political Economy, vol. 64 (1956), pp. 416–424.

5. P. Seabright, "Accountability and Decentralisation in Government: An Incomplete Contracts Model," European Economic Review, vol. 40, issue 1 (1996), pp. 61–89.

6. G. Brennan and J. Buchanan, The Power to Tax: Analytic Foundations of a Fiscal Constitution (New York, Cambridge University Press, 1980).

7. S. L. Letelier, "Explaining Fiscal Decentralization," Public Finance Review, vol. 33, no. 2 (2005), pp. 155–183; U. Panizza, "On the Determinants of Fiscal Centralization: Theory and Evidence," Journal of Public Economics, vol. 74, issue 1 (1999), pp. 97–139; S. L. Letelier and J. M. Saez Lozano, "Fiscal Decentralization in Specific Areas of Government: An Empirical Evaluation Using Country Panel Data," Government and Policy: Environment and Planning, vol. 33, issue 6 (2014), pp. 1344–1360.

8. R. Prud'homme, "The Dangers of Decentralization," World Bank Research Observer, vol. 10, no. 2 (1995), pp. 201–220.

9. D. Treisman, The Architecture of Government: Rethinking Political Decentralization (Cambridge, Cambridge University Press, 2007).

10. T. Terminassian and J. Craig, "Control of Subnational Government Borrowing," in Fiscal Federalism in Theory and Practice, ed. T. Terminassian (Washington, IMF, 1997).

11. S. L. Letelier, "Theory and Evidence of Municipal Borrowing in Chile," Public Choice, vol. 146, no. 3–4 (2011), pp. 395–411.

12. A. Alesina, E. Glaesser, and B. Sacerdote, Why Doesn't the US Have a European-Style Welfare State? (Washington, D.C., Brookings Institution, 2001); Signe Krogstrup and Charles Wyplosz, "A Common Pool Theory of Supranational Deficit Ceilings," European Economic Review, vol. 54, issue 2 (2010), pp. 269–278; G. Pisauro, Fiscal Decentralization and the Budget Process: A Simple Model of Common Pool and Bailouts (Perugia, Italy, Societa Italiana di Economia Pubblica, 2013).

13. S. L. Letelier and J. M. Saez Lozano, "Fiscal Decentralization in Specific Areas of Government: A Technical Note," Economía Mexicana NUEVA EPOCA, vol. 22, issue 2 (2013), pp. 357–373.

14. International Monetary Fund, Macro Policy Lessons for a Sound Design of Fiscal Decentralization—Background Studies (Washington, IMF, 2009).

15. World Bank, "Conflict, Security and Development," in World Development Report (Washington, World Bank, 2011).

16. World Bank, Municipal Finances: A Handbook for Local Governments (Washington, World Bank, 2014).

17. C. Wyplosz, Fiscal Rules: Theoretical Issues and Historical Experiences (Cambridge, Mass., National Bureau of Economic Research, 2012).

18. A. Plekanov and R. Singh, How Should Subnational Borrowing Be Regulated: Some Cross-Country Empirical Evidence (Washington, IMF, 2007).

19. International Monetary Fund, Macroeconomic Policy Frameworks for Resource-Rich Developing Countries (Washington, IMF, 2012).

20. Daniel Platz and David Painter, Sub-Sovereign Bonds for Infrastructure Investment (Washington, G24, 2010).

21. Munawwar Alam, Intergovernmental Fiscal Transfers in Developing Countries: Case Studies from the Commonwealth (London, Commonwealth Secretariat, 2014).

22. Takaaki Masaki, The Impact of Intergovernmental Grants on Local Revenues in Africa: Evidence from Tanzania (Ithaca, N.Y., Cornell University, 2015).

23. Paul Smoke, "Financing Urban and Local Development: The Missing Link in Sustainable Development Finance: A Briefing on the Position of the Role of Local and Subnational Governments in the Deliberations Related to the Financing for Development Conference," United Nations, "The Addis Ababa Action Agenda," 2015.

24. Thierry Paulais, Financing Africa's Cities: The Imperative of Local Investment (Washington, Agence Française de Développement and the World Bank, 2012), p. 43

25. Thierry Paulais, Financing Africa's Cities: The Imperative of Local Investment (Washington, Agence Française de Développement and the World Bank, 2012), p. 43

26. World Bank, Planning, Connecting, and Financing Cities—New Priorities for City Leaders (Washington, World Bank, 2013).

27. Daniel Bond, Daniel Platz, and Magnus Magnusson, Financing Small-Scale Infrastructure Investments in Developing Countries (New York, United Nations Department of Economic and Social Affairs, 2012).

28. E. Ahmad and R. Singh, Political Economy of Oil-Revenue Sharing in a Developing Country: Illustrations from Nigeria (Washington, IMF, 2003).

29. A. Fedelino and T. Ter-Minassian, Macro Policy Lessons for a Sound Design of Fiscal Decentralization (Washington, D.C., International Monetary Fund Fiscal Affairs Department, 2009). Available from http://www.imf.org/external/np/pp/eng/2009/072709.pdf.

30. Annalisa Fedelino, Making Fiscal Decentralization Work: Cross-Country Experiences (Washington, D.C., International Monetary Fund, 2010).

第二部分

设计融资产品

第4章 非税自主创收型收入

前言

对于地方政府而言，提供市民需要的服务和满足自身开支需求的能力，由可支配收入这一关键因素决定。在可支配收入有限的情况下，基础设施建设投资往往受挫，公共服务供给也会减少。[1]因此，不论是在发达国家还是发展中国家，拓宽收入来源渠道、增加并调动收入均为许多地区的城市领导者所面临的紧迫挑战。能否获得一个稳固的收入来源取决于很多因素，其中包括赋予城市领导者权力，使其增加并拓展自主创收型收入集合，以补充城市领导者难以驾驭的外部收入（如转移支付）的不足。同样，也需要城市领导者在培育出自主创收收入来源后，能利用支持其战略优先目标的金融工具（例如，土地融资工具、债务融资工具和公私合作伙伴关系等）来获取这些收入。

本章探讨了城市领导者如何获取非税自主创收型收入，从而建立起城市财政治理的坚实基础[2]；以获取基础设施的公共投资（如对基础设施的改善）收益为目标。本章重点关注了多种非税自主创收型收入来源——从与居民享受服务直接相关的收费（例如生活用水、垃圾清理等）到基于财产价值或实物属性的收费，不一而足。[3]为此，本章首先回顾了世界范围内各城市使用的非税自主创收型收入的来源和种类，接着探究了全球各地的地方政府对收入依赖程度的差异。

很明显，非税自主创收型收入，特别是收费，并不是充实财政的唯一途径。本章提出的原则是，综合性的市政收入来源对于城市财政的稳健异常重要。本章提出了可供选择的关键事项，以指导政府官员在其权限范围内对非税自主创收型收入的组成部分进行发展与变革。本章的目的在于强调城市领导者拥有战略的意义，这些战略能帮助他们合理利用非税自主创收型收入以实现城市利益的最大化。

为引导读者建立起联通理论和实践的桥梁，本章还包含了数个说明性案例，在这些案例中，政府成功培育并获取了非税自主创收型收入以支持不同的优先战略目标。

> "对于地方政府而言，提供市民需要的服务和满足自身开支需求的能力，由可支配收入这一关键因素决定。"

对非税自主创收型收入类型的回顾

非税自主创收型收入通常源于收费、罚款以及与各种政府服务和资产有关的特定估值。典型的实例包括政府所有房产的租金、物品和服务使用费、营业执照费、结婚登记费等。尽管不可能把世上所有现存的非税自主创收型收入进行罗列，表1（尽可能全面地）汇集了自主创收型收入的类型、一般特征和代表性案例。

市政当局培育和获取表1描述的或其他类型的非税自主创收型收入的自主权取决于市政当局在城市化和财政分权过程中的实践经历。例如，法律是否授权地方政府调动各种类型的非税自有来源收入？而在存在授权的情况下，市政当局是否有足够的自主权将自主创收型收入的来源变现并进行控制和管理？当地方政府有新的支出需求时，是否能通过非税自主创收型收入的平行分配来满足其他的支出需求？[13]这些问题的答案取决于特定的法律授权内容、政治背景、上级政府（如国家、州或省）的财政治理结构以及在持续不断的改革过程中财政分权所能达到的程度。此外，城市规模也是影响自主创收型收入筹集和财政能力的一大因素。观察发现，在某些情况下，大城市或大都市区往往更能通过征收和管理自主创收型收入扩充财力以满足支出需求。[14]

因此，如图A所示，相对于税收收入和转移支付，各国政府对于非税自主创收型收入的使用和依赖程度存在巨大差异。

表1　关于政府非税自创型收入的典型例子[4]

收入来源	一般特征	地区实践
公共设施和服务收费	对清理下水道、供水、供电及其他类似服务的收费，费用由公民、组织或机构支付。特定个体的收益和对服务支付的费用会因消费量的多少而不同	南非用水者收费和权利政策；1996年宪法；宪法法案108[5]
使用者付费	如参观公立博物馆、婚姻登记、通行费、汽车上户、颁发许可证等志愿服务费用以及其他类型的公民、组织或机构付费。收费通常与特定的市价相同，有时也会向用户提供补贴	巴林王国，市政规划建筑许可证和商业公司法[6]
罚款	由于违反法律或由于民事或刑事违规而对公民、组织或机构进行的处罚	美国密歇根州关于城市民事违规方面的立法[7]
附加费	对特定的，预先存在的费用（例如由公民、组织或机构支付的税、费、罚金或处罚）进行附加	美国马萨诸塞州对车辆违规收取附加费[8]
特种评估	针对不动产所有者特定收益的收费，这种收费以开发费或其他改进型形式出现。不动产所有者的特定收益源于公共投资。收费产生的成本与其收益基本相当	哥伦比亚的改进型收费方式，包括12977号法案的388款[9]
付费代替税款（PILOTS）	因其组织属性，私人非营利组织或其他免税实体无须缴税，但使用了某一类特定的物品而自愿向政府付费，政府得以弥补其税收损失	在加拿大，对使用联邦层级和省级政府拥有的不动产采用付款代替税款方式[10]
特许权使用费	公民、组织或机构因为获得自然资源（如石油、天然气或矿物质等）的收益权或使用权而产生的付费。特许权建立在协议或租赁的基础之上	美国1920年矿业租赁法案[11]
租金和土地使用费	公民、机构或组织使用或占用政府财产或土地而产生的付费，通常依据租赁或其他协议支付特定土地使用权的费用	中国的城市管理实践、土地管理法[12]

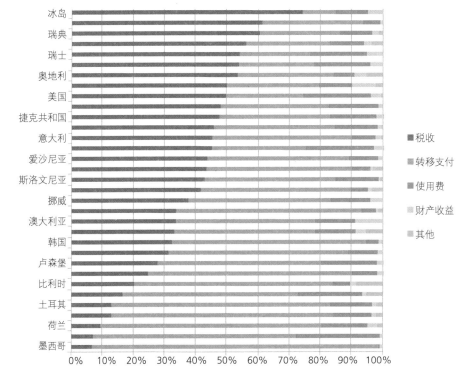

图A　经济与合作组织国家2012年地方政府收入来源

资料来源：OECD, Regions at a Glance 2013 (Paris, OECD, 2013). Available from http://www.oecd-ilibrary.org/sites/reg_glance-2013-en/04/01/index.html?contentType=&itemId=%2Fcontent%2Fchapter%2Freg_glance-2013-27-.

非税自主创收型收入的评估

每种非税自创型收入均有着不同的战略考量，这些战略考量对于政策议案建构过程的评估至关重要。[15]目前，运用最为广泛的自主创收型收入是与政府公共服务相关的使用者付费。[16]使用者付费非常适用于诸如交通、供水、卫生、通行（如案例1所描述）等的公共产品和服务以及其他那些将大部分收益归于消费者的特定产品和服务。[17]

"利益归属原则"的倡导者认为从政府服务中获益的人应该对此付费，而收费的多少则通常取决于消费的数量。这就使得地方政府明确其应该提供怎样的公共服务，因此也让地方官员通过匹配供需来实现供给效率的最大化。[18]此外，使用者付费的方式如能有效实施，就可以使消费者认识到公共产品和服务的成本，进而提升服务配给的效率和价格的透明度，凸显地方政府的责任感，并最终建设更加高效和响应性的政府。

然而，另一个需要考虑的问题是，使用者付费会对低收入人群造成不利影响。[19]这一问题会在供水、下水道清理和卫生等政府基本公共服务的供给中更加明显。所以我们不得不考虑，对于此类公共产品和服务的提供是应该聚焦于其再分配的功能呢，还是应该基于成本原则（包括边际成本定价和其他侧重于效率的原则）？[20]

对于依赖使用者付费的非税自主创收型收入而言，公民参与对整个机制的正常运转发挥着潜在的效用——尤其是当政府与公民在服务定价上相扞格时，这一影响尤为举足轻重。公民参与会阻碍使用者付费文化的形成，而从政府管理和收入筹集的角度来看，浓厚的使用者付费文化有助于顺利取得非税自主创收型收入。在一些国家，挣扎在贫困线附近的城市人口对使用者付费广泛的抵制使公民参与的效应表现得尤为明显。[21]

特定公共产品定价机制所牵涉的政治生态及其合法性，同样影响收费机制的效力。[22]在一些领域，使用者付费也可用以支持一般公共资金支付的服务项目，从而将这些项目的资金资助方式变为了自助型付费方式。学者们对这种现象的评论认为：

> "市政当局在面临财政和政治困局时，通常对不能由税收资金支持的一般公共服务采用收费的方式。因为收费只针对用户个人，而不是对整个社会，且可能产生收益。使用者付费是一种更加市场化的筹资机制，能将一般公共资金支付的活动转化为收费性质的活动，所以，公共产品和服务的使用者付费方式，已成为城市政府普遍运用的战略行动。"[23]

政府自有资产所产生的收益是另一种重要但常常未得到充分利用的非税自主创收型收入来源。尽管这些收益能够在当地基础设施建设和其他重要投资的资金筹集方面一展身手[24]，但也有必要关注这些资产实际的创收能力。资产使用的约束条件及可持续性也需要同等的关注——这两个方面对于自然资源（如石油、天然气、矿藏等）而言尤为关键。[25]

如果一些非税政府资产创收仅仅来自某些特定而分散的组织机构的话（比如付款代替税款），那么这些收入可能不过是九牛一毛罢了。而付款代替税款，正如表1所指出的那样，是由于非营利和其他免税组织的自愿付款而出现的一种创收方式。对那些严重依赖财产税或正努力巩固其财产税税基的城市政府而言，付款代替税款可能是一项重要的非税自主创收收入来源。最近几年，付款代替税款在加拿大和美国得到广泛使用，美国的一些城市如波士顿、费城、巴尔的摩和匹兹堡已经从付款代替税款中获得收益。鉴于付款代替税款是自愿性质的，获得其收益的城市自然已经制定了一些激励措施来鼓励非营利和其他免税组织的参与。比如，非营利组织之所以可能同意采用付款代替税款的方式，是因为它们认为当地政府的财政健康状况会对自己造成影响。[26]在其他情形下，非营利组织同意采用付款代替税款的方式是因为它们也依赖于政府提供的公共产品和服务，并且在一些运营项目上需要当局的配合，如颁发建筑施工许可证和区域变更许可证等。由此，付款代替税款的方式开创了一种积小流成江河的创收模式。[27]

改良税，或公用事业特种税，基于土地价值获取收益，但这些收益的运用会受到诸多掣肘。一种典型的增值税，就是政府针对特定的物业业主群体征收的。征收所得会部分或者全部用于支付改善特定公共产品和服务所产生的成本——这些特定的公共产品或服务能使公众受益，也给予特定物业所有者一定的收益。[28]一些地区（比如哥伦比亚）的法律规定在计算和评估征税（额）时，要考虑"利益因素"。法律还定义了从名义到现实的转化过程——这种转化建立在充分考量特定影响因素的基础上，从而能决定现实中谁能够受益。

制定能够最有效扩大和利用非税自主创收型收入的实践清单

如前所述，城市领导者利用非税自主创收型收入的能力取决于以下因素：建立财政机制的法律框架，财政本身、行政管理和公共部门的分权化程度，政治氛围和历史以及与更高层政府之间的关系。因此，该领域的政策改革应该从评估这些因素开始，以形成一条可靠并且政治上可行的改革路径。以下清单可以给正考虑在全球化社会政治背景下进行改革的城市领导人以启发，随附的是与每个项目有关的进一步建议和最佳做法：

- 第一，确定需要进行政策改革的领域。重点关注那些旨在实现充裕的收入，支撑政府良好运转和满足公众需求的政策。

- 第二，评估政策改革如何以及是否有利于提升政府使用非税自主创收型收入来投资基础设施建设的能力。基础设施投资往往需要利用外部融资机制筹集大规模资金，这些机制包括债务、土地财政和公私合作伙伴关系模式。[29]

- 第三，为期望进行的政策改革制定技术路线图。

- 第四，探索锻炼地方政府实施预期及未来改革的技术能力。

哥伦比亚，麦德林的公共空间© Eduardo Feuerhake

首先，为确定已适合进行政策改革的领域，城市领导者首先必须明确阐述该改革的目标（比如，实现政府收入充足、支持政府良好运转或满足公众需求）并评估当前状况。其次，城市领导者应该审视政府所使用的非税自主创收型收入的现状和功效。接下来就是要审慎评估该收入征收率在当下和历史上的变化趋势，将征收率与收入筹集的成本及其他相关因素进行对比。这将有助于评估在何种程度上，现有非税收自主创收型收入机制能够满足提供公共服务和政府日常运转所需的资金。

　　这里需要思考几个重要的问题：使用者付费或受益者付费是否应该用于弥补成本，尤其是在公共交通和公共设施领域？那些构成公共企业收入支柱的特定使用者付费模式是否应该推广到更广领域内的公共服务？如果是，就需要明确当前的开支需求（关系到资金和政府运作两个方面）和预测未来的需求（通过人口增长、外部因素和其他因素预测）。这个过程能窥测到资金需求的潜在缺口，也能评估当前收入筹集机制的效率——效率的评估有多种标准，如收入成本比，就能反映出资金筹集的效率。[30]

　　其次，在评估改革的范围时，城市领导者可能会思考如何才能通过非税自主创收型收入斩获更多并更充分地运用融资工具来支持核心的基础设施建设。许多地方政府无法通过现收现付的方式将现有收入投入到大型基础设施建设之中，而不得不诉诸贷款、借债、PPP模式或者土地融资工具。[31]所以，如果拥有强有力的非税自主创收型收入基础，城市政府便能利用这些融资工具。

　　比如，市政当局可以通过发行市政债券的方式来扩大供水和污水处理项目的资金规模，并依靠对供水和污水处理收取的费用

来偿还市政债券。[32]市政收入债券是以特定收入来源为支撑的债券，市政当局可凭此配置不同时期的现金流来偿还用于基础设施建设的多年期借款。[33]为支付债券的本金和利息，此类借款需要有公用事业特种税和收费作为保证。在上述案例中，公共事业特种税和收费就都与供水和污水处理服务有关。

　　值得注意的是，债务融资并不是额外的收入来源——它是一种通过将当前和未来收入用于偿还债务而提高可使用资金规模的机制。[34]寻求扩大债务融资工具使用的地方政府应考虑对定价机制进行改革——这些定价是用于支持市政收入债券的专项收入来源（比如供水费、污水处理费、通行费等）——并保证这些专项收入来源不被任何对资产的优先申索权或其他因素所阻碍[35]（参见案例2，它说明了这些原则在市政债券情景下的综合运用）。

　　再次，一旦确定改革的优先领域，城市领导者应尝试规划引导预期改革实施的技术路线图。改革之路发端于对特定问题的思考：管辖权的法律框架需要做哪些改变？（如果需要改变）是宪法层面还是普通成文法层面的改变？为支持改革，是否应该重新审视或变革现时管辖领域内的分权化水平？上级政府在促进改革成功的过程中发挥怎样的作用？执行改革的政治意愿是否存在？

　　最后，通过畅通技术能力培养的渠道来支持城市领导者管理新的和现有的方案或政策——这是整个改革实施过程中至关重要的一环。那些可能掣肘非税自主创收型收入的重大影响因素包括管理、收取和执行使用者付费或相关罚款的负担或成本，这些因素在政府机构能力低下且负责执行的地方官员没有获得相关培训的情形下表现得尤为明显[36]。可以通过改革管理、评估和获取收入的方式

来加强能力建设，并且通过引入支付能力调查的方式来加快收入产生的过程，同时保持一个高收入水平。在与更为广泛的财务管理原则相一致的情形下，技术能力建设的综合计划能帮助地方官员有效管理资源，让他们以负责的态度，来偿还短期和长期的财政和经营债务。[37]

结论

各种类型的非税自主创收型收入都有其各自的优缺点。然而，它们是城市收入来源的重要组成部分，并能提升公共产品和服务的供给质量和水平。它们也能使城市的收入来源更加多样化，有助于城市财政健康并创造城市财政自主的基础。不管非税自主创收型收入的来源是使用者付费还是地方政府所有的资产产生的租金，城市政府必须制定适当的法律和监管框架，以实现收入的筹措。

为最大化收入的可持续性并确保其长期可行，我们尤为需要将相应的战略因素纳入到特定非税自主创收收入流的管理框架。此外，必须认识到并非所有类型的非税自主创收型收入都能成为城市收入的稳定来源，尤其是那些依靠政府资产产生的收入（如开发自然资源所获得的租金）。

如果没有适当评估和平衡上述因素，就会产生负外部性。此外，在使用者付费的情形中，建立一个能平衡那些因素（这些在本章前面已讨论过，包括人口的需求和提供服务的成本）的定价机制是最大限度地提高筹资效率和培育浓厚"使用者付费"文化氛围的关键。当其他所有条件都得到满足之后，城市领导者还必须具备适当的技术能力，按照现行法律法规的要求，管理和调配可供其利用的非税自主创收型收入工具。强化技术能力在政策改革全局中大有可为，可以此促进城市的收入管理、筹集、效率和责任性水平并同整个城市的发展目标相匹配。

案例1　南非的通行费制度

越来越多的使用者付费，尤其是通行费制度，反映了政府拓宽非税收入来源的努力。收费制度现在适用于很多国家，比如莱索托、莫桑比克和美国。通行费制度要求道路的使用者为使用该设施付费。这是一种为当地或区域交通基础设施维护和建设筹措非税资金的有效方式。此外，收费制度和使用者付费有一个额外的好处，就是能促使消费者的消费水平最优化。这反过来又为政府提供了有助于其做出交通基础设施有效供给决策所必需的信息。[38]

南非收费公路的历史最早可以追溯到1700年，当时开辟殖民地的统治者通过收过路费来修路。现在，南非的收费公路由一个国家层面的机构来运营，即南非国家公路有限事务处（SANRAL）。事务处负责管理该国的道路系统以及道路的修筑、维护和改造。然而，事务处并不运营收费站。事务处通过与拥有符合资质的技术能力、设施和人员的私人企业签订合同的方式，授权企业代表事务处进行收费。

南非全国共有51个收费站，自2015年以来，产生的收益足够支付新增584公里公路和47座桥梁，现有134座桥梁的拓宽，186公里公路的亮化以及127公里道路中间隔离屏障的建设费用。总体而言，该国64%以上的道路设施已经完全通过收费资金的支持实现了翻修，而收费资金也已全部用于建设新的公路。

在一片抗议声中，2011年事务处在约翰内斯堡和开普敦等几个主要城市引入了城市道路收费系统。当时，许多人声称城市道路收费大大增加了城市交通的成本，特别是影响了城市的中低收入家庭。然而，以约翰内斯堡为例，城市道路收费并未增加交通成本。乘坐公共交通工具通勤的乘客无须缴费，只要这些车辆在事务处有备案。

相比之下，那些拥有私家车的人也足以支付得起每月的费用——小型车每公里只需支付0.02美元。城市道路收费系统也普遍降低了通行时间和拥堵，从而减少了温室气体排放，并大大节省了车辆运行成本。约翰内斯堡的道路收费系统节约的路上时间高达50%。此外，城市道路收费系统运转高效：只需用收费收入的17%就可以弥补收入的筹集成本，其余则用于道路的升级改造、维护、债务利息支付和其他运营成本。

总之，南非的道路收费系统是一个有效的非税自主创收型收入来源，也是筹集此类收入以建设和维护地方和国家基础设施的成功案例。

南非约翰内斯堡的快速公交站 © Flickr/African Goals2010

案例2　非税自主创收型收入支持的市政债券

城市肩负的职责愈发庞杂，尤其是考虑到城市越来越难以满足城市长期的资金需求。[39]在拉丁美洲、非洲及美国，城市政府更频繁地使用项目收益债券和一般责任债券作为基础设施建设的融资方式——这一方案引入私人资本，为基础设施建设造成的数十亿美元资金缺口雪中送炭。[40]债务融资只有在城市政府能以可持续的方式利用其自有收入偿债，并且对借款有强有力的监管制度时才可行。[41]达喀尔市的例子说明了一个城市政府如何采取综合战略来提升其信用状况并建立可持续的收入基础，从而利用城市债券来募集基础设施建设资金。

2011年，达喀尔市发起达喀尔市政融资计划（DMFP），在战略上将自身定位为信誉良好的债券发行者，以吸引区域资本市场上投资者的资金。[42]预计借款收入约200亿非洲法郎（CFA）（约合4000万美元），足以建设一个大型集贸市场服务当地的贫困人口。[43]具体来说，资金被用于将目前位于非正规商业区（如人行道和道路）的市场搬迁到一个中心市场，进而容纳和改善约3000家商贩的生计。[44]

为了能从投资者那里筹集资金，达喀尔必须采取一些措施。在大多数非洲国家，地方政府可以借款，但因为现金有限，缺乏债务管理经验和其他因素，它们面临着建立信誉的重大挑战。[45]达喀尔也面临此类问题，包括自主创收的收入来源很少、预算基本上依赖于中央政府并且缺乏技术能力。[46]2008年至2012年间，该市收入提高了40%，大多数来自广告牌的收费。[47]达喀尔是在低财政分权的情况下实现这一点的——它能自主支配的收入占其总收入的比例不到10%。该市还设立了规划和可持续发展部门以证明达喀尔具有可信的发展战略。[48]此外，该市通过与很多机构合作的方式来提升其技术能力——这些机构包括比尔·盖茨和梅林达·盖茨基金会（由城市联盟组织管理）、美国国际开发署、公共–私营基础设施咨询基金（PPIAF）——以创建一个包含严格的财政管理能力培训和对潜在投资项目进行详细评估的综合计划。[49]达喀尔也制度化了向城市贫困人口传达信息的参与程序，他们是该市所建设项目最重要的用户基础。[50]

随着财政状况和财政管理能力的显著改善，达喀尔市在2013年第一次获得投资信用BBB+评级（由布鲁姆菲尔德投资公司授予）。[51]尽管一开始计划的债券并未发行，达喀尔市政融资计划表明了处理影响收入和财政健康的体制和结构问题的重要性，也突出了制定提升技术能力计划的重要性，这些计划能改善城市的收入基础和提高它们使用融资工具的能力。[52]

世界银行、非洲开发银行和城市联盟最近的报告估计非洲的年度城市融资缺口（以维持经济可持续增长的投资指标度量）达到了250亿美元，而非洲当地政府在10年内的投资能力只有100亿美元。[53]在此背景下，达喀尔市通过树立良好信用形象和收入多元化以应对未来债务的方式，很有可能被非洲和其他发展中地区的城市作为样本，利用项目借债和其他类似的融资工具从投资者那里筹集规模以上资本。[54]

塞内加尔达喀尔景观© Flickr/Jeff Attaway

洛德斯·格尔曼（Lourdes Germán），林肯土地政策研究所国际和研究所行动事务处主任。

伊丽莎白·格拉斯（Elizabeth Glass），联合国人居署城市经济部顾问。

注　释

1. UN-Habitat, Guide to Municipal Finance (Nairobi, UN-Habitat, 2009). Available from http://unhabitat.org/books/guide-to-municipal-finance/.

2. This chapter's focus is limited to examining non-tax own-source revenues. As such, this chapter does not cover the other important classes of revenues that municipal governments rely on, including intergovernmental transfers, or own-source revenues derived via taxation (which are discussed in Chapter 2). A discussion of strategies to broaden municipal revenues also appears in Chapter 2.

3. Roy W. Bahl and Johannes F. Linn, Governing and Financing Cities in the Developing World (Cambridge, Mass., Lincoln Institute of Land Policy, 2014). Available from https://www.lincolninst.edu/pubs/2389_Governing-and-Financing-Cities-in-the-Developing-World.

4. This table reflects materials from the following sources: R. M. Bird and F. Vaillancourt, eds., Perspectives on Fiscal Federalism (Washington, D.C., World Bank, 2006); Roy W. Bahl and Johannes F. Linn, Governing and Financing Cities in Developing Countries (Cambridge, Mass., Lincoln Institute of Land Policy, 2013); Advisory Commission on Intergovernmental Relations, Local Revenue Diversification: User Charges (n.p., 1987); Arindam Das-Gupta, Non-Tax Revenues in Indian States: Principles and Case Studies (n.p., Asian Development Bank, 2005).

5. Alix Gowlland-Gualtieri, South Africa's Water Law and Policy Framework: Implications for the Right to Water (Geneva, International Environmental Law & Research Center, 2007). Available from http://www.ielrc.org/content/w0703.pdf.

6. Kingdom of Bahrain, Ministry of Works, Municipalities Affairs and Urban Planning. Available from http://www.municipality.gov.bh/mun/index_en.html.

7. Michigan Municipal League, Municipal Civil Infractions (Ann Arbor, Mich., n.d.). Available from http://www.mml.org/resources/publications/one_pagers/opp_civil_infractions.pdf.

8. Commonwealth of Massachusetts Department of Revenue, Municipal Finance Glossary (n.p., 2008). Available from http://www.mass.gov/dor/docs/dls/publ/misc/dlsmfgl.pdf.

9. Lawrence C. Walters, Land Value Capture in Policy and Practice (Provo, Utah, Brigham Young University, n.d.). Available from http://www.landandpoverty.com/agenda/pdfs/paper/walters_full_paper.pdf. For a full discussion of land-based financing tools, consult Chapter 9.

10. Advisory Commission on Intergovernmental Relations, Payments in Lieu of Taxes on Federal Real Property (Washington, D.C., 1981). Available from http://www.library.unt.edu/gpo/acir/Reports/brief/B-5.pdf.

11. See Mark T. Kremzner, "Managing Urban Land in China: The Emerging Legal Framework and Its Role in Development," Pacific Rim Law and Policy Journal, vol. 7, no. 3, available from https://digital.lib.washington.edu/dspace-law/bitstream/handle/1773.1/871/7PacRimLPolyJ611.pdf?sequence=1; and U.S. Department of the Interior Bureau of Land Management, Qs&As About Oil and Gas Leasing, available from http://www.blm.gov/wo/st/en/prog/energy/oil_and_gas/questions_and_answers.html.

12. See Chengri Ding, "Property Tax Development in China," Land Lines, vol. 17, no. 3 (July 2005), available from http://www.lincolninst.edu/pubs/1041_Property-Tax-Development-in-China; Peter Ho, "Who Owns China's Land? Policies, Property Rights and Deliberate Institutional Ambiguity," The China Quarterly, vol. 166 (June 2001), available from http://mearc.eu/resources/tcqholand.pdf. For a full discussion of land-based financing tools, consult Chapter 9.

13. V. Ezeabasili and W. Herbert, "Fiscal Responsibility Law, Fiscal Discipline and Macroeconomic Stability: Lessons from Brazil and Nigeria," International Journal of Economics and Management Sciences, vol. 2, no. 6 (2013). A full discussion of decentralization is beyond the scope of this chapter. For a discussion of decentralization, please refer to Chapter 3.

14. UN-Habitat, Guide to Municipal Finance (Nairobi, UN-Habitat, 2009). Available from http://unhabitat.org/books/guide-to-municipal-finance/.

15. Roy W. Bahl and Johannes F. Linn, Governing and Financing Cities in the Developing World (Cambridge, Mass., Lincoln Institute of Land Policy, 2014). Available from https://www.lincolninst.edu/pubs/2389_Governing-and-Financing-Cities-in-the-Developing-World.

16. Mila Freire and Richard Stren, eds., The Challenge of Urban Government: Policies and Practices (Washington, D.C., World Bank, 2001).

17. R. M. Bird and F. Vaillancourt, eds., Perspectives on Fiscal Federalism (Washington, D.C., World Bank, 2006).

18. Mary Edwards, State and Local Revenues: Beyond the Property Tax (Cambridge, Mass., Lincoln Institute of Land Policy, 2006).

19. Katherine Barrett and Richard Greene, "The Risks of Relying on User Fees," Governing Magazine, April 2013. Available from http://www.governing.com/columns/smart-mgmt/col-risks-of-raising-non-tax-revenue.html.

20. UN-Habitat, Guide to Municipal Finance (Nairobi, UN-Habitat, 2009). Available from http://unhabitat.org/books/guide-to-municipal-finance/.

21. Odd-Helge Fjeldstad, "Local Revenue Mobilization in Urban Settings in Africa," in Karin Millett, Dele Olowu, and Robert Cameron, eds., Local Governance and Poverty Reduction in Africa (n.p., Joint Africa Institute, 2006). Available from http://www.cmi.no/publications/file/2338-local-revenue-mobilization-in-urban-settings-in.pdf.

22. Roy W. Bahl and Johannes F. Linn, Governing and Financing Cities in the Developing World (Cambridge, Mass., Lincoln Institute of Land Policy, 2014). Available from https://www.lincolninst.edu/pubs/2389_Governing-and-Financing-Cities-in-the-Developing-World.

23. Hee Soun Jang and Myungjung Kwon, "Enterprising Government: The Political and Financial Effects of Fee-Supported Municipal Services," Public Administration Quarterly, vol. 38, no. 2 (2014). Available from https://www.questia.com/library/journal/1G1-369461703/enterprising-government-the-political-and-financial.

24. A. Das-Gupta, Non-Tax Revenues in Indian States: Principles and Case Studies (Manila, Asian Development Bank, 2005).

25. For a full discussion of considerations related to land-based financing, see Chapter 9.

26. D. A. Kenyon and A. H. Langley, Payments in Lieu of Taxes: Balancing Municipal and Non-Profit Interests (Cambridge, Mass., Lincoln Institute of Land Policy, 2010).

27. D. A. Kenyon and A. H. Langley, Payments in Lieu of Taxes: Balancing Municipal and Non-Profit Interests (Cambridge, Mass., Lincoln Institute of Land Policy, 2010).

28. Oscar Borrero Ochoa, "Betterment Levy in Colombia: Relevance, Procedures, and Social Acceptability," Land Lines (April 2011), p. 14. Available from https://www.lincolninst.edu/pubs/dl/1899_1213_LLA110404.pdf.

29. Roy W. Bahl and Johannes F. Linn, Governing and Financing Cities in the Developing World (Cambridge, Mass., Lincoln Institute of Land Policy, 2014), p. 36. Available from https://www.lincolninst.edu/pubs/dl/2389_1731_Governing_and_Financing_Cities_web.pdf.

30. OECD, Government at a Glance 2013 (Paris, 2013). The report observes that the "cost of collection" ratio is a standard measure of efficiency often adopted by revenue bodies, comparing the annual costs of administration with the total revenue collected over the fiscal year. A downward trend of the ratio can constitute, all other things equal, evidence of a reduction in relative costs (improved efficiency) or improved tax compliance (improved effectiveness).

31. For an expanded discussion of the role non-tax own-source revenues can play in supporting public–private partnerships, please see Chapter 7.

32. Consider, for example, the revenue bond issuances to support water and sewer infrastructure by the New York City Municipal Water Finance Authority, Massachusetts Water Resources Authority, or the Metropolitan Water District Authority of Southern California, whose information are presented in the United States Electronic Municipal Marketplace (www.emma.msrb.org).

33. Municipal Securities Rulemaking Board, Market Education Center. Available from www.emma.msrb.org.

34. United Nations Conference on Housing and Sustainable Urban Development, Municipal Finance and Local Fiscal Systems (n.p., Habitat III, 2016). Available from http://www.csb.gov.tr/db/habitat/editordosya/file/POLICY%20PAPER-SON/PU5-municipal%20finance%20and%20local%20fiscal%20systems.pdf.

35. It is important to distinguish revenue bonds from general obligation bonds that are issued by a government unit and are payable from its general funds. Most

general obligation bonds are secured by the full faith and credit of the issuer, depending on applicable law. Municipal Securities Rulemaking Board, Market Education Center. Available from www.emma.msrb.org.

36. United Nations Conference on Housing and Sustainable Urban Development, Municipal Finance and Local Fiscal Systems (n.p., Habitat III, 2016). Available from http://www.csb.gov.tr/db/habitat/editordosya/file/POLICY%20PAPER-SON/PU5-municipal%20finance%20and%20local%20fiscal%20systems.pdf.

37. United Nations Conference on Housing and Sustainable Urban Development, Municipal Finance and Local Fiscal Systems (n.p., Habitat III, 2016). Available from http://www.csb.gov.tr/db/habitat/editordosya/file/POLICY%20PAPER-SON/PU5-municipal%20finance%20and%20local%20fiscal%20systems.pdf.

38. R. M. Bird and E. Slack, "An Approach to Metropolitan Governance and Finance," Environment and Planning C: Government and Policy, vol. 25, no. 5 (2007), pp. 729–755.

39. United Nations Conference on Housing and Sustainable Urban Development, Municipal Finance and Local Fiscal Systems (n.p., Habitat III, 2016). Available from http://www.csb.gov.tr/db/habitat/editordosya/file/POLICY%20PAPER-SON/PU5-municipal%20finance%20and%20local%20fiscal%20systems.pdf.

40. Carlos Viana, et al., Why Project Bonds Are on the Rise in Latin America (n.p., White & Case, 2015). Available from http://www.whitecase.com/publications/insight/why-project-bonds-are-rise-latin-america.

41. United Nations Conference on Housing and Sustainable Urban Development, Municipal Finance and Local Fiscal Systems (n.p., Habitat III, 2016). Available from http://www.csb.gov.tr/db/habitat/editordosya/file/POLICY%20PAPER-SON/PU5-municipal%20finance%20and%20local%20fiscal%20systems.pdf.

42. Dakar Municipal Finance Program, "Support the City of Dakar's Economic Development." Available from http://www.dakarmfp.com.

43. Dakar Municipal Finance Program, "Support the City of Dakar's Economic Development." Available from http://www.dakarmfp.com.

44. Edward Paice, Dakar's Municipal Bond Issue: A Tale of Two Cities (London, Africa Research Institute, 2016). Available from http://www.africaresearchinstitute.org/newsite/wp-content/uploads/2016/05/ARI_Dakar_BN_final-final.pdf.

45. Edward Paice, Dakar's Municipal Bond Issue: A Tale of Two Cities (London, Africa Research Institute, 2016). Available from http://www.africaresearchinstitute.org/newsite/wp-content/uploads/2016/05/ARI_Dakar_BN_final-final.pdf.

46. Edward Paice, Dakar's Municipal Bond Issue: A Tale of Two Cities (London, Africa Research Institute, 2016). Available from http://www.africaresearchinstitute.org/newsite/wp-content/uploads/2016/05/ARI_Dakar_BN_final-final.pdf.

47. Edward Paice, Dakar's Municipal Bond Issue: A Tale of Two Cities (London, Africa Research Institute, 2016). Available from http://www.africaresearchinstitute.org/newsite/wp-content/uploads/2016/05/ARI_Dakar_BN_final-final.pdf.

48. Edward Paice, Dakar's Municipal Bond Issue: A Tale of Two Cities (London, Africa Research Institute, 2016). Available from http://www.africaresearchinstitute.org/newsite/wp-content/uploads/2016/05/ARI_Dakar_BN_final-final.pdf.

49. Omar Siddique, West Africa's First Municipal Bond Enables Pro-Poor Investment in Dakar (n.p., Cities Alliance for Action, n.d.). Available from http://www.citiesalliance.org/sites/citiesalliance.org/files/CA-in-Action-Municipal-Financing-Dakar_Final.pdf.

50. Omar Siddique, West Africa's First Municipal Bond Enables Pro-Poor Investment in Dakar (n.p., Cities Alliance for Action, n.d.). Available from http://www.citiesalliance.org/sites/citiesalliance.org/files/CA-in-Action-Municipal-Financing-Dakar_Final.pdf.

51. Christopher Swope and Tidiane Kasse, "How Dakar (Almost) Got Its First Municipal Bond to Market," Citiscope, 19 February 2015. Available from http://citiscope.org/story/2015/how-dakar-almost-got-its-first-municipal-bond-market.

52. Dakar Municipal Finance Program, "Support the City of Dakar's Economic Development." Available from http://www.dakarmfp.com.

53. SAIS Perspectives, "Interview: Municipal Finance in Dakar and the Global South," 29 March 2015. Available from http://www.saisperspectives.com/2015issue/municipal-finance-in-dakar.

54. Ibid. See also Edward Paice, Dakar's Municipal Bond Issue: A Tale of Two Cities (London, Africa Research Institute, 2016). Available from http://www.africaresearchinstitute.org/newsite/wp-content/uploads/2016/05/ARI_Dakar_BN_final-final.pdf.

第5章 绿色市政债券

前言

　　绿色债券市场的快速增长（其收益用于为环境改善项目提供资金）在全球范围内引发了相关人士的兴趣。在美国、欧洲和南非，城市和国有公用事业公司已经开始成为绿色债券的战略发行者。气候变化日益成为人们热议的话题，绿色债券应运而生，迎合了投资者对环境友好型产品的投资需求。绿色市政债券是未来一个重要的增长领域，因为城市和其他地方政府正寻求低成本资金和长期资本来建设缓解和适应气候变化的基础设施。

　　本章阐述了绿色市政债券的定义，描述了绿色市政债券市场的发展和构成，检视了发行绿色债券的益处，说明了绿色市政债券所面临的问题，阐明如何发行绿色债券以及评估（尤其是在新兴经济体中的）绿色市政债券发行者需要考虑的关键因素。

什么是绿色市政债券？

绿色市政债券是通过债务资本市场筹集资金的一款固定收益融资工具。和其他债券一样，债券发行人在既定时期（"到期日"）前从投资者筹集固定数量的资本，在债券到期时偿还资本（"本金"），并支付那段时间内的约定利息额（"息票"）。

绿色市政债券和常规债券最关键的区别在于前者被发行者明确地打上了"绿色"的标签，并承诺将绿色债券的收益专门用于为具有环境效益的项目融资或再融资。合格的项目包括但不限于可再生能源，能源效率改善，可持续的废物管理，可持续土地利用，生物多样性保护，清洁交通，清洁水和各种气候适应项目（图A）。

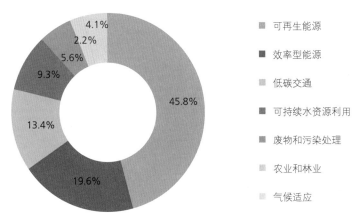

■	可再生能源
■	效率型能源
■	低碳交通
■	可持续水资源利用
■	废物和污染处理
■	农业和林业
■	气候适应

图A　绿色债券收益用于各种绿色项目（2015年数据）
资料来源：Climate Bonds Initiative.

除了上述差异之外，绿色市政债券与常规债券并无二致——迄今为止的各类绿色债券，在结构、风险和回报方面与常规债券大体相同。

还需要区分标记型绿色债券和非标记型绿色债券。非标记型绿色债券是那些未明确以绿色的名义进行营销和品牌化的债券，但用于支持具有环境效益的项目。标记型绿色债券市场规模达1180亿美元，比广义上用于支持气候变化相关项目但并未明确标记绿色标签的债券规模要小一些，后者规模达5760亿美元（图B）。[1]

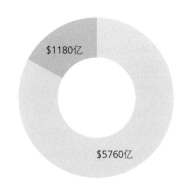

■ 非标记型与气候变化相关的债券市场规模
■ 标记型绿色债券规模

图B　标记型绿色债券占广义上与气候相关债券的17%
资料来源：Climate Bonds Initiative.

绿色市政债券可被归为四类（表1）。大多数绿色债券是绿色一般责任债券，其以发行人的全部资产负债为支持。其他类型的为绿色收益债券，绿色项目债券和绿色证券化债券。

表1 绿色市政债券的类型

类型	收益的使用	债务偿还	实例
一般债务债券	专用于绿色项目	全额追索发行人；相同的信用评级适用于发行人的其他债务	约翰内斯堡于2014年6月发行了1.43亿美元的一般债务债券。这个10年期的债券评级为BBB，是基于发行人约翰内斯堡市政府的评级
收益债券	专用于绿色项目	由发行者的收益流如税收和使用者付费来偿还债务	亚利桑那州立大学于2015年4月发行了1.826亿美元绿色收益债券。此次发行以学校的收入为支撑，包括学生学费、费用和设施收入，而不是学校的全部资产
项目债权	用于特定的基础型绿色项目	仅由项目资产和收益偿还	市场上目前还未出现此类债券
证券化债权	或专用于绿色项目，或直接用于基础型绿色项目	由一组被归类为担保品的财政资产来偿还	夏威夷州政府于2014年11月发行了1.5亿美元AAA评级的资产证券化债券，该债券以一种绿色基础设施收费为支撑，费用源于州公营事业的电力消费者。该债券分为两部分发行：5000万美元为8年期，1.467%的息票率；1亿美元为17年期，3.242%的息票率

资料来源：Adapted from Climate Bonds Initiative.

绿色市政债券的增长趋势和构成

尽管尚处于成长阶段，但绿色市政债券的发行量自2013年以来快速增长。根据"气候债券倡议"组织的数据，由于法国、瑞典、德国、中国和印度市场的增长（图C），2015年全球绿色债券市场达到418亿美元这一有史以来的最大规模。相比于2013年到2014年220%的增速，2014年发行366亿美元、13%的增长速度就显得相形见绌了。到2016年5月底前，已有超过280亿美元的债券发行规模。[2]在去年发行的418亿美元的绿色债券中，有超过50亿美元来源于区政府或市政府，使之成为仅次于银行和企业的第三大发行主体。[3]根据彭博（Bloomberg）的数据，从2010年起，美国政府已发行75亿美元绿色债券，2015年发行记录为38亿美元，与2014年相比增长了55%（图D）。[4]

美国和欧洲的绿色市政债券规模持续增长。第一只绿色市政债券由美国马萨诸塞州于2013年发行，销售收入专用于支持该州"加速能源项目"——此项目旨在将全州700个场所的能源消费减少20%～25%。[5]哥伦比亚特区供水和排污管理局是过去数年中绿色债券市场的另一个积极参与者。管理局于2014年7月首次进入绿色债券市场，发行了3.5亿美元100年期收益征税型固定利率绿色债券，使之成为第一只市政水务公用事业的世纪债券和美国第一只包含乙方独立意见的债券。[6]自此以后，美国的其他许多州和城市如印第安纳、艾奥瓦和芝加哥均发行了绿色水务债券。

欧洲的城市同样发行绿色债券，自巴黎大区和哥德堡相继于2012年和2013年进入绿色债券市场以来，欧洲绿色债券发行规模

发行规模（10亿美元）

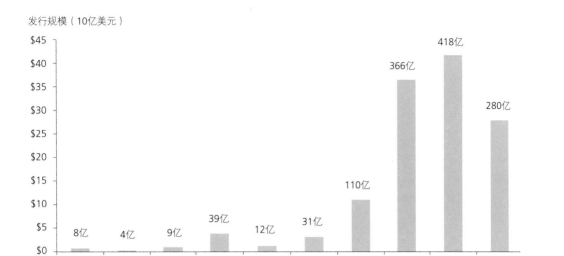

图C　全球绿色债券市场规模持续增长
资料来源：Climate Bonds Initiative.

发行规模（美元）

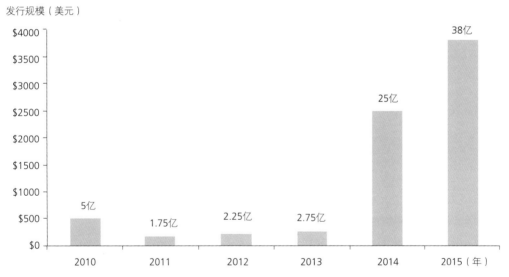

图D　美国绿色市政债券发行规模飞速上涨
资料来源：Bloomberg.

稳定增长，其中既有浸淫良久也有初次涉足的城市。[7]

　　预计新兴市场也会在绿色市政债券的发行中扮演重要角色。2014年6月，约翰内斯堡发行了1.36亿美元的绿色债券（见案例1），标志第一只新兴市场绿色债券诞生。

印度和中国也是快速增长的绿色债券市场。2015年，印度首只公司绿色债券由印度商业银行发行，用于支持可再生能源项目；随后，印度进出口银行发行了一只更大规模的5亿美元绿色债券用以支持交通运输和可再生能源项目。中国则计划发展一个庞大而受到监管的绿色债券市场。2015年4月，中国央行发布一个雄心勃勃的文件，涵盖了"绿色"这一定义的发展、基金分配的评估机制以及绿色债券的环境影响、税收激励、银行资本需求的优先风险权重以及绿色债券快捷的跟踪发行等内容。[8]

尽管绿色债券只占广义上3.7万亿美元债券市场很小的一部分，但当发行者寻求多元化的债券投资来源并吸引逐渐扩大的ESG投资者群体（利用环境的、社会的和治理的标准来筛选投资标的的投资者）时，绿色债券市场拥有广阔的发展空间。投资者对可持续性债务投资的需求是驱动绿色债券市场增长的关键因素。在业绩驱动下，机构投资者越来越致力于将财务和环境目标融合进决策和投资绿色债券的过程之中。2014年12月，资产所有者和基金经理们——他们管理的资产总额为2.62万亿美元——签署了一份支持绿色债券市场的投资者声明。[9]其他的一些指标也能表明投资者对绿色债券的旺盛需求，如高企的超额申购率。以马萨诸塞州为例，该州首只1亿美元绿色债券的超额申购率达30%，而第二只绿色债券更是高达185%。[10]

全球范围内对气候变化风险的意识和对环境友好型项目和资产的投资需求的增长会进一步推动作为固定收益市场新兴板块的绿色债券市场的发展。全世界，尤其是新兴经济体对高效和清洁能源技术需求的增长将进一步加快绿色债券的发行。

发行绿色债券的好处

大多数城市在供水、废弃物处理、交通、土地利用和能源领域都有一系列需要提供资金支持的项目。绿色债券给城市政府提供了按照绿色债券原则（2014年初由一个银团制定的自愿性指导原则，倡导绿色债券市

场的透明、诚信和信息披露）筹集大规模资金投资于上述领域内的可持续性基础设施和服务的机会。绿色债券这一工具对于有债券发行经验的城市而言简单明了，并且相对于常规市政债券而言能提供独特的好处[11]。绿色债券有利于：

- **扩大或多样化投资者来源**。通过发行绿色债券，城市政府吸引了那些通常不买市政债券的投资者，包括ESG投资者和机构投资者。例如，ESG投资者可能会购买哥伦比亚特区供水和排污管理局2014年所发行3.5亿美元绿色债券中的1亿美元，但该局财务负责人指出，这不可能发生在一只常规和非绿色债券的身上。[12]签署依据"联合国负责任投资"而设立的投资原则的投资者估计管理了45万亿美元的资产，绿色债券让城市得以吸引这一类投资者。[13]

- **创造更广泛的跨机构协作**。设计和发行绿色债券需要负责财务、可持续发展、基础设施建设和规划部门的集体智慧，在这一过程中，城市的跨机构协作得到显著增强。约翰内斯堡等城市的报告认为这是绿色债券的核心优势所在，其能打破信息孤岛和促进政府不同部门间更大的合作。

- **用公开的方式敦促政府对可持续发展的承诺**。由于绿色债券的发行信息通常通过网络和平面媒体的公开报道，其有助于传达出城市对于可持续发展的重视。约翰内斯堡2014年绿色债券的发行（见案例1）获得了国际可持续发展奖和众多媒体的正面报道。一些发行绿色债券的城市通过开辟面向市民的零售渠道提升其参与意识。例

如，马萨诸塞州2014年9月发行的3.5亿美元规模的绿色债券中，零售额达到了史无前例的2.6亿美元。[14]

- **利用旺盛的需求设置更优的债券条款**。目前绿色债券的需求超过供给，往往会出现超额申购的情况。发行者可以利用这一点设置更有利的债券条款。尽管大多数绿色债券与非绿色债券的价格相同，一些发行者仍通过绿色债券降低了资金成本，使债务更低。也有证据表明绿色债券的投资者可能更愿意接受债券更长的到期日（也即更靠后的还款日）。一个典型的例子就是哥伦比亚特区供水与排污管理局在2014年发行的用以支持下水道建设从而减少污水外溢的3.5亿美元100年期绿色债券。管理局提高了债券的发行规模和价格，并且将支付的利息降低了15个基点（也即0.15%）。[15]

绿色债券市场面临的挑战

包含绿色市政债券在内的绿色债券市场的发展不是一帆风顺的，其依然面临着许多亟待解决的难题。未来，绿色债券市场的发展依赖于众多因素，包括创造绿色项目需求的政策和监管制度以及诸如利率等未来市场条件的变化和信用周期。[16]这些条件在不同的国家和地区差异巨大。

绿色债券市场面临的关键问题如下：

- **缺乏普遍接受的绿色标准**。关于何为绿色，人们仍然缺乏清晰和被普遍接受的指导原则，这增加了人们对"绿色清洗"风险的担忧，即债券收益会被用于几乎没有环境效益或者环境效

益不明显的项目或资产。[17]标准的缺乏意味着在评估那些披着绿色外衣的债券的环保资质时，投资者和政府将面临巨大的交易成本。此外，市面上很多诸如核能、天然气和生物能源之类的技术和设施的环保资质存疑。

蓬勃生长中的绿色债券市场亟须对"绿色"方式有一个更加标准的界定。投资者必须要能识别他们购买的投资品，货比三家以确保他们的投资符合自己的财务与环境的目标要求。

为了解决这些问题，市场已开始诉诸行动，形成了一系列有关"绿色"的定义和标准，并积极引入对绿色债券环保资质的第三方评估。外部审查目前仍有待进一步推广，在2015年全年和2016年上半年所发行的绿色债券中，只有约半数接受了第三方评估（图E）。

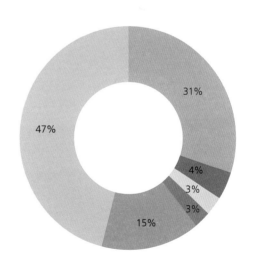

图E　被打上绿色标签的债券中，只有一半接受了独立审查（2015年—2016年6月）
资料来源：Climate Bonds Initiative.

目前，市场上解决绿色债券发行定义和标准问题的主要工具是绿色债券原则以及气候债券标准和证明计划。市政绿色债券发行者可以通过以下方式提振投资者对其绿色资质的信心：遵循绿色债券原则和有关气候债券标准、寻求独立审查、获得绿色债券评级或正式的证明。本章随后将对这些方法进行详尽讨论。

- **关于收入使用的信息披露**。对具有长期信用的绿色债券市场而言，投资者和其他利益相关者需要明确其支持的项目产生了预期的环境效益。在一定程度上，绿色债券准则规定的一些条款有助于弥补信息披露方面的缺陷。然而，这些原则是自愿性的，并且目前并未说明所需披露信息的类型和性质。关于信息披露更详细的指导原则已由主要的国际金融机构制定，本章后续也将对其进行讨论。

尽管自愿性质的绿色债券信息披露机制目前依然有效，但随着市场规模的扩大，"收入使用"的信息透明度问题终将不容小觑。

- **可投资绿色项目及渠道的匮乏**。绿色债券发行所面临的另一个问题是缺乏优质的绿色建设项目以至于难以通过债券市场进行融资——这一问题在新兴国家表现得尤为突出。[18]由于绿色项目并非政府的优先考虑，有关项目的发展受到诸多掣肘，因此也就难以调动广大私人投资者的投资热情。基于利益最大化的原则，一旦投资者认识到可投资的绿色项目有限，就不太可能将资源和精力耗费到这一领域当中。怪圈由此形成——因为能力有限，政府

也不太确定它们是否应该以投资者的身份为其所开发的绿色项目提供资金。

许多城市有适于发行绿色债券的项目，包括公共交通和水资源项目等，但它们以前针对这些项目只发行普通债券。新的项目也将通过"市长联盟"、第三届世界人居大会和其他国际和国内倡议得以展开——城市正以此为契机做出关于重大气候变化和可持续发展的承诺，这将有助于增加适于发行绿色债券的项目数量。此外，为了开拓出能产生绿色优质项目的渠道，类似于C40城市金融机构这样的组织对绿色项目发起的支持也在增加。

- **项目规模小且缺乏聚合机制**。扩大绿色债券市场所面临的一个重要问题在于缺乏诸如资产抵押证券和有担保债券之类的聚合机制。[19]由于缺乏聚合机制，那些典型的小规模绿色项目将难以涉足绿色债券市场。在发达的债券市场，投资者往往寻求发行量在2亿美元及以上的债券，尤其偏好于10亿美元的交易规模。然而在新兴市场，1亿美元的规模足矣。大多数的可再生能源、效率型能源项目的规模都比这要小。

目前依然存在阻碍政府和私人部门参与者利用规模整合机制的障碍。任何资产的证券化和担保债券市场的发展需要有足够的基础资产及这些资产的标准化。在新兴经济体，使资产支持证券和有担保债券作为金融工具发挥功用的法律制度尚待制定，这使得问题更加复杂。

如果存在恰当的市场或政府激励，新的"整合者"有望出现。例如，在能源价格较高且有较大回报的时期，"整合者"可能在进入市场后会扮演项目和债券投资者之间中间人的角色，来整合、管理和承保可再生能源或能源效率改善项目。[20]

马来西亚吉隆坡的天际线© Flickr/Daniel Hoherd

- **潜在绿色债券发行者和绿色项目的信用评级较低（在新兴经济体中这一问题尤甚）**。[21]除了整合机制的问题，考虑风险收益机制，绿色债券往往比不上像石油和天然气这样成熟行业里的项目。绿色债券市场要想得到发展，其风险回报必须如非绿色债券一般对机构投资者产生吸引力。然而，绿色债券市场还处于发展的早期阶段，具有与新技术相伴的未知风险，因而在投资者看来，绿色项目的风险会更高。此外，目前尽管绿色一般责任债券——其风险回报与绿色项目无关而是基于发行者的全部资产——占据了大部分市场，但对新兴市场的绿色市政债券发行者而言，要得到足够高的信用评级仍然困难。世界银行等组织正与城市政府合作以帮助其提升信用等级，但在此方面仍需更多的努力。

- **新兴经济体的债券市场欠发展**。新兴经济体脆弱而欠发达的债券市场会降低绿色债券的发展速度。除个别新兴经济体如中国、印度和马来西亚以外，其余发展中国家的债券市场往往很小，并且大多被极少数参与者瓜分。这些掣肘因素最终决定了新兴绿色债券市场发展的速度和程度。

然而，常规和绿色债券市场能够并行发展并相互促进。一旦引导债券市场发展的关键制度得以实施，新兴经济体就能较早意识到自身建设绿色基础设施的需求。同时，绿色基础设施的参与者也会加入发行者的队伍，从而助推了整个债券市场的发展。简言之，绿色债券的发展可以让新兴经济体实现一箭双雕之效——在加速与气候变化和环境友好型项目相关投资的同时，促进本国的债务资本市场发展得更加强健。

总之，绿色债券作为为低碳和适应气候变化的项目融资的工具具有众多优点，但这个市场并非完美无瑕而有其问题和风险。只有解决了这些问题，市场信誉才能建立，才能实现市场规模的快速增长。

绿色市政债券是如何发行的？

随着绿色市政债券市场的发展，对于发行者而言，在进入市场前有必要了解绿色债券的发行流程。一般而言，绿色债券的发行包括五个阶段。[22]

- **识别合格的绿色项目和资产**。城市或州政府首先应该明确想用绿色债券支持的绿色项目类型，并且要确保绿色债券的收益专用于这些项目或资产。

再融资的过程也与此相似。绿色债券的收益也能用于现存的资产，比如公共交通。例如，市政当局可以发行绿色市政债券为现有的地铁轨道项目再融资，并使用这些资金来偿还铁路线的负债或提升现有融资量。尽管金主可能更倾向于将资金在一定期限内投入使用以及时发挥项目的绿色环保效应，但市政当局完全可以将其用于日后的投资规划。

对合格项目的识别需要市政机构各部门（如财政部门、交通部门、能源部门和环保部门）间更加紧密的合作。尽早在利益相关者之间建立有效的协作，能节省时间和消除过程中不必要的误解。

"绿色债券原则"提供了关于合格项目和资产的指南，阐明了广义的绿色资产范畴；而气候债券标准计划说明了这些资产范畴内合格项目的具体标准。需要重点指出的是，所有这些原则在目前都是自愿性的。因此，建议绿色市政债券的发行者在指南和标准的范围内，尽其所能以最严格和透明的方式来确定绿色的标准，以提升绿色债券的环境资质并提振投资者信心。

- **进行独立的审查**。绿色市政债券的发行者需要利用独立的审查来进一步提升投资者对项目的信心。于投资者而言，他们需要能从根本上确定其投资真正运用到了绿色项目上。独立审查人员关注拟发行的绿色市政债券的绿色资质并致力于为跟踪资金和信息披露创建流程。独立审查人员也会帮助识别绿色项目和资产，并帮助发行者设置绿色债券框架。

独立审查的成本由发行者支付，但也并不是必需的。成本的大小取决于审查者、审查的类型、发行的复杂度以及其他因素，但价格通常在1万美元至5万美元之间。独立审查的大部分业务目前被CICERO、Vigeo Rating以及DNV GL三家公司包揽。

依据担保的严格程度和可信度，不同的独立审查类型可供发行者选择。发行者可以聘请气候方面的专业顾问出具关于绿色项目合格度的第三方咨询报告并选择是否公开咨询报告的结论。一种更加严格的方式是聘请咨询专家或审计师实地核查收益使用、环境效益评估以及信息披露的标准和流程。后一种方法通常按照专业标准——如国际鉴证业务标准3000（ISAE 3000）——进行，以确保审查的完整性和独立性。[23]

发行人可以进一步检验其债券与一套可用于检验太阳能、风能、地热、低碳交通和低碳建筑项目及资产的气候债券标准的相符程度。气候债券标准咨询委员会监督潜在绿色市政债券发行人的认证系统和验证过程。

- **关于收益使用的信息披露**。对于绿色市政债券的发行者来说，时不时对债券收益使用的信息进行披露至关重要。他们需将以下规则牢记于心：

（1）因为绿色市政债券的收益必须只能用于指定项目，所以要有保证债券收益专用性的适当机制并能跟踪收益的使用情况；（2）必须设立监测机制以确保在债券的整个生命周期中其收益都不被用于非绿色项目；（3）一揽子资产和项目的名义价值必须大于或等于债券的价值。市政发行人应该跟踪以上所有信息，并能够表明他们是如何跟踪的——信息的透明度非常必要。

就这一点而言，绿色债券发行者应该提前设计监测和评价程序，并且利用关键绩效指标体系和数据收集系统监测项目在生命周期中的环境效益。得益于新型的定量方法［如毕马威真值法（IXPMG True Value）］，发行人还可以量化其债券所创造的环境和社会价值。[24]

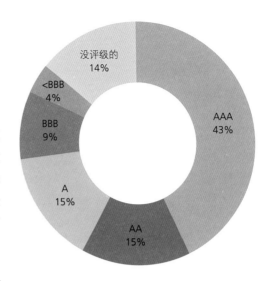

图F　投资级绿色债券发行占主导地位
资料来源：Climate Bonds Initiative.

- **发行绿色债券**。类似于传统的债券，绿色市政债券的发行者也需遵循以下通行的步骤：首先需要通过监管者的审批；其次，与投资银行或顾问合作，在他们的帮助下对债券进行结构化——只要债券收益最终用于绿色项目或资产，包括从纯债券到资产支持证券 在内的各种结构均为可行；最后，对绿色市政债券进行定价和营销。需要指出的是，绿色债券的信用评级和其他债券一样，发行者可以通用的方式获得信用评级。目前，市场上82%有绿色标签的债券是投资级（图F）。[25]

- **定期进行信息披露**。为了保持绿色市政债券的等级，发行人每年至少需要向投资者发布一次关于资金是否用于

合格绿色项目的确认报告。确认报告的形式可以是政府审计机构发布的公开报告，也可以是政府有关负责官员签署的报告。确认报告还应包含一份简短说明，罗列目前绿色市政债券收益的使用情况，向投资者、股东和其他利益相关者重点说明债券产生的环境影响。

在"努力构建绿色债券影响报告统一框架"的倡议下，主要国际金融机构为绿色债券发行人提供了指南。[26]该倡议为绿色债券收益信息的披露机制提出一整套原则和建议，并提供了单个项目信息披露的范例模板。指南主要聚焦于可再生能源和能源效率改善，其原则也广泛应用于其他领域的项目。

为了使整个过程的责任制和透明度得到最大程度的贯彻，披露的信息都应该公开，比如发布在发行者的网站上。

后续绿色市政债券的发行会变得更加简单。发行者再次发行绿色市政债券时可以使用与之前相同的识别绿色项目和资产的框架并遵循一致的债券收益管理和信息披露程序。

对于绿色市政债券发行者（尤其是新兴经济体）而言，什么才是需要考虑的关键因素？

首先，基于发行绿色债券可能的优劣势发行者应权衡是否为一款债券贴上绿色的标签。市场上有很多其他的债券也具有环境效益但不必苛求其为绿色债券，也正因如此，州或城市政府需要明确绿色债券是否是最合适的融资工具。如前所述，绿色债券拥有显而易见的优势，即相对于常规债券或其他资产组合，其能使发行者吸引更多投资者，尤其是那些关注环境、社会和治理绩效的投资者。对发行者而言，随着时间的推移，不断扩张的需求能使其获得更有利的债券条款和更优的债券价格。比如，马萨诸塞州于2013年同时发行了分别定价的绿色债券和公司债券，绿色债券的超额申购率达到了30%而常规债券却申购不足。尽管好处多多，但发行者也需意识到绿色债券还存在诸多问题：相对于常规债券，为使绿色债券符合相关资质，相关的跟踪、监测、信息披露程序以及前期投资可能会产生额外的成本。此外，发行者如果未能实现其绿色目标，就可能面临着"漂绿"的批评和指控。

其次，发行者应以最严格的标准界定债券是否符合"绿色"的要求。如前所述，存在如绿色债券原则和气候债券标准等自愿性和不断演化的指南可供发行者遵循。此外，新兴经济体的公共部门和市场主体完全可以制定符合本国国情的标准来对相关概念进行界定。中国在指定本国绿色债券指南方面取得了长足进步。2015年末，中国人民银行发布了《绿色融资债券指南》，使中国成为世界上首个为绿色债券的发行制定官方规定的国家。[27]2016年1月，印度资本市场的监管者——印度证券交易委员会在经过上年年底的公开征集意见后，完成了其绿色债券的官方规则的制定。[28]虽然分国别的制度框架有助于满足不同国家的优先环境政策选项，但也需要意识到太多的国别差异会导致市场的碎片化并增加全球投资者的交易成本。

最后，新兴经济体中的绿色市政债券发行者也需致力于投资者的能力建设。[29]目前，大多数绿色债券的投资需求在发达国家，而新兴市场的机构投资者基础薄弱。因此，公共部门参与能力建设以促进绿色债券的私人投资至关重要。为达到此目的，公共部门可对绿色债券投资者的参与和培训提供培训材料、开展讲习班以及支持市场导向的举措。绿色债券投资需求的增加会鼓励更多绿色债券的发行。

结论

与绿色债券和绿色市政债券的增长相伴的是人们对气候变化更多的意识和投资者对环境友好型投资品更大的需求。此类债券将会进一步增长，因为其为公共和私营部门提供了一个重要的资金来源，可以为环境和社会带来巨大的效益。在接下来的几年中，关于债券收益使用、管理和信息披露以及债券绩效的指南和要求将会更加合理和精简，这会给发行者带来标准化、低交易成本和更优惠的价格等优势，而带给投资者的则会是更大的收益。最终，将会有更多的绿色债券得到发行。

案例1　约翰内斯堡的绿色债券

债券简况

发行者：约翰内斯堡市

是否首次发行：是

发行日期：2014年6月

发行期限：10年

发行规模：1.43亿美元

年利息率：10.18%，每半年支付一次

债券评级：A1（za）/AA-（za）

债券类型：一般责任债券

投资者：国内投资者

债券收益的使用：可再生能源、能源效率改善、电网扩展、燃料转换、低碳交通、废弃物管理以及水资源保护

信息披露：按年度披露

独立的乙方意见：无

主办行：标准银行集团与基点资本

约翰内斯堡是C40城市气候领导集团的发起城市，也是新兴经济体中第一个发行绿色债券的城市。其2014年6月所发行的1.43亿美元绿色债券为AA级。[30]该10年期债券定价高于R2023政府债券185个基点，实现了1.5倍的超额申购率。约翰内斯堡之前总共发行了七次一般责任债券，此次为第八次发行，也是首次贴上绿色标签专门用于支持绿色项目的发行。该债券年息率为10.18%，比2011年3月所发行的非绿色债券低60个基点，降低了约翰内斯堡市的融资成本。[31]

债券收益的使用

约翰内斯堡发行的绿色债券旨在投资基础设施建设和服务，以支持其"增长与发展战略"中设置的目标。其战略的一大支柱为可持续服务，以低碳经济的基础设施为支撑，营造一个具有"响应性、宜居和可持续的城市环境"，具体目标包括降低城市的碳排放量、提供公平且可负担的基本公共服务、维护健康的生态系统、提升响应性以更好地适应正在变化的环境。该市想尽可能减小对资源的依赖性并提升自然资源的保有量。

债券也用于支持约翰内斯堡的能源与气候变化战略与行动计划，部分债券收益将会用于气候减缓和适应项目。根据首份投资者年报，超过50个项目受益于绿色债券资金。项目范畴和债券支持的典型项目见下表。[32]

项目范畴	例子
交通	• 快速公交系统 • 连接诊所、火车站、教育设施和其他关键服务设施的自行车道和人行步道建设 • 混合能源汽车
能源	• 向变电站推广智能电网 • 智能仪表安装 • 安装新的公共照明设施 • 太阳能发电电池板
水资源保护	• 更换供水和下水道管线 • 用污水处理站的沼气发电 • 提升污水处理设施的处理能力 • 城市公园和动物园湿地修复和湿地研究
废弃物处理	• 回收废物的能源厂和设备 • 废物分类和回收设施

特点和经验

适用国际金融公司和世界银行的选择标准

约翰内斯堡遵循绿色债券原则，选择供水、能源、交通和废弃物行业中的可再生能源、水资源保护、能源效率、气候变化、废弃物和废水管理项目。为使项目符合资质，该市基于国际金融公司关于环境和社会可持续性的绩效标准以及世界银行有关气候变化减缓和适应项目的标准制定了项目选择标准。

建立绩效报告的框架

环境资源管理（ERM）让约翰内斯堡得以建立绿色债券监测框架和面向投资者的年度绩效报告的框架。报告的环境指标基于国际报告实践的监测指标而设立。影响报告包括基于环境相关指标得出的有关项目进展的详细信息，如果某些项目不能直接测量具体指标，则估算出数字。

如果要问约翰内斯堡发行第一只绿色债券的过程能为其他城市提供什么经验教训时，可以罗列以下几点：

- 提前量化碳排放的减少量；
- 要有绿色项目的实施战略；
- 透明度和沟通创造信心——出售信用并与投资者沟通；
- 发行人的领导和管理水平非常有助于提升投资者的信心和舒心度——城市需要明确它们的问题，有计划地处理这些问题并取得进展；
- 确保市场规模的发展与城市的发展同步，反过来，富有远见的长期战略和规划也能促成两者的良性互动。

成效

投资者来源的多样化：在约翰内斯堡，之前没有购买其发行的常规债券的投资者购买了绿色债券。这其中包含了那些基于环境、社会和治理标准进行投资的投资者。发行绿色债券也由此帮助约翰内斯堡拓宽其投资者来源并扩大了未来发行债券的潜在市场规模。

获得融资：该市有大量规划项目由于资金短缺而无法开工。发行绿色债券则有助于缓和资金匮乏的局面，使项目得以开展，预计将在废物和水管理、减少交通拥堵、改善空气质量以及降低低收入地区的能源成本方面为市民带来巨大便利。

促进跨机构协作：绿色债券发行的准备过程需要约翰内斯堡众多政府机构通力协作，以挑选出适于绿色债券支持的项目。约翰内斯堡将这一点视为整个发行过程带来的最大收获，通过债券发行，城市搭建了金融部门和环境部门之间前所未有的新型并富有建设性的联系。

让约翰内斯堡进入可持续型城市领导者的阵营：绿色债券的发行赢得了广泛的国内和国际媒体报道，突出了该市促进可持续发展的领导者形象。约翰内斯堡市长在2015年12月于巴黎举行的第21届联合国气候变化大会上获得礼遇，并因绿色债券的发行获得C40城市气候领导奖。

案例2　巴黎的绿色债券

债券简况

发行者：巴黎市

是否首次发行：是

发行日期：2015年11月

发行期限：15.5年

发行规模：3.215亿美元（3亿欧元）

年利息率：1.75%

债券评级：AA

债券类型：一般责任债券

投资者：保险和养老基金占51%的份额，资产管理公司占49%的份额。国内投资者占83%，9%的投资者来自比荷卢经济联盟，3%来自瑞士，3%来自北欧。*

债券收益的使用：可再生能源、低碳交通、能源效率改善和气候适应项目

信息披露：按年度披露

独立乙方意见：Vigeo公司

主办行：东方汇理银行、汇丰银行和法国兴业银行

巴黎于2015年11月发行了首只绿色债券，所筹3.215亿美元（3亿欧元）资金专用于气候变化减缓和适应项目。该债券符合绿色债券原则，在整个15.5年的期限内用于支持绿色项目。如果债券到期前有关绿色项目已经完成，债券收益将会用于其他绿色项目。[33]

此一般责任债券获得了的高评级和超过4.5亿欧元的申购（1.5倍的超额申购率）。超过80%的发行份额被国内投资者购买。债券的投资者包括养老和保险基金以及资产管理公司，其中前者的投资份额超过一半。巴黎的债券发行有如家常便饭，与其同期发行的相似期限的非绿色债券相比，该债券的年利息率只有1.75%。[34]

项目分类	定义	细分范围（项目范例）	气候效应
温室气体排放的减少	发展低碳能源型交通和公共交通项目（自行车及电动汽车等）	• 公共交通：高品质的运输线有轨线路的扩展 • 可替代交通：自行车计划 • 电动汽车：支持消费型和专业型电动汽车、电动汽车和绿色能源汽车充电站网络的发展	因交通系统的低碳化，温室气体的排放减少
能源效率和节约	聚焦绩效目标和能源短缺，在维持等量服务水平的同时，减少建筑和公共照明的能源消费（对比现实状况和标准状况）	• 建筑物：能源效率型、隔热型建筑物的建设（如学校、社会保障房屋、养老院等） • 公共交通和信号灯：能源耗费工具的替换 • 供热系统的更新	节约能源
可再生能源的生产	发展当地的能源再生或能源回收项目	• 可再生能源工厂（太阳能电池板） • 地热资源 • 能源回收（从废水管道网络、数据中心等） • STEGC的供热系统	增加可再生能源的生产量。因低碳能源的使用和能源回收，减少温室气体排放
气候变化的适应	通过提高巴黎的绿地率，减少气候变化尤其是热岛效应的影响	• 新的绿化地区：新公众开放的区域、绿色屋顶和墙面 • 植树计划	提高巴黎的绿色面积和生物多样性

资料来源：Vigeo, Second Party Opinion on Sustainability of City of Paris "Climate Bond" (Paris, Vigeo, 2015).

*此合计为98%，原书如此。——译者注

债券收益的使用

绿色债券收益的支持项目见下表。表中项目的范畴与巴黎广义的气候政策相符，这些政策包括"欧洲能源和气候计划"、"面向2050年的3×25气候和能源计划"。

特点

项目必须符合环境、社会和治理（ESG）标准

项目的选择标准与该市的可持续发展政策一致。项目要想合格，必须符合12项可持续性标准，涉及生物多样性、空气和水的质量、环境管理、废弃物管理、社会凝聚力、生活条件的改善、地方可持续发展、人权和商业伦理等方面。

提供独立审查意见以提振投资者信心

一些绿色债券发行者会通过乙方审查来提振投资者信心，让其确信绿色债券会达到环境可持续性的最低标准。巴黎是少数走审查程序的发行者之一。

巴黎选取Vigeo公司来审核其绿色债券的可持续性资质，该公司的分析报告确认债券符合《绿色债券原则》。其分析要点如下：

- 巴黎的可持续性发展程度；
- 债券支持项目的选择框架；
- 债券收益信息的披露框架。

综合的信息披露框架

巴黎承诺详细披露债券收益的使用信息，毫无保留地向投资者提供关于债券支持项目的进程和影响信息。其年度报告包括每个项目详细的环境和绩效表现，估计单个项目和总体项目的环境影响，包括温室气体排放的减少量、能源节约和绿地面积的扩展量。

成效

多样化投资者来源：绿色债券吸引了国内外的投资者，来自比荷卢经济联盟、瑞士和北欧的机构投资者总共购买了近五分之一的发行额。

促使巴黎做出应对气候变化的承诺：巴黎在2015年12月主办的第21届联合国气候变化大会甫一结束就发行了绿色债券，彰显了其在应对气候变化方面的领导力。

支持了气候变化适应和响应性项目：绿色债券支持了城市减少热岛效应专项资金的设立，进而有助于提升城市应对气候变化的韧性。此外还使得该市拥有了扩大城市绿地面积的资金，能够联合绿色债券支持的其他减缓气候变化项目来增加城市的绿地面积。

德娃世瑞·萨哈（Devashree Saha），布鲁金斯学会都市政策项目的副研究员。

斯凯·戴尔梅达（Skye d'Almeida），负责管理C40城市气候领导集团的可持续城市融资计划，该计划由花旗基金会和罗斯中心联合发起。

注 释

1. Climate Bonds Initiative, Bonds and Climate Change: State of the Market (London, Climate Bonds Initiative, 2016). Available from https://www.climatebonds.net/files/files/CBI%20State%20of%20the%20Market%202016%20A4.pdf.

2. Climate Bonds Initiative, Bonds and Climate Change: State of the Market (London, Climate Bonds Initiative, 2016). Available from https://www.climatebonds.net/files/files/CBI%20State%20of%20the%20Market%202016%20A4.pdf.

3. Climate Bonds Initiative, 2015 Green Bond Market Roundup (London, Climate Bonds Initiative, 2016). Available from http://www.climatebonds.net/files/files/2015%20GB%20Market%20Roundup%2003A.pdf.

4. Stephen Liberatore and Joel Levy, Green Muni Bonds: Responsible Investing in a Centuries-Old Asset Class (New York, TIAA Global Asset Management, 2016). Available from https://www.tiaa.org/public/pdf/C29869_TGAM_whitepaper_muni_bonds.pdf.

5. Elizabeth Daigneau, "Massachusetts Uses Popularity of Environmental Stewardship to Pad its Bottom line," Governing, July 2013. Available from http://www.governing.com/topics/transportation-infrastructure/gov-massachusetts-green-bonds-a-first.html.

6. Mike Cherney, "D.C. Water Authority to Issue 100-Year 'Green Bond,'" Wall Street Journal, 2 July 2014.

7. Climate Bonds Initiative, Bonds and Climate Change: The State of the Market in 2015 (London, Climate Bonds Initiative, 2015). Available from https://www.climatebonds.net/files/files/CBI-HSBC%20report%207July%20JG01.pdf.

8. Climate Bonds Initiative, Growing a Green Bonds Market in China (London, Climate Bonds Initiative, 2015). Available from https://www.climatebonds.net/files/files/Growing%20a%20green%20bonds%20market%20in%20China.pdf.

9. Climate Bonds Initiative, Investor Statement re: Green Bonds & Climate Bonds (London, Climate Bonds Initiative, 2014). Available from https://www.climatebonds.net/get-involved/investor-statement.

10. Statehouse News Service, "Investors Gobble up Mass. 'Green Bonds,'" Worcester Business Journal, 23 September 2014. Available from http://www.wbjournal.com/article/20140923/NEWS01/140929987/investors-gobble-up-mass-green-bonds.

11. Climate Bonds Initiative et al., How to Issue a Green Muni Bond: The Green Muni Bonds Playbook (n.p., City Green Bonds Coalition, 2015). Available from https://www.nrdc.org/sites/default/files/greencitybonds-ib.pdf.

12. Climate Bonds Initiative et al., How to Issue a Green Muni Bond: The Green Muni Bonds Playbook (n.p., City Green Bonds Coalition, 2015). Available from https://www.nrdc.org/sites/default/files/greencitybonds-ib.pdf.

13. Luke Spajic, "Green Bonds: The Growing Market for Environment-Focused Investment," Insights, September 2014. Available from https://www.pimco.com/insights/viewpoints/viewpoints/green-bonds-the-growing-market-for-environment-focused-investment.

14. Climate Bonds Initiative et al., How to Issue a Green Muni Bond: The Green Muni Bonds Playbook (n.p., City Green Bonds Coalition, 2015). Available from https://www.nrdc.org/sites/default/files/greencitybonds-ib.pdf.

15. Climate Bonds Initiative et al., How to Issue a Green Muni Bond: The Green Muni Bonds Playbook (n.p., City Green Bonds Coalition, 2015). Available from https://www.nrdc.org/sites/default/files/greencitybonds-ib.pdf.

16. OECD, Green Bonds: Mobilizing the Debt Capital Markets for a Low-Carbon Transition (Paris, OECD, 2015). Available from https://www.oecd.org/environment/cc/Green%20bonds%20PP%20[f3]%20[lr].pdf.

17. KPMG International, Gearing up for Green Bonds: Key Considerations for Bond Issuers (n.p., KPMG International, 2015). Available from https://www.kpmg.com/Global/en/IssuesAndInsights/ArticlesPublications/sustainable-insight/Documents/gearing-up-for-green-bonds-v2.pdf.

18. Climate Bonds Initiative, Scaling up Green Bond Markets for Sustainable Development (London, Climate Bonds Initiative, 2015). Available from http://www.climatebonds.net/files/files/GB-Public_Sector_Guide-Final-1A.pdf.

19. As You Sow and Cornell University, Green Bonds in Brief: Risk, Reward, and Opportunity (n.p., As You Sow

and Cornell University, 2014).

20. Sean Kidney, Alex Veys, Christopher Flensbourg, and Bryn Jones, "Environmental Theme Bonds: A New Fixed Income Asset Class," in IFR Intelligence Report, Sustainable Banking: Risk, Reward and the Future of Finance (London, Climate Bonds Initiative, n.d.). Available from https://www.climatebonds.net/files/files/SustBanking_Ch14_p219-232.pdf.

21. Climate Bonds Initiative, Scaling up Green Bond Markets for Sustainable Development (London, Climate Bonds Initiative, 2015). Available from http://www.climatebonds.net/files/files/GB-Public_Sector_Guide-Final-1A.pdf.

22. Climate Bonds Initiative et al., How to Issue a Green Muni Bond: The Green Muni Bonds Playbook (n.p., City Green Bonds Coalition, 2015). Available from https://www.nrdc.org/sites/default/files/greencitybonds-ib.pdf.

23. KPMG International, Gearing up for Green Bonds: Key Considerations for Bond Issuers (n.p., KPMG International, 2015). Available from https://www.kpmg.com/Global/en/IssuesAndInsights/ArticlesPublications/sustainable-insight/Documents/gearing-up-for-green-bonds-v2.pdf.

24. KPMG International, Gearing up for Green Bonds: Key Considerations for Bond Issuers (n.p., KPMG International, 2015). Available from https://www.kpmg.com/Global/en/IssuesAndInsights/ArticlesPublications/sustainable-insight/Documents/gearing-up-for-green-bonds-v2.pdf.

25. Climate Bonds Initiative, Bonds and Climate Change: State of the Market (London, Climate Bonds Initiative, 2016). Available from https://www.climatebonds.net/files/files/CBI%20State%20of%20the%20Market%202016%20A4.pdf.

26. For more information, see World Bank et al., Green Bonds: Working Towards a Harmonized Framework for Impact Reporting (Washington, World Bank et al., 2015). Available from http://treasury.worldbank.org/cmd/pdf/InformationonImpactReporting.pdf.

27. For more information see International Capital Market Association, New – Official Rules for Chinese Green Bond Market (Zurich, ICMA, 2015). Available: http://www.icmagroup.org/News/news-in-brief/new-official-rules-for-chinese-green-bond-market/.

28. Climate Bonds Initiative, India's Securities' Regulator Finalizes Official Green Bond Listing Requirements + Says Green Bonds are a Tool to Finance India's INDC (National Climate Change Plan) – Yes They Are! (London, Climate Bonds Initiative, 2016). Available from https://www.climatebonds.net/2016/01/india%E2%80%99s-securities%E2%80%99-regulator-finalises-oficial-green-bondlisting-requirements-says-green

29. Climate Bonds Initiative, Scaling Up Green Bond Markets for Sustainable Development (London, Climate Bonds Initiative, 2015). Available from http://www.climatebonds.net/files/files/GB-Public_Sector_Guide-Final-1A.pdf.

30. City of Johannesburg, Green Bond Roadshow (Johannesburg, 2014).

31. Johannesburg Executive Mayor Councillor Mpho Parks Tau, "Speech at the Listing of the First Ever Listed Green Bond in South Africa," 9 June 2014. Available from http://www.joburg.org.za/images/stories/2014/June/em_speech_jse%20listing%20final.pdf.

32. ERM on behalf of the City of Johannesburg Metropolitan Municipality, Green Bonds Investor Report (Johannesburg, ERM, 2015).

33. Sean Kidney, "Update: Vive Paris! Green Bond Mkt Builds with COP21 Host City Paris Issuing Inaugural Green Bond €300m ($321.5m). Vermont, NRW Bank and KfW Issue Green Bonds & More Gossip!," Climate Bonds Initiative, 16 November 2015. Available from https://www.climatebonds.net/2015/11/update-vive-paris-green-bond-mkt-builds-cop21-host-city-paris-issuing-inaugural-green-bond-.

34. Marie de Paris, "City of Paris – Climate Bond Investor Presentation," November 2015. Available from https://api-site.paris.fr/images/75091.

莫桑比克马普托市街景© UN–Habitat

第6章 集中打包型融资机制

前言

世界人口城市化水平的不断提高（由非洲和亚洲的人口和移民潮驱动），对相应的基础设施建设融资机制的需求也不断增加。对于发展中国家的许多城市而言，一项极具实用性的工具就是市政打包型融资机制（PFM）。

广义上的打包型融资需要将多个城市的借款需求集中到一起，通过资本市场或其他融资渠道筹集这笔集合的款项。这可由一个国家级政府机构或通过地方政府间的合作来实现。

打包型融资机制并不会剥夺单个地方政府的决策权，而是作为其他融资方式的一种补充。大区域（如首都或与其规模相当的城市）的政府仍然可以通过银行贷款和债券市场的渠道源源不断地获得融资，仅需根据具体情况选择合适的融资渠道即可。然而，对于多数中小城市而言，打包型市政融资可能是唯一获取适价和长期债务融资的途径。

发达国家已广泛运用打包型融资机制。但在过去的10~15年间，该机制几乎没有在发展中国家运用过。然而，如果发展中国家继续深化分权改革，打包型融资机制将在世界范围内得到更广泛的应用。打包型融资机制是财政分权和地方政府重要性越发凸显的副产品。发展中国家的政策制定者可主动发起和运用打包型融资机制，以深化财政分权和提升自我收益。因此，通过给予地方政府利用资本市场的机会、向机构投资者提供新的具有吸引力的资产组合，打包型融资机制将会为日益增长的地方基础设施建设需求提供资金支持。打包型融资机制也能提升地方政府的融资管理能力、责任性和信誉，使其成为更具有实力和执行力的机构。为基础设施建设提供资金和地方政府的独立自主能力建设在经济合作和发展组织（OECD）国家非常重要，在经济不太发达的国家更是如此。

打包型融资机制的理念并非来源于象牙塔内的空想，而是在不同的经济制度环境下，通过地方政府与利益相关者之间的协作与谈判逐渐地产生和成熟。如果要将打包型融资机制的经验移植于发展中国家，考虑到各地迥异的经济环境、地方政府结构和其他因素，应将整个机制的组成视为可塑而多变的，也就是说，不存在放之四海而皆准的融资模式，而是需要结合基层实际情况，自下而上地推进机制建设，服务于特定的融资需求。

本章阐释了目前世界各国通行的打包型融资机制的类型，描述了其如何运转，说明

了如何制定打包型融资机制，概述了运用该机制存在的优势和困难，并讨论了机制存在的先决条件。

世界范围内的打包型融资机制

许多国家都曾采用打包型融资机制并创造了多种不同的形式。在欧洲，地方政府融资平台（LGFA）是主要形式。在多数情况下，LGFA是由地方政府所有和管理的特殊目的机构，在某些情况下，中央政府或其他公共组织也会少量参股。该机构在国内外资本市场上发债筹资，然后将收益转借于作为该机构会员或股东的地方政府。

LGFA在北欧有着漫长而成功的历史。最古老的要数丹麦成立于1898年的Kommunekredit（见案例1）。表1中最年轻的机构为法国的AFL和英国的MBA，两者均是最近几年才成立的。

在美国，城市债券银行的设置略有不同。它们通常与各州政府联系紧密。最古老的城市债券银行位于新英格兰地区，但这一概念也传播到该国其他地区。在加拿大，许多省份——包括不列颠哥伦比亚省（见案例2）和艾伯塔省在内——均设立相关省级机构来为地方政府融资提供支持。

在日本，国有的为市政项目融资的日本金融公司转制为发行市政债券的日本城市

表1 世界范围内的地方政府融资平台（LGFA）

地方政府融资平台（LGFA）	国家	成立年份
Kommunekredit	丹麦	1898
Bank Nederlandse Gemeenten (BNG)	荷兰	1914
Kommunalbanken	挪威	1926
Nederlandse Waterschapsbank (NWB)	荷兰	1954
Kommuninvest	瑞典	1986
Munifin	芬兰	1990
JFM	日本	2008
New Zealand LGFA	新西兰	2011
Agence France Locale (AFL)	法国	2013
UK Municipal Bond Agency	英国	2014

金融组织（JFM），与此同时，其所有者在2008年也变为了日本的地方政府。

新西兰的LGFA创建于2011年。最近，澳大利亚的维多利亚州也组建了其地方政府融资平台。

在新兴和发展中国家，集中打包型融资在国际发展援助机构的帮助下也得以成长起来。其中的典型代表包括印度的泰米尔纳德邦城市基础设施金融服务有限公司（TNUIFSL）和墨西哥债券银行。相较于欧洲地区的LGFA，TNUIFSL通过公私合营机制实现了更广阔的业务范围，其工作人员也担任咨询师和投资顾问。墨西哥债券银行目前在伊达尔戈州和金塔纳罗奥州有所实践。

集中打包型融资机制（PFM）的运作原理

事实上，不同地区的PFM在运作上大相径庭，为了说明这一点，下面我们简要说明美国城市债券银行的运作方式以及世界其他地区如何作出选择。

市政债券银行的概念

市政债券银行在大多数情况下作为州政府的代理人存在。作为独立法人，其拥有委员会或董事会，并且委员或董事多数情况下由州长任命。

大约有15家美国的债券银行分布在相同数量的州中。最老的为佛蒙特市政债券银行，创建于1969年，最年轻的为密歇根金融局，是2010年各州公共财政局合并的结果。债券银行创建最为密集的时期为20世纪70—80年代，而与之形成鲜明对比的是，只有四家债券银行是在1990—2015年之间创办的。债券银行一般比较小，其所有权和控制权都在州政府手中。它们由各州直接或间接担保，并且/或者其债券发行的安全性也由各州预算间的转移作保证。债券银行主要创建于较小的州。

以负债数量而言，最大的债券银行是最近合并成立的密歇根金融局。该机构业务对象广泛，不仅贷款给市政当局，还贷款给学校（既包括公立也包括私立）、医疗服务提供者以及私立学院和大学。它还负责该州的学生贷款。作为第二大债券银行，弗吉尼亚资源管理局则拥有相对固定的客户群，主要为当地基础设施提供资金。

总体而言，美国债券银行的活动范围还是有限的。许多债券银行管理州级循环基金，为地方政府特定项目提供资金——通常是清洁水项目。

合作路径

合作路径建立在地方政府自愿联合起来实现对当地基础设施项目提供长期集约型资金的基础之上。

欧洲的LGFA就是合作路径的一个例子。这些机构在资本市场发行债券的次数众多，在各自国家的市政贷款中往往处于领头羊的地位。

另一个例子在日本。日本金融公司在1957年初创时是作为一个中央政府下属的机构。2008年，该公司转制成资金来源完全来自地方政府（包括地区、市、镇、村以及东京的特别区）的组织，成为地方政府的联合筹资组织。

还有一个例子在新西兰。历经3年的准备，新西兰地方融资机构（NZLGFA）成立于2011年12月。地方当局对其占股80%，余下股份归中央政府。该机构共有31个地方政府股东，其中包括奥克兰市议会、克赖斯特彻奇市议会和惠灵顿市议会。

如何发展集中打包型融资机制?

集中打包型融资机制的发展过程可分为三个层次：初级层次、基础层次和高级层次。

初级层次

引入PFM的准备过程程序繁复。第一步是在地方政府之间建立密切合作，将着力点聚焦到财政问题上，而不是一拥而上去借款。这可能需要协调借款活动和沟通最佳的做法（例如关于风险政策）——这也适用于涉及银行和其他债权人的类似采购程序。

基础层次

基础层次也是所谓的俱乐部交易。债券的发行由两到三个城市参与，并且在整个过

新西兰惠灵顿，格林纳达北部住宅区鸟瞰© Flickr/D.Coetzee

程中没有特殊目的机构。每一个参与的城市负责部分所筹资本利息的偿付。俱乐部交易的主要优点是它们给中小型地方当局进入资本市场的机会，同时发行团（地方政府）成员可以交叉和复合进入每一个俱乐部交易之中——基于这一点，俱乐部交易可谓是灵活自如。其缺点在于该方式在结构和法律上的复杂性，所产生的成本在一定程度上会抵消债券的优惠定价。

基础层次适用于那些在制度和/或法律层面限制高级层次PFM运营的国家。它也是迈向高级层次必经的一步，能让参与其中的地方政府获得有关资本市场运作的经验，并检验政府间合作的精神。

高级层次

接下来的一步就是创建一个LGFA作为城市与资本市场之间的媒介。LGFA的巨大优势在于它可以获得足够多的借款，以使其融资操作多样化，并在资本市场实现成本效益的定价。多样化也意味着风险的减少，因为整个融资机制不仅仅依赖于一个资金源或一个市场。LGFA也可以聘请金融专家进行操作以减少风险。诸如此类的平台必须拥有投资者信赖的经济实力。经济实力在这种情况下就是信誉，可以通过有效的资本化获得并通过担保得以加强。担保人既可以是参与其中的城市、中央政府、第三方机构（如公共部门养老基金），也可以是它们的混合体。其中，由参与城市进行担保的优点在于其增强了地方政府对于LGFA的责任感。

集中打包型融资机制的优点和缺陷是什么？

运用集中打包型融资机制具有几个潜在的优点：

- **给予中小城市进入资本市场的机会。**参与资本市场运作往往需要达到一定的规模要求，而PFM则使得这样一种情况成为可能：中小城市政府在债券发行过程中协调它们的借款数量以达到能吸引投资者的规模。

- **降低借款成本。**各国地方政府运用了PFM后，借款的成本都大大降低。

- **通过多元融资降低市场风险。**通过参与不同市场的动作、运用多种不同的金融工具以及将融资对象定位于广泛的投资者群体，地方政府可以实现多元化融资。由于PFM巨大的体量，相较于各个城市的单打独斗，其更能实现上述的多元化融资。在利用多种贷款工具，参与多样的贷款项目和市场的过程中，多元融资水到渠成。

- **降低处理成本。**相较于地方实体单打独斗地进行融资借款，打包融资可以极大地降低融资过程的处理成本。

- **通过提供专业金融知识来提升债务管理能力。**因为地方政府的首要职责是为公众提供适当的基本公共服务，所以往往比较缺乏专业的金融知识。而协作让聘请金融专家成为可能，这降低了风险。

- **能刺激地方政府提升信誉度。**参与其中的地方政府必须同意接受同行的监督，因为地方政府的信誉度是整个机制最重要的资产。这种监督能导致同行之间产生提升其信誉度的压力。同行间的压力往往是提升地方政府绩效最有效的手段之一。

- **知识传递的渠道**。机构会定期组织会议、研讨会和咨询会。

- **提升了透明度**。基于以下原因，机构必须拥有高透明度：第一，资本市场和国际信用评级机构需要机构以及参与城市披露完整的财务信息；第二，机构最重要的资产就是其信誉度，并主要建立在参与城市的信誉之上——这就是为什么必须持续监测这些城市财政状况的原因。机构本身的透明，以及发布参与城市和其他利益相关者活动的综合性报告是非常重要的。因此，PFM中的参与城市必须无偿提供财务信息。这些信息大部分是公开的，进而会增进公众对地方政府活动的了解并由此提升地方的民主程度。

同样，应用集中打包型融资机制也有几个缺陷：

- **管理挑战**。许多国家的中央政府在支持地方政府引入PFM时最初都显得踌躇不定。至关重要的是，中央政府要意识到该项目对该国发展和经济增长的好处。同样需要明确的是，机构的活动必须遵循严格的内部风险管理规定。

- **市场挑战**。当地方当局面临一个或多个主要贷款人时，他们可能会感知到这种挑战并发现PFM计划的弱点。因此，找到让现有贷款人进行合作的方式非常重要。另一个市场挑战是提高投资者对机构发行债券的兴趣。与投资者的联系应该在早期阶段进行，以调查投资者的利益如何能在项目中得到满足，并给予投资者充足的时间准备债券的首次发行。这可能意味着投资者修改其内部投资条例等。在第一次债券发行之前，必须进行路演。

- **合作挑战**。在许多国家，地方政府之间并不习惯相互合作，因此必须制定明确的治理规则。此外，需要监督参与城市的信誉度，而这可能使合作复杂化。至关重要的是，每个成员/股东要完全认识到持续审查的必要性，并共同遵循不能无条件借款的原则。

对于新兴和发展中国家的机构而言，一个更大的难题是贷款偿付系统的建立——这可能意味着机构及其成员需创立一个基金，以确保未来借款的偿付并获得第三方担保，后者可以是其他国内利益相关者（中央政府、开发银行等）或开发性金融机构。需要强调的是，外部担保的建立并不意味着创建机构的地方政府可以做甩手掌柜。例如，有追索权的部分信用担保可能有助于提高机构发行债券的信用评级，使其达到机构投资者进行投资的要求，但并不会减轻地方政府的信用压力。

建立集中打包型融资机制的先决条件是什么？

为引入集中打包型融资机制，必须满足以下基本条件：

- 地方政府合作的意愿；

- 参与城市足够的信誉度；

- 允许地方政府借债的法律体系——即使借债是在中央政府或其他中央机关所设定的限度范围内；

- 允许地方政府合作并共同践行承诺的法律体系；

- 国内资本市场已经达到一定程度的成熟度，使投资者可能对中长期限的地方政府债券感兴趣。

即使所有上述条件都得到满足，国内和国际开发机构、国有银行或中央政府本身的非市场化的或优惠贷款可能会使PFM的运作大打折扣。虽然优惠借贷数量稀缺且难以灵活覆盖各种各样的地方政府借款需求，但这仍然难以使地方政府更加倾向于市场化的借贷方式。而实际上，正是基于市场机制，PFM能显著减少中央政府和开发性金融机构对债务的干预。

如上所述是基本条件，但显然，对于地方政府而言，更重要的是获得新的融资解决方案。地方政府还必须确信，综合的融资机制能够整体运转下去。下一步就是获得中央政府的支持。

不幸的是，在许多国家，要合作的城市一开始都很犹豫。其原因很可能在于这些城市都把相邻城市看作竞争者。有时，由于不同的政党掌权或其他一些原因，城市政府之间也可能有不信任的因素存在。

在建立城市资金筹集机构的国家，这些难题已经存在。地方政府在这一过程中很快就会认识到PFM的确是为所有参与者的利益服务的，但重要的是，怎样以不同的方式来增强城市之间的信任。这个过程需要从一些积极的利益相关者开始，他们能为其他的参与者领路。这些发起人必须清楚地表明他们有兴趣研究引入PFM，以便为项目建立一个坚实的基础。

要充分组织创建PFM机构的工作。地方政府联合会可以主办该项目并提供管理支持。必须牢记，是地方政府来主导这一项目。这个过程关键的一步是领导人员的招聘——既包括政治上也包括业务上的领导人员。此外，不能低估对创业能力的需求。这是一项全新的事业，它需要艰辛的工作、卓越的创造以及对外交往能力。

借款过程的价值

要想在金融市场上达到借款目的的人必须拥有良好的信誉度。地方政府的信誉度在不同的国家有很大差异。对于一些发展中国家，PFM完美契合；但对另一些国家，地方政府缺乏稳定的收入流和固定的管理框架（以达到PFM的要求）。然而，所有国家及其地方政府都可以从中获得实质性的收益。

一个旨在推动发展中国家城市之间财务合作的项目几乎解决了所有对于地方政府良好运作而言至关重要的问题。这些问题包括：

- 在法律和财务层面，地方政府与中央政府是一种什么关系？

- 收入流——包括稳定性、可预测性、多样化、趋势（尤其是税基）、征税系统、税率以及开征新税的可能性——状况如何？

- 成本结构怎样？

- 债务前景（如规模、利息偿还、到期日、偿还记录以及中央政府的限制）是否明朗？

- 当前还有哪些制度上的掣肘（例如，组织、会计制度、审计、知识水平和技能）？

以上所有要素构成了一个具有高信誉度并且良好运行的地方政府。

提出与项目相关的这些问题以解决重点关切——例如为基础设施建设投资融资——会非常高效，其能实现放眼未来的改革。项目的组织方式应该是这样：它能明确要想造就一个更强大的城市，所需的步骤间存在的相互关系。项目包含众多参与城市意味着对中央政府的需求更高和更迫切。项目能集聚的谈判力量是巨大的，因为其致力于解决地方基础设施融资的急切需求。项目的参与者会是具有很高信誉度并且力量强大的地方政府。

在全球范围内，PFM在城市的实践仍然被认为是有效财政分权的一个基本要素，其旨在使地方政府财政更强大、更有信誉、更有能力应对当地基础设施建设的挑战。否则，权力下放只能将更大的基础设施责任转移到地方政府，与此同时，却并没有帮助他们获得适当的融资工具，例如进入资本市场的渠道。

结论

使用PFM可能不仅为当地基础设施投资提供了具有成本效益的资金，而且还可以提高地方政府的透明度并促进其能力建设。PFM计划的建立始终取决于每个国家的具体情况。从迈出城市间协作的第一步到创建SPV（特殊目的公司），推进PFM的形式多种多样。这些平台可以发挥地方基础设施建设机构的作用，其将与城市和其他地方部门一起发挥重要作用，增进地方基础设施投资建设活动的效率性和灵活性，并有促进全国经济增长的潜力。

案例1　Kommanekredit——丹麦地方政府融资平台

丹麦总人口560万，有98个地方政府，是世界上分权化程度最高的国家之一。丹麦的地方政府在1898年创建了Kommunekredit作为协作平台。平台的加入是自愿的，随着时间的推移，所有地方政府都成为其会员。

Kommunekredit的商业模式类似于欧洲其他的LGFA，其在国内外资本市场上发行债券，将获得收益出借给地方政府或相关组织如市有公司。当债券以外币发行时，则通过使用掉期将其兑换为本国货币。所有借款都以本国货币计价。如今，Kommunekredit在向地方政府贷款方面，获得了近100%的市场份额。

就像瑞典的Kommuninvest一样，Kommunekredit得到所有成员的联合担保。但不管是Kommunekredit还是Kommuninves，它们的担保从未被援引过。标准普尔（S&P）和穆迪（Moody's）各自对Kommunkredit的信用评级分别为AAA和Aaa。

与除了英国市政债券机构以外的欧洲所有其他LGFA不同，Kommunekredit不被视为根据丹麦国内或欧盟法律建立的金融机构。

截至2015年底，Kommunekredit的总贷款达到1577亿丹麦克朗（约合237亿美元）。它由62名全职员工管理，其成本与贷款有关，为6个基点。

加拿大不列颠哥伦比亚省（BC）拥有460万人口，28个地区下辖162个地方政府。

MFA是一个非股本公司，成立于1970年，根据省城市金融局法案，为辖区及其成员市、区域医院和不列颠哥伦比亚的其他公共机构提供长期和短期融资。

除了温哥华市以外，地方政府的长期债务（5—30年）融资需求必须通过MFA借款。通过多年的运营，MFA的业务活动已扩大到短期投资机会、临时融资和租赁。

独立于不列颠哥伦比亚省，MFA在一个由39名成员组成的董事会的管理下运作，董事会成员从不列颠哥伦比亚省28个地区中的每个地区任命一个。每年由成员选出10名受托人组成一个委员会，以行使执行和管理权力，包括制定政策、战略和业务计划。

穆迪、标准普尔和惠誉各自对MFA的评级分别为Aaa、AAA和AAA。这些信用评级大致基于以下事实：MFA的借款由区域内成员的联合担保支持（但不是所有地区），并且对不列颠哥伦比亚省的应税财产拥有无限的征税权。

截至2015年，MFA的广义贷款量已达46亿加元（约合35亿美元），它由9名雇员管理，成本与贷款相关，少于一个基点。

拉尔斯·M·安德森（Lars M. Andersson）地方政府财政专家，1986年开始创建瑞典的即LGFA，即Kommuninvest，现在是法国和全球城市发展基金（FMDV）的董事会成员。

帕维尔·科恰诺夫（Pavel Kochanov）国际金融公司的高级专家，专攻地方政府组织的信用和治理风险。

延伸阅读

想了解关于PFM的更多信息，请阅读以下资料：

Lars M. Andersson, Finance Cooperation Between Local Authorities in Developing Countries (Stockholm, Mårten Andersson Productions, 2014).

Lars M. Andersson, Local Government Finance in Europe: Trends to Create Local Government Funding Agencies (Stockholm, Mårten Andersson Productions, 2014).

Lars M. Andersson, What the World Needs Now… Is Local Infrastructure Investments Challenges and Solutions with a Focus on Finance (Stockholm, Mårten Andersson Productions, 2014).

Lars M. Andersson, Overview of Municipal Pooled Financing Practices (Washington, International Finance Corporation, 2015).

Barbara Samuels, The Potential Catalytic Role of Subnational Pooled, Financing Mechanisms (Paris, FMDV, 2015).

韩国蔚山的环岛© Flickr_Scott Rotzoll

第7章 政府与社会资本合作

前言

　　发展中国家的城市化将使得2015—2025年间每年增加的城市人口达6800万至7100万。[1]这只会加剧已经影响发展中国家的大型基础设施缺口。[2]要缓解这种境况并实现可持续发展的目标需要增加基础设施投资，特别是来自私营部门的投资。[3]在向私营部门进行基础设施建设融资的许多方法中，政府与社会资本合作（PPP）在最近几十年中表现出很大的发展前景。

　　私营部门参与发展中国家基础设施建设的规模已从1990年的不到200亿美元增加到2012年的2000多亿美元——这是一个历史最高的水平，原因就在于作为一种投资模式的公私合作伙伴关系的日益普及（图A）。然而，据估计，私营部门目前提供的投资不到新兴市场和发达国家总投资需求的10%。[4]因此，PPP模式的进一步推广依然大有可为。

本章解释了什么是公私合作伙伴关系及其工作原理，详细说明了该模式之于公共采购的利弊，描述了如何衡量模式的成功或失败，并列出了在决定模式时要考虑的因素。

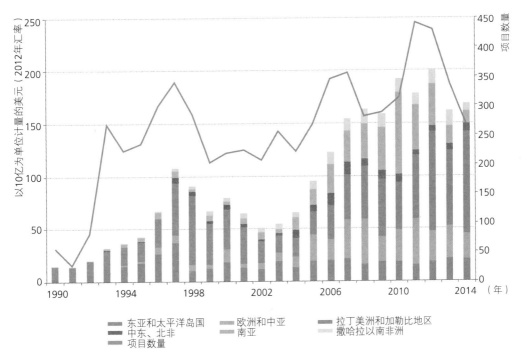

图 A　私营部门参与发展中国家基础设施建设的规模，1990—2014年
资料来源：World Bank, Private Participation in Infrastructure database.

"在向私营部门进行基础设施建设融资的许多方法中，政府和社会资本合作（PPP）在最近几十年中表现出很大的发展前景。"

PPP模式的定义及工作原理

PPP是私营部门和政府部门之间的长期合同，并以此提供公共资产或服务，在整个过程中，私营部门承担较大风险和管理责任。[5]如图B 和表1所示，PPP模式包括许多形式的公私合作，如运营和维护合同；租赁；特许经营；建设–运营–转让（BOT）；建设–拥有–运营–转让（BOOT）等等。

PPP模式通常采取特许经营的形式，该形式下私人部门接管现有资产，公共部门授予其提供基础设施服务的权利（见案例1）。这允许国家将服务提供委托给私人部门，但同时通过将管理基础设施项目或公司的条款和条件纳入特许经营合同，保留对该部门的一定控制权。PPP模式通常由用户付费或付费一般与用户的数量有关（如影子收费）。与此相对的是，在BOOT模式下，在最终将资产所有权转让给政府之前的一段特定时期内，由私人部门负责设计、融资、建造和运营设施（见案例2）。

在PPP模式中，通常的做法是由运作该项目的私营方成立一个项目公司，叫作特殊目的的公司（SPV）。由SPV与公共部门合作方签订PPP合同，然后由其建设、拥有和运营基础设施项目。[6]SPV对于PPP模式中的私营方意义重大，因为它们与母公司具有法律上的独立性，并且是为母公司资产负债表外的大型基础设施项目提供融资，增加了其自身承担大型基础设施建设时的安全性并降低了其风险。[7]图C显示了由资金提供方（大股东）、开发商、设施管理方以及偶尔也参与的政府所组成的典型SPV结构。融资结构与债务和股权相关，是PPP项目的一个关键方面，可能对其成本和可负担性产生巨大影响。

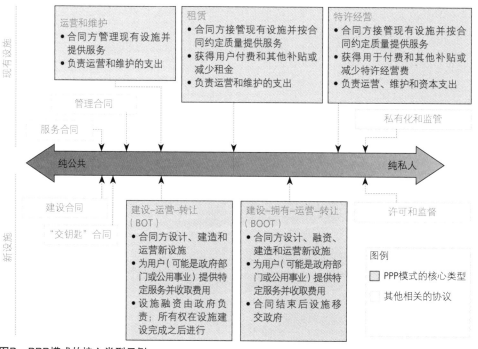

图B　PPP模式的核心类型示例
资料来源：PPIAF, Note 1: PPP Basics and Principles of a PPP Framework (Washington, PPIAF, 2012), p. 3.

表1　PPP模式的一般类型和相关术语

类型	内容
购买–建设–运营（BBO）	将公共设施转让给私营或准公共部门，合同内容通常为要求其在特定期限内升级和运营设施，公共部门对设施的控制权在设施转让之后得以行使
建设–拥有–运营（BOO）	私人部门永久性地融资、建设、拥有、经营设施或服务 在原始合同中注明公共部门的约束条款并通过持续的监管表现出来
建设–拥有–运营–转让（BOOT）	私人部门在特定期间内被赋予融资、设计、建设和运营设施（并收取用户费用）的专营权，之后将所有权转移给公共部门
建设–运营–转让（BOT）	私营部门根据长期特许经营合同，设计、融资和建造新设施，并在特许期间经营该设施，如果在设施完成时尚未转让，所有权将转移回公共部门。事实上，这种形式包括BOOT和BLOT，唯一的区别是设施的所有权
建设–租赁–运营–转让（BLOT）	私营部门获得特许在租赁期内融资、设计、建设和运营租赁设施，并支付租金
设计–建设–融资–运营（DBFO）	私营部门根据长期租赁合同，设计、融资和建造新设施，并在租赁期间经营该设施，私营部门在租赁期结束时将新设施转移给公共部门
仅融资	私营部门，通常是金融服务公司，直接为项目提供资金或使用其他机制如长期租赁或发行债券
运营和维护合同（O&M）	私营部门在特定期限内运营公共设施，但资产的所有权仍然属于公共部门 （许多人认为O&M不在PPP模式范围内，并将此类合同视为服务合同）
设计–建设（DB）	私营部门设计和建设基础设施，以满足公共部门的指标要求，方式通常是固定价格和交钥匙，因此成本超支的风险转移到私营部门（许多人认为DB不在PPP模式之内，并将此类合同视为公共工程合同）
运营许可	私人部门获得许可或被授予在特定期限内经营公共服务的权利。通常用于IT项目

资料来源：Baizakov, Guidebook on Promoting Good Governance in Public-Private Partnership (Geneva, UNECE, 2008). Available from http://www.unece.org/fileadmin/DAM/ceci/publications/ppp.pdf.

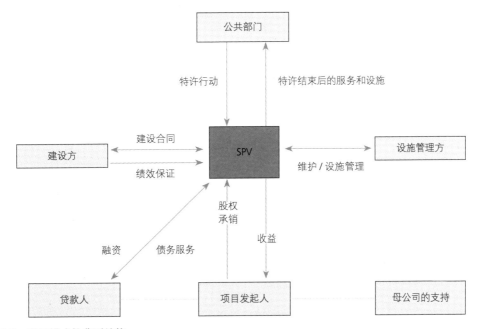

图C　PPP模式的典型结构
资料来源：Cities Development Initiative for Asia (CDIA), Linking Cities to Finance: Overcoming Bottlenecks to Financing Strategic Urban Infrastructure Investments (Shanghai, KPMG, 2010), p. 38.

特别是在有限或无追索权的情况下，SPV通常是PPP项目实施的首选形式，因为"项目的现金流和对资产的担保是偿还贷款人债务的唯一手段"。[8]在这种情况下，项目的信誉高度依赖于其预期现金流。尽管如此，越来越多的证据表明，SPV改善了PPP模式的融资选择，可以克服在过去导致许多事先成功的PPP难以为继的传统金融和法律障碍。[9]

相对公共采购而言，PPP模式的利弊

为提供公共服务或建造设施，公共部门可选择传统的公共采购模式或使用PPP模式。PPP项目的一个显著特点是，其是根据产出而不是投入来定义的。这使得公共部门专注于确定所需服务的水平和标准，授予私人部门满足服务需求的任务，也可以让公共部门将为项目进行设计、建设、运营和融资的特定风险转移给私人部门。[10]

PPP模式的优点在于更好地实践物有所值理念（VfM）、项目的可持续性和额外性。缺点则涉及PPP模式责任性和灵活性问题，这已经引起了学界和政策制定者的广泛关注。[11]

PPP模式能提升部分项目的VfM。预期减少的生命周期成本与转移风险的估计价值是PPP模式VfM的衡量标准。[12]这意味着在成本效益分析（CBA）中有更高的净现值（NPV）。为了确定一个PPP模式是否能更好地践行VfM，人们通常与一个假定的公共部门进行比较，这个假定的公共部门叫作"用来比较的公共部门"（PSC），PSC提供与PPP模式下相同的服务。PPP模式能提高VfM的理论基于以下假设：私营部门在管理施工过程和风险方面更有效。

PPP模式可以通过降低总体成本和向政府提供服务成本的变动来提高公共服务的可持续性——这也是由于与私营部门分担提供服务的风险使然。[13]消极的一面在于PPP模式的灵活性有限。[14]在签订PPP协议后，如果政府想改变监管规则或改变设施的性质，可能就会面临较大的困难。PPP协议的重新谈判和取消成本巨大。

此外，商业保密和SPV的封闭运作可能会降低PPP模式的责任性。[15]另一方面，也有人反驳：通过将服务提供的风险转移给私营部门，责任性问题可以得到改善。[16]

最后，相对传统的政府借款，PPP模式提供了另一种资金来源，也产生了额外好处。这对发展中国家特别重要，因为发展中国家的国内资源有限，由于基础设施缺乏或不足会造成经济增长（和发展）方面的损失，无所作为的成本会很高。[17]

如何衡量PPP模式是成功还是失败？

在衡量PPP模式是成功还是失败时，一个关键的问题在于PPP模式是否实现了其预期要产生的收益。

首先，一个成功的PPP模式相对于PSC而言要更好地实践VfM——这取决于风险是否以合理的成本有效地转移给了私人部门。但这并不容易实现，因为谁好谁坏取决于另外一方（如PSC）的表现。PPP模式实际上让公共部门购买了一种保险，其价格是基本成本与支付给SPV费用的差额。[18]由于SPV间的竞争有限，公共部门支付过高溢价的风险很大。研究表明，溢价率为25%，与公共资金的一般超支额度没有多大不同。[19]

不管是CBA还是PSC分析，都不是单向的。CBA中折现率的选择会显著影响净现值（NPV）。此外，当折现率较高时，相对于PSC，CBA分析更支持PPP模式，因为大多数PSC的成本都发生在早期阶段，而PPP模式的则发生在后期。[20]至于说PSC，并不总是能很容易找到像这样与PPP模式在产出方面如此匹配的参照。另一方面，事前的VfM分析所采用的是经过风险调整后的财务成本，并有可能低估PPP模式的非财务收益。[21]PPP模式对于其受众或更广范围的社会公众而言，产生的"社会经济"（socio-economic）好处可能有三种形式：加速交付（提前交付服务）、加强交付（提供更高标准的服务）、和更广泛的社会影响（对整个社会有更大的好处）。[22]

在评估中需要计算总成本。只有当所有成本、效益和风险都考虑在内，且PPP项目仍以更低的成本提供相同水平的服务时，才表示项目有更好的VfM。重要的是，要评估PPP方案在有更高的运营效率的情况下是否能弥补其本身成本较高的缺陷——因为PPP项目的交易、监测和融资成本较高。

其次，一个成功的PPP能确保额外性和可持续性，这使得获得长期投资资本成为可能。中途停止、以过高的价格提供较差的服务或多数人不能获益的PPP不是成功的PPP。

PPP模式的前提条件是什么？

一个成功的PPP需满足两个主要的条件：首先，地方政府必须得到上级政府的授权。通常，这意味着中央政府要建立一个既定的监管框架，包括合同执行和解决争议的规则。

其次，该项目必须提供对私营部门有吸引力的良好风险防范回报。这与来源于项目收入（由用户支付）或服务费（由政府支付）的良好现金流有关。人们认为PPP模式在提供基本的基础设施方面并不可行，因为其可能存在可负担性的问题。在债务融资的情况下，公共部门可能需要提供担保。公共部门可以选择向私人供应商购买担保，也可以利用多边和双边机构多种已建立的担保计划。

中国上海的公共空间 © Flickr/Setiadi

决定PPP模式时的关键步骤和考量

PPP项目周期包括四个时段：1）项目识别；2）详细准备；3）采购；4）项目实施（表2）。每一个时段都可以进一步细分。[23]第一个时段（项目识别）非常关键，它又可以细分为两个阶段和系列步骤，如表2所示。

第一个阶段涉及项目选择和识别。这里的关键是要明确产出的要求，因为改变要求导致的重新谈判成本很高。

第二个阶段，在对PPP方案进行评估时，政府及其财务顾问需要回答四个关键问题[24]：

1. 项目的营收能力如何？这指的是使用者或政府（或两者的组合）支付项目服务费用的能力。服务费用的支付可以采用完全不同的两种方式：由使用者支付或由单位支付。前者将更多风险转移给了私营部门。[25]投资者会对"年度偿债覆盖率"（ADSCR）感兴趣，"年度偿债覆盖率"是指自由资金（即支付运营和基本资金成本后留给项目的现金）的比率，自由资金用于支付债务年度利息和本金。[26]

2. 项目主要的风险源是什么？最佳的风险配置和风险管理策略是什么？广义上有三种风险：商业风险（包括供给侧和需求侧风险）、法律风险和政治风险。风险管理的最佳实践原则表明，风险应分配给最适合管理或吸收风险的一方。因此，私营部门承担商业风险，而公共部门承担法律和政治风险。

3. 项目的融资来源是什么？问题包括是否可以向银行贷款（即借款人是否愿意为项目提供资金），是否会吸引股权资本或政府资金。能向银行贷款的项目的融资成本更低，但这需要更稳健的现金流。

4. 尽管项目具有营收能力并可以向银行贷款，但其是否物有所值（VfM）？这需要在早期阶段就进行CBA和PSC分析。

此外，根据国家制度和监管环境的不同，考虑PPP的税务处理是必要的。例如，

表2　PPP项目的周期：阶段、过程和步骤

阶段	过程	步骤
1．项目识别	1.1项目选址和识别	● 项目识别 ● 项目产出鉴别
	1.2PPP方案评估	● 营收能力 ● 风险配置 ● 是否可银行贷款 ● 物有所值 ● 税务处理
2．详细准备	2.1开始组织	…
	2.2投标前	…
3．采购	3.1招标过程	…
	3.2PPP合同与财务结算	…
4．项目实施	4.1合同管理	…
	4.2事后评价	…

资料来源：European PPP Expertise Centre (EPEC), The Guide to Guidance: How to Prepare, Procure and Deliver PPP Projects (Luxembourg, EPEC, 2011), p. 7.

债券收益可以免征资本增值税，从而降低PPP的融资成本。

结论

PPP模式提供了一种融资机制，地方政府和私营企业由此合作，共同提供重要的基础设施项目，并提升公共设施和服务的效率和质量。存在各种各样的PPP形式来满足各种拟议项目特定的需求和情况，并保护那些希望为重要公共基础设施建设提供资金的私营部门利益。虽然私营部门在融资和开展PPP项目方面承担了很大一部分责任，但公共部门和市政当局必须批判性地评估PPP项目的长期可行性及其产生足够投资回报的能力。

PPP模式在发达和发展中国家的成功共同证明了这种融资工具的广泛适用性和有效性。然而PPP模式也存在其自身的法律和监管问题。从交通设施到医院设施，PPP模式成功地为广泛的项目融资，使之成为市政当局考虑范围内一种颇具前景的融资工具。

案例1 马尼拉的供排水服务

20世纪90年代，马尼拉都市区的供排水系统极端无效率且缺乏维护。大约三分之二的供水因为泄漏和非法连接水管而丢失，只有八分之一的家庭与城市的污水管道相连。[27]与此同时，负责城市供排水和下水道服务的政府机构——市供水和污水处理局（MWSS）却负债累累，缺乏维护马尼拉供排水系统所必要的财政资金。

根据1995年《国家水危机法案》，菲律宾政府决定将MWSS私有化，以改善城市供排水系统的运营、覆盖面和质量。政府颁发了两项特许权给马尼拉供排水和下水道系统。其中一项特许权颁给了马尼拉供排水公司，另一项颁给了梅尼兰（Mayniland）供排水公司。特许经营合同允许两家私营公司从水费中获取收入，但除了向政府支付特许权费外，私营公司还负责所有运营和维护费用。[28]

水费是根据MWSS监管局的建议确定的，并且考虑了一些外部因素，例如通货膨胀和其他影响水和下水道服务价格的要素。负责运营和维护马尼拉供排水和下水道系统的私营公司与MWSS的监管办公室之间的合作营造了一种环境，在此环境中公共和私营部门能够合作改善城市供排水系统的水源和质量。

最终，PPP模式取得了巨大成功。如今，马尼拉供排水公司和梅尼兰供排水公司分别负责各自特许经营范围内服务市场份额的99%和97.8%，并全天24小时不间断运营。除提高覆盖率以外，城市供排水和下水道的效率也获得了极大改善。尽管马尼拉的PPP项目获得了巨大成功，但其也一直面临困难。例如，收费方式确定得并不完全，还需要根据PPP协议重新确定。后期其中一个特许经营者的财务困难导致政府不得不进场提供资金以保证全城供排水和下水道服务系统的持续运营。虽然如此，这个案例还是提供了一个关于如何通过私营部门与政府及监管部门合作提升公共设施和服务效率的非常有用的例子。

案例2　温哥华垃圾填埋场温室气体的排放[29]

温哥华市隶属加拿大不列颠哥伦比亚省，该市拥有并运营一个位于城市南部约20公里的大型垃圾填埋场，为大约100万人提供服务，每年接收超过50万吨固体废物。固体废物分解过程会产生大量的甲烷和二氧化碳气体，显著增加了温哥华的温室气体排放。最初，该市在1991年安装了垃圾填埋气体收集系统，以控制垃圾填埋场的环境影响。此后的2001年，该市决定将管理和运营垃圾填埋场温室气体排放的责任委托给一家私营公司，该公司负责将排放的气体转换为城市的能源。作为选择过程的一部分，市政府要求选定的私营公司负责项目的设计、建设、经营和融资。2002年，温哥华市府选择Maxim Power公司作为其在垃圾填埋场建设废热电厂的合作伙伴，这一项目在2003年11月完工。

根据PPP协议，Maxim Power公司建设了2.9公里长的管道用于将填埋场产生的气体运输到热电厂。热电厂通过燃烧垃圾填埋场排放的气体产生了约7.4兆瓦的电力，这些电力出售给了该省能源供应商BC Hydro。所有余热都被回收并由Village Farms温室利用以生产蔬菜，进一步过剩的热量也直接用于填埋场办公建筑的供热。

该市持续维护和运营垃圾填埋场，包括管理和运营气体收集设施。这样，政府承担与供气相关的风险，但避免了合作项目所需的初始资本投资。Maxim Power公司已投资约1000万加元，除了与温哥华市达成了20年的协议外，还与BC Hydro签署了一份电力购买协议。在支付给温哥华市10%的使用费后，Maxim Power公司保留了出售电力和热能的所有收益。该项目的成本和特许权使用费约分别为每年250000加元和400000加元。

温哥华市与Maxim Power公司的合作证明了私营部门被引入公共设施和服务的管理和运营领域时，创新和效率往往得到提高。本案例也为其他国家提供了一个例子，说明了如何以创新的方式将私营公司引入公共领域。

张乐因（Le-Yin Zhang），伦敦大学学院巴特利特发展规划院城市经济发展部硕士专业课程教授和课程主任。

马尔科·卡米亚（Marco Kamiya），联合国人居署城市经济与金融局局长。

注　释

1. United Nations Department of Economic and Social Affairs, World Urbanization Prospects (New York, United Nations, 2015).

2. United Nations, The Millennium Development Goals Report 2013 (New York, United Nations, 2013).

3. United Nations Conference on Trade and Development (UNC-TAD), World Investment Report 2014: Investing in the SDGs: An Action Plan (New York and Geneva, United Nations, 2014).

4. B. G. Inderst and F. Stewart, Institutional Investment in Infrastructure in Emerging Markets and Developing Economies (Washington, PPIAF, 2014).

5. World Bank, Private Participation in Infrastructure database, available from http://ppp.worldbank.org/public-private-partnership/.

6. L. Turley and A. Semple, Financing Sustainable Public-Private Partnerships (Winnipeg, International Institute for Sustainable Development, 2013).

7. L. Turley and A. Semple, Financing Sustainable Public-Private Partnerships (Winnipeg, International Institute for Sustainable Development, 2013).

8. UNESCAP, "Special Purpose Vehicle (SPV)," in A Primer to Public-Private Partnerships in Infrastructure Development (Bangkok, UNESCAP, 2008). Available from http://www.unescap.org/ttdw/ppp/ppp_primer/211_special_purpose_vehicle_spv.html.

9. A. N. Chowdhury and P. H. Chen, "Special Purpose Vehicle (SPV) of Public Private Partnership Projects in Asia and Mediterranean Middle East: Trends and Techniques," Institutions and Economies (formerly known as International Journal of Institutions and Economies), vol. 2, no. 1 (2010), pp. 64–88.

10. European PPP Expertise Centre (EPEC), The Guide to Guidance: How to Prepare, Procure and Deliver PPP Projects (Luxembourg, EPEC, 2011).

11. PPIAF, Note 1: PPP Basics and Principles of a PPP Framework (Washington, PPIAF, 2012); G. M. Winch, M. Onishi, and S. Schmidt, eds., Taking Stock of PPP and PFI Around the World (London, The Association of Chartered Certified Accountants, 2012).

12. G. M. Winch, M. Onishi, and S. Schmidt, eds., Taking Stock of PPP and PFI Around the World (London, The Association of Chartered Certified Accountants, 2012).

13. PPIAF, Note 1: PPP Basics and Principles of a PPP Framework (Washington, PPIAF, 2012).

14. O. Merk, S. Saussier, C. Staropoli, E. Slack, J-H. Kim, Financing Green Urban Infrastructure (Paris, OECD Regional Development, 2010). Available from http://dc.doi.org/10.1787/5k92p0c6j6r0-en.

15. G. M. Winch, M. Onishi, and S. Schmidt, eds., Taking Stock of PPP and PFI Around the World (London, The Association of Chartered Certified Accountants, 2012).

16. PPIAF, Note 1: PPP Basics and Principles of a PPP Framework (Washington, PPIAF, 2012).

17. G. M. Winch, M. Onishi, and S. Schmidt, eds., Taking Stock of PPP and PFI Around the World (London, The Association of Chartered Certified Accountants, 2012).

18. G. M. Winch, M. Onishi, and S. Schmidt, eds., Taking Stock of PPP and PFI Around the World (London, The Association of Chartered Certified Accountants, 2012), p. 14.

19. G. M. Winch, M. Onishi, and S. Schmidt, eds., Taking Stock of PPP and PFI Around the World (London, The Association of Chartered Certified Accountants, 2012), p. 14.

20. J. Loxley, Asking the Right Questions: A Guide for Municipalities Considering P3s (Ottawa, Canadian Union of Public Employees, 2012).

21. European PPP Expertise Centre (EPEC), The Non-Financial Benefits of PPPs: A Review of Concepts and Methodology (Luxembourg, EPCE, 2011).

22. European PPP Expertise Centre (EPEC), The Non-Financial Benefits of PPPs: A Review of Concepts and Methodology (Luxembourg, EPCE, 2011), p. 6.

23. These are explained in more detail in European PPP Expertise Centre (EPEC), The Guide to Guidance: How to Prepare, Procure and Deliver PPP Projects (Luxembourg, EPEC, 2011).

24. European PPP Expertise Centre (EPEC), The Guide to Guidance: How to Prepare, Procure and Deliver PPP Projects (Luxembourg, EPEC, 2011). This list can be extended. For a set of 10 critical questions, see J. Loxley, Asking the Right Questions: A Guide for Municipalities Considering P3s (Ottawa, Canadian Union of Public Employees, 2012).

25. G. M. Winch, M. Onishi, and S. Schmidt, eds., Taking Stock of PPP and PFI Around the World (London, The Association of Chartered Certified Accountants, 2012), p. 9.

26. European PPP Expertise Centre (EPEC), The Guide to Guidance: How to Prepare, Procure and Deliver PPP Projects (Luxembourg, EPEC, 2011), p. 48, footnote 12.

27. M. Verougstraete and I. Enders, Efficiency Gains: The Case of Water Services in Manila (Bangkok, UNESCAP, 2014). Available from http://www.unescap.org/sites/default/files/Case%202%20-%20Efficiency%20Gains%20-%20Manila%20Water.pdf.

28. M. Verougstraete and I. Enders, Efficiency Gains: The Case of Water Services in Manila (Bangkok, UNESCAP, 2014). Available from http://www.unescap.org/sites/default/files/Case%202%20-%20Efficiency%20Gains%20-%20Manila%20Water.pdf.

29. The Canadian Council for Public-Private Partnerships, Private-Public Partnerships: A Guide for Municipalities (Toronto, The Canadian Council for Public-Private Partnerships, 2011). Available from http://www.p3canada.ca/~/media/english/resources-library/files/p3%20guide%20for%20municipalities.pdf.

第8章 规划型城市扩张的融资

前言

对于世界上那些快速城市化的国家而言，问题的关键不在于城市是否会扩张，而是如何扩张。规划型城市扩张（PCE）是对非规划型城市扩张的替代。在许多国家，城市扩张的速度超过了公共基础设施规划和服务供给的速度，结果造成城市边缘非正式、无规划、隔离型和蔓延式的发展。富有的社区建造了被墙壁包围的不与外界连通的私有基础设施，而贫穷的社区连基本的公共服务都无法获得。"新城市议程"明确要求制定规划型扩张战略，作为改善城市连通性，提高城市生产力和资源利用效率的手段。

对于城市而言，在城区开始扩张前进行规划是非常重要的。规划必须阐明城市的空间格局，提升经济效率、社会融合和环境保护力度。所规划的城市的空间格局应是紧凑的、相连的和混合的，能提供有质量且相互联结的街道网络，充足的公共空间并实现土地利用、社交友好型的混合型社区和适当的人口密度三个方面的有机统一。

PCE按城市发展所需要的规模供应充足的建设用地来促进城市可持续增长[1]，以适应城市人口的增长，而不以让民众失去住房的支付能力和造成非正式居住区为代价。简而言之，PCE为城市的可持续增长打下了基础。

> "在很多国家，城市扩张的步伐远超扩张计划和公共设施服务计划。"

PCE的实施应遵循综合的"三管齐下的方法"，包括城市规划和设计，建立规章制度以及公共财政管理。如果这三个要素没有完全整合，PCE的实施将是脱节或零碎的，其发展愿景也将脱离现实。

特别地，对于地方政府来说，有时很难为其规划付费，其应将财务战略纳入规划过程，以支持优先事项的改进和对现有资源的充分利用。因此，为PCE建立一个可行的财务实施战略是本章的主题。

本章首先阐释自我筹资型的PCE，也即PCE的成本由该城市自己支付。然后，本章讨论如何为提升一个城市的财政和经济能力制定财务规划。接下来解释了如何进行快速的财务可行性评估，以帮助确保规划是可行的。随后讨论了计算私营部门潜力的各种方法，因为在许多情况下，PCE的实施要由私营部门来负责落实。本章最后列出了对财务可行性进行初步分析的关键因素。

连接收入与发展：自我筹资型PCE

在理想的情况下，PCE的成本由城市自身支付。随着城市的发展，需要有支付城市公共服务的税收，包括足够的收入来支付基础设施建设产生的债务。要实现这一点需要满足两个核心要求：

- **财务能力**：必须有足够的资金以进行公共基础设施和服务的前期投资。资金可源于借款、赠款、循环基金或其他来源，也可源于一种可产生收入的运转机制——这些收入来自PCE发展过程中的土地或行动。

- **经济实力**：必须有足够的创收来支持所需的资金投入。

不幸的是，这两个条件在世界上发展最快的城市中并不成立。许多地方政府缺乏足够的预算资金，没有借款或管理债务的能力。这可能归结于法律障碍，收入不足或财务管理能力差等原因。地方政府也可能缺乏从城市发展中获取收入的能力或法律权威。

在缺乏生产力基础的快速发展型城市中，经济能力是另一个常见的问题，这些城市有很高的贫困率。那些想在城市的扩张中生存下来的人，尤其是，如果他们是从农村到城市的移民，可能很难找到维持他们基本需求的工作，更不用说让他们缴税或支付其他有关PCE的费用。

尽管同时面临财务和经济方面的挑战，PCE仍然是一个财务上可行的战略；然而，它可能需要国家或捐助者的支持，并且在短期内难以实现资金自筹。即使在高收入国家，城市改善项目也常常得到中央政府或慈善机构的捐款，这不应被视为财务上失败的表现。随着经济和市政管理能力的增长，PCE会逐渐产生收入。

在考虑PCE产生收入的能力时，应特别注意土地价值共享工具。土地价值共享表达了这样一种概念：伴随城市或社区的改善，土地价值逐渐上升，私人土地所有者得到的这些"意外之财"可通过支付公共服务和公共投资的方式加以分享。土地价值共享工具可以作为联系公共投资和其产生的收入之间的桥梁，推动实现财政的可持续性。

土地价值共享的工具众多，包括基于土地价值的年度土地税、地方资本利得税、开发权出售、特别税——房地产所有者直接支付给其带来积极影响的改造项目的成本。第9章对于土地价值分享有更深入的论述。[2]

具有不同财务和经济能力的城市应考虑PCE的财务战略，财务战略必须适合它们自身的情况。以下从两个方面对此加以讨论。

喀布尔赫拉特镇© Wikipedia

私营部门和公共部门的责任分工

规划型城市扩张（PCE）的要义是城市政府应该为城市社会、经济和环境的可持续发展提供足够的可开发地块。这意味着私营部门（包括开发商或个体家庭）负责其私人土地上的开发内容，公共部门负责在私人土地外（包括道路、公园、学校等）的开发内容。然而，在贫困率较高的城市，政府会选择通过补贴或援助计划来支持私人住房和企业。相反，在具有强大经济基础的城市，私营部门的发展可能已经足够成熟，可以在

PCE过程中发挥基础设施建设和服务方面
的主导作用。

　　典型的PPP特许协议是指，用户为其
获得的服务支付了费用，私营部门再为
基础设施——尤其是有关供排水、下水
道和电力的基础设施——提供资金。PPP
模式已在第7章深入阐述。

　　广义上由私营部门提供的基础设
施，包括道路、排水、公园和康乐设
施，如果与创收的房地产开发相结合，
就可以获取财务收益。在这种情况下，
开发商就可以像市政当局设想的那样，
寻求改善城市建设的资金并从开发中获
利（以销售和租金而不是税收的形式）。
如果私营部门主导的开发比公共部门主
导的开发更有优势，原因可能在于两者

卢旺达卢巴福的交通© UN–Habitat

获取融资和管理能力的差异，公共部门
可以通过减税、土地整合、直接补贴或风险共担的方式帮助私营部门主导基础设施的开
发建设。

　　在商谈联合开发协议时，公共部门必须独立评估计划中的房地产开发的盈利水平，
以便获得能够公平地分担成本和风险所需的信息。

　　无论私营部门在基础设施建设计划中发挥的作用是大还是小，城市领导者必须确保
私人开发商和家庭遵守该计划及其核心要求，例如相连的街道网格、充足的公共空间、
适当的密度、混合利用以及社交组合。

依据城市的财政能力制定财务规划

　　如果城市具备通过财产税或其他类似
手段产生收入的能力，则PCE的财务规划将
依赖于城市自身在经济上的成功和坚实的税
基。财务规划可以专注于与执行伙伴（包括
国家机构、公用事业公司和私人开发商）建
立有效和明确的协议，内容既可以关注如何
助益PCE，也可探讨有关低成本融资和创收
的最佳金融工具的选择问题。PCE是测试新
金融工具——如改良税、开发权出售、税收
增额融资等——的一个机会。选择现有的或

新的金融工具应仔细权衡它们的潜在影响，
包括意料之中和意料之外的。例如，一些金
融工具可能会增加税收或土地价格，给低收
入家庭带来不利影响。如有必要，应仔细检
查和减轻这些影响。

　　至于财政能力弱的城市，其领导者应
从互补的两个方面致力于PCE财务规划的
工作。首先是创建一个即期计划，获得足
够的款项，以启动重要的早期投资。第二
项工作是制定一项提高地方财政能力的战
略，以便在5—10年内，地方政府能为PCE
的实施承担更多财务管理的责任，包括资

南非米德兰的利利菲尔德© NURCHA

本和运营支出。上述互补的两个方面将会在下面继续讨论。

即期财务协作计划

在许多地方政府领导人心目中，需要跨越的障碍是完成第一个任务，即PCE投资的即期财务规划。投资者和国家机构的借款必须无条件地得到保证：PCE产生的收益将会偿还这些借款。这听起来像一个不可能的事情，但往往被视为协调投资者和国家机构进行借款的方式。

此种情况的一个例子是在卢旺达Rubavu地区的PCE计划，地方政府的自有源收入仅占其预算收入的17%，平均每个居民不到7美元。该区的资本预算是PCE主要的资金来源，100%源于国家的转移支付。为了创建一个可行的PCE财务战略，PCE方案的高成本投资部分受到调整以降低成本（如，其中一个调整是只铺设部分道路）。该区探讨了获取私人开发商投资和供排水特许经营协议的可能性。根据拟议的方案，PCE中的大部分初始投资将通过中央政府的转移支付、私

人开发商对基础设施建设的投资以及一项试点的供排水特许经营的收益来支付。供排水的价格由先前联合国人居署的一项研究来确定，既能保证收回成本（包括投资成本），又能让低收入家庭负担得起。同时，中央政府对税务管理进行重大改革，以使得权力下放后的创收更加有效。[3]

莫桑比克北部的Nacla-la-Velha区进行PCE时可供利用的资源更少，该区本身的预算收入只能支付第一阶段成本的4%，并且由于行政等级的关系，无权征税。主要的利益相关者集会讨论PCE的实施方案时发现，能够确定的是第一阶段另外29%的投资资金来源——资金将来自该区的国家机关，这些资金会按照PCE的方式进行投资而不是先前计划的无协调性投资。余下67%的资金缺口靠两个大型的私人企业来支付。一个是由Vale领导的Nacala物流走廊联盟（Nacala Logistics Corridor Consortium），它对PCE表达了兴趣，并愿意通过其社会投资计划为该地区的可持续发展提供资金。另一个是莫桑比克负责工业发展的机构GAZEDA，由其负责基础设施建设的计划和实施——该机构在该地区开展了大量活动，尚未对该地区的PCE进行资金投入。最近一次的利益相关者会议商定了一项行动计划，其中包括组建一个由关键利益相关方组成的实施工作组、一个筹资会以及对该地区自主创收可能性进行法律审查。[4]

从Rubafu和Nacala-al-Velha的经验中得出的结论是，支持PCE成功运转的最关键的资金可以通过协调现有的资金流得来，它们包括：（a）地方资本预算；（b）国家机构和基础设施基金；以及（c）私营部门——它能从城市的有序发展中获益。但是，对于这些资金的协调至关重要，因此，牵头协调机构的能力必须是财务规划的重中之重。

财务能力和收入的增加

对PCE第一阶段的资金来源的寻找应该与改进城市自身创收能力相结合。PCE的成功实施如果没有良好的财务管理，特别是通过土地创收的能力，那么城市将会错过一个巨大的机会——由于良好的规划和公共投资，PCE中的土地价值会增加，原有的土地私人所有者将获得暴利，而这一切都以缺乏土地创收能力的城市付出巨大成本为代价。此外，未能从PCE适当地创收将会给该地区的持续健康发展造成威胁——没有公共收入，投资难以为继，服务质量也会下降。此外，如果PCE只进行初步的实施后就停止投资，浅尝辄止将会给城市及居民带来巨大损失。

增加收入这项工作应当从对当前弱点和机会的评估开始进行改进。评估能同时检视政策和管理。对土地价值共享工具的成功管理需包括以下要素：最新的记录、公平有效的估价系统以及用于计费、收集和执行的运营系统。

除了对税收进行基本的管理以外，在纳税人与政府之间存在强大的契约关系时，纳税人会更好地履行按章纳税。纳税人意识到，其所支付的税收通过地方政府提供的服务来使他们受益。在其他条件一定的前提下，税收的好处越明显，纳税人就更愿意及时支付税款。

制定与城市经济实力相称的财务规划

具有坚实经济基础的城市应该着眼于广泛的经济联系，并通过规划满足企业的各种需求，以实现建设性的PCE。PCE应吸引不同收入类型的人参与其中，以防止陷入社会孤岛型贫困陷阱（socially isolated poverty trap）。

菲律宾的卡加延–德奥罗（Cagayan de Oro）是一个通过良好规划实现社会融合及其他一系列效益的PCE案例。在这里，人们设想将城市的一块高地建设成为一个新的商业中心，同时将市政府迁离高风险的洪水区。该地周边将包括公园和绿地网络及足够的自然排水空间，并且有规划中的和已实际建成的高收入住宅区和中低收入住宅区。除此之外，其他的住宅区类型组合及社区服务同样有助于将该地建设成为一个生机勃勃并充满吸引力的地区。该地还与待建的生态旅游点相邻，并且拥有通往农业区的道路，有助于在PCE边缘处建设一个农业加工中心，进而有可能为PCE居民创造大量的工作机会。[5]

无论城市的经济实力是高还是低，PCE的目标之一是完善城市的经济功能。良好的设计（密度、混合使用、连接性等）是PCE实现经济成功的基础。PCE还应利用国家级和地方级的经济战略，以确保目标行业的需求在土地利用和公共服务方面得到充分的支持——其中包括行业得以运转的设施、产业链或集群中其他企业获得良好的公共服务以及满足特定劳动力在住房方面对于地理位置、设施和交通方面的需求。与企业领导者、企业家和私营部门投资者的合作可以确保PCE的设计和实施能增进企业的竞争力。

在低收入城市，与PCE相关的经济规划至为关键，其将决定长期中PCE的财务可持续性。国家层面和地方层面经济政策实施方面的协调有助于促进区域、国家和全球价值链的联系。

菲律宾锡莱市的人行道© UN-Habitat

如果在审视相关经济政策之后发现PCE的经济作用并不明显，则必须特别针对PCE进行经济评估，并成立一个由公共和私营部门共同参与的工作组，以利用PCE的发展创造就业机会和繁荣。

在菲律宾的锡莱（Silay），PCE的规划融入了该市新的地方经济发展战略。历史上，锡莱的经济支柱是甘蔗种植，但贸易保护的减少将降低菲律宾甘蔗的竞争力，并使锡莱的许多工作机会流失。在进行一番商业调查和对优势、弱点、机会和威胁进行分析（SWOT分析）之后，该市确定了创造就业的三个行业：旅游业、多元化农业和IT业，并确立了改善商业环境和支持这些行业的战略。这些战略纳入了PCE规划过程。此外，土地所有者们与市政府合作，将新的产业吸引到被规划为与PCE相配套的企业园区。

快捷的财务可行性评估：关键步骤和考虑因素

在PCE过程中，财务规划应与城市设计和物质规划相互配合。随着城市设计的发展，为确保规划的财务可行性并帮助规划者制定一个现实的计划，进行快捷的财务规划活动大有裨益。在早期，对成本和可用资金量进行一个简单的粗略计算就可以感知财务可行性。在此基础上，快捷评估还有助于推动提供资金的机构就实施PCE进行初步的沟通。

快捷的财务可行性评估的要义在于确定资金由谁来支付、为什么支付和什么时候支付。这项工作带来一份关于资金来源和用途的说明，阐明实施PCE的主要成本和每种用途的资金来源，包括初始投资和经常性成本。

1. 评估账务状况

- 列出一般的财务角色和责任（什么通常由谁支付？）；
- 检视市政预算和从其他机构可获得的资金；
- 检视可用的融资选择，包括借款、PPP和土地融资工具（即使当前未使用）；
- 评估提升城市财政绩效的机会。

2. 计算计划的成本

- 确定哪些投资和运营成本是公共部门的责任；
- 基于理论上的计划估算基础设施和服务的数量；
- 将每种类型投资的广义单位成本乘以数量（例如，每平方米或每户）；
- 基于人口和预期基础设施维护费用评估持续成本。

3. 分配资金责任

- 利用可用的机构预算；
- 如果收入可以偿债，就利用市政借款；
- 考虑可能提供资金的私营部门。

4. 平衡资金的收入和使用

- 如果需要，就调整计划；
- 探讨可替代的融资方案和增加收入的选项；
- 如果需要，修改实施阶段。

可以基于理论上的计划对初步实施的成本进行估计——将公共基础设施和服务的数量乘以单位成本即可。这同样适用于多种规划场景，尤其在证明蔓延式和断头式开发的高成本方面特别有用。这种对成本的初始简略估计会有很大的误差，然而，随着详细计划的制定和各执行机构自身研究的逐渐展开，数值会得到修正。

经常性年度成本应根据当前运营预算，预期人口增长和基础设施的生命周期成本进行估算。

值得注意的是，快捷的财务可行性评估侧重于公共责任领域的成本和资金。同时，有必要将对私营部门的财务可行性评估与此区隔开来，尤其是面临以下问题时更是如此——规划的土地用途和密度在市场条件下是否能够实现、私人开发商是否有足够的营利能力来支付税费或他们是否有其他用于基础设施、公共服务和社会住房的资金（见下一部分）。

下一步是匹配资金的来源与用途，这一过程会涉及与多个执行机构——包括公用事业公司、捐助者以及负责道路、教育、卫生和/或社会住房的国家机构——就其可用的预算和融资选择进行沟通。与这些机构和组织进行初步沟通之后，可能就会很清楚它们的计划或PCE方案是否需要改变。例如，在莫桑比克的纳卡拉–瓦尔哈的PCE案例中，国家住房基金（Fundo de Fomento de Habitação）计划在PCE的边界外围进行大规模的住房投资，但并没有配套的道路或公用事业。就这一问题，PCE规划过程进行了开放性的沟通并有希望使得国家住房基金调整其规划以契合该区域紧凑、通达和服务城市中心的发展愿景。

除了纵向协调外，横向协调可能也很重要，特别是在城区，开发的范围超出了城市管理权限所及的范围。城市扩张的范围部分或者完全超出了城市的城区边界，这对管理提出了挑战，也反映在财务规划的实施过程中。在这种情况下，市政当局必须与所涉及的地区仔细协调，以便实现财务责任和收益的平等分配。城市间协调的模式及城市自身的治理结构多种多样，现对其中的一些类型总结如下：

莫桑比克，走在纳卡拉港（Nacal Porto）的妇女
© UN–Habitat

城市治理的方式

资料来源：Excerpt from M. Andersson, "Metropolitan Governance and Finance," in C. Farvacque-Vitkovic and M. Kopanyi, eds., Municipal Finances: A Handbook for Local Governments (Washington, World Bank, 2014), p. 51.[6]

城市治理的主要模型和方式如下：
- 地方政府间的合作
- 逐案联合倡议
- 政府间签订合同
- 会议、委员会、工作组、伙伴关系、协商平台等

- 区域当局（有时叫作特殊目的区）
- 城市政府理事会（COG）
- 区域规划机构
- 区域服务提供机构
- 区域规划和服务提供机构

- 城市层级的政府
- 城市层级的地方政府
- 上级政府（联邦、州或省）下辖的地方政府

- 附属领土上的地方政府或合并而成的地方政府

> "在试图将成本和投资匹配之后，我们需要通过调整实现财务的灵活性。"

如果债务融资是一种选择，市政当局将需要评估PCE是否能产生足够的收入来偿还债务。风险评估以及在收入预测未能实现情况下的敏感性测试能够谨慎确保城市政府能够履行其债务责任。在可以选择债务融资的城市，法律法规和关于借款的内部程序在评估债务融资是否是PCE可行的选择方案方面可以发挥作用。例如，在菲律宾伊洛伊洛省，对城区延伸进行设计的规划人员可能会指望PCE过程中住宅和商业开发所带来的财产税收益。而这开启了通过借款来为部分公共投资进行融资的选项，债务将通过财产税来偿还。借款数量也将符合法律规定的偿债限额。

对成本和投资进行初步的匹配后，为实现财务可行性，可能还需要对其进行调整。调整可分为三类：改变计划支出，制定替代融资策略或改变实施阶段。

计划支出的变动

如果计划的成本很高，则有必要对计划进行更改或放弃部分改造计划。这个过程必须考虑经济、社会和环境目标，也应考虑包括妇女、青年和低收入家庭等弱势群体在内的主要利益相关者群体的想法和诉求。

调整计划支出的一个例子是卢旺达Rubavu区的PCE——其初始计划远远超过了该区的资本预算。为了提高可行性，人居署建议减掉三个占比最大的资本成本。第一个

是一开始计划的管道式污水处理系统。该系统需要巨额投资，包括昂贵的废水处理设施。相反，对高质量卫生设施的补贴能降低资本成本，同时能满足城市对此类设施的需求。随着城市经济和人口的增长，对卫生设施的需求和由此产生的效益都会增加。

第二个主要的计划开支是社会住房。人居署建议，该区不必为低收入家庭提供完全建成的房屋，而是让他们可以方便地获得低成本的土地，在规划良好的地块上逐步建设。这种方式能在大幅度降低成本的同时使更多的家庭得到帮助，同时能确保为基本基础设施和服务提供足额的资金。虽然起初住房的质量可能很差，但由于获得了服务和产权上的保障，之后对房屋的逐渐完善将水到渠成。与此同时，仍然需要保障最低收入家庭的住房需求。

该区域无须立即铺设PCE第一阶段的所有道路，而是可以不铺砌连接本地的部分路段，这样第三大主要方面的成本得以减轻。重要的是，在私人开发之外，仍有足够的空间得以保留来进行街道铺设和扩展，以实现该区的长期改造。在Rubavu的案例中，现阶段规划中并不太理想的公共服务，应该在规划中使其在后期的发展阶段有升级改善的可能。

基于财务分析对城市扩张计划进行更改的另一个例子是美国加利福尼亚州的农业小镇——Galt镇。其在2011年决定更新土地利用规划，原因在于到2030年时，预期增长的人口将是当前规模的两倍。该镇分析了与住宅扩建计划相关的公共支出和收入，发现其初始计划在财务上并不可行。从那时起，该镇考虑更高密度和混合使用的方案，并且认定从公共财政的角度来看，只有混合用途开发才是最佳选项，因为其能提供足够的收入偿还30年期限内的贷款。财务模型

显示，初始完全住宅计划每单位约有600美元的财政资金缺口，表明该镇只有在获取每单位额外的600美元之后才可以实施建设计划。[7]

制定替代的融资战略

PCE提供了试点新的融资战略的机会。因为政府将通过良好的规划和公共服务创造价值，这些价值可以用来产生公共收入或换取私人部门的实物支持。市政当局应考虑向开发商收费和PPP模式的可能性以及土地融资工具，如改良税和开发权出售。在大多数情况下，PCE地区的一些居民比其他居民承担更少的税收和费用——为了实现财务可行性和社会公平，这应当被纳入财务规划。只建立服务于中等收入和高收入家庭的社区不是PCE的核心目的，PCE是一种非正式、计划外和非服务性开发的方案。如果PCE排除了贫困家庭，那么这些贫困家庭将不得不在其他地方定居。

试点新的融资工具可能需要建立一个具有管理实施能力的新机构或联盟，如市政开发公司或特殊目的机构（SPV）。如果市政当局缺乏使用新融资工具的权力或能力，则代表市政当局的新机构需要建立在更高级别的政府之中。

实施阶段的变更

基础设施和公共服务的建设可以通过滚动投资的方式减少财政负担，并可以将初始阶段的收入用于之后阶段的再投资——这在第一阶段的投资会大幅增加地方收入的情况下特别有用。PCE范围内的一些投资在早期阶段是必要的（如，连接外部的道路或处理固体废物的设施），而对其他设施的投资要与人口增长的速度相匹配，避免计划以外的过度开发。

通常，在PCE实施的第一阶段为整个扩张计划划定好道路和公共空间储备是一个精明的策略，这可以确保如果发生计划外的开发，公共空间能得到保护。如果空间已经被占用，无论从法律角度、财政角度还是社会角度来看，都难以恢复这些空间。

计算私营部门的潜力

如前所述，PCE的实施要么由公共部门要么由私人部门负责，或者是两者的某种组合。很多时候，私营部门主要想在公共地块内开发房地产。政府领导者可能希望对私营部门的开发进行财务评估，以（a）确保规划的土地利用能得到私营房地产市场的支持；（b）审视项目可能的盈利水平以便和开发商谈判时确定收取的开发费用。此类对私营部门的可行性评估应基于传统的房地产投资分析方法。这些方法与接下来将要介绍的概念相关。

风险和时间：基本的财务准则

每一个PCE项目都会进行一段时间，在许多情况下，跨度长达几十年。

需要铭记的是，时间因素在此类项目中具有至关重要的意义，必须加以考虑，并作为另一成本纳入PCE可行性的考量。

两个基本的财务原则说明了时间和风险作为必须加以考虑的不可或缺因素的重要性：1）今天1美元的价值超过明天1美元的价值，因为今天的1美元可以进行投资并立即开始赚取利息；2）安全的美元价值超过有风险的美元价值。正因如此，大多数投资者在不牺牲利润率的情况下都会尽力避免风险。[8]

时间是一种投资成本

想象一下，一个投资项目需要初始投资15万美元，在接下来的两年里将分别产生10万美元和30万美元的正向现金流。看一下该项目的经济结果，涉及计算项目产生的总体现金流量平衡（25万美元）。

资金流量平衡

第0年	第1年	第2年		
$-\$150000$	$\$100000$	$\$300000$	$=$	$\$250000$

这种静态的计算方法并不包括将时间作为项目的额外成本。为了包括时间成本，必须确定要有多大的回报率，典型的投资者才有兴趣开发此项目并接受这种递延收益。这种回报率称为资金的机会成本、贴现因子或门槛利率。如果我们假设用于投资的资金机会成本为7%，可以看到，该项目的经济和账务结果发生了变化，剩余的经济回报现在为205400美元。之前计算出的经济回报，因为要抵消时间因素，所以会被减少一部分，这部分就是典型投资者投资资金的机会成本（本例中为44600美元）。

资金流量平衡

第0年	第1年	第2年		
$-\$150000$	$\dfrac{\$100000}{(1+7\%)^1}$	$\dfrac{\$300000}{(1+7\%)^2}$	$=$	$\$205400$

风险是一种投资成本

与开发特定领域有关的投资具有许多风险因素（例如管理风险、流动性风险、立法风险、通货膨胀风险、利率风险、环境风险、考古风险等），并不是所有投资的风险类型和水平都相同。一般来说，房地产开发比政府债券（即金边证券）风险更大，并且着眼于城市化方向的农村土地开发比最终房地产产品的建设风险更大。

因此，根据每个投资项目固有的风险，需加上一个适用于该项目的风险溢价作为资金的机会成本。

$$折现因子 = \frac{1}{(1+r)}$$

$$r = RFR_{[无风险利率]} + RP_{[风险溢价率]}$$

度量财务的净现值和内部收益率

净现值(NPV)是一个很好的指标,其作用是在任何给定的时刻,修正投资项目所产生的全部现金流量值:

$$VA.N = CF_0 + \frac{CF_1}{(1+i)^1} + \frac{CF_2}{(1+i)^2} + \cdots\cdots + \frac{CF_n}{(1+i)^n}$$

CF = 单位时间(每年、每6个月等)内现金流量的估计值;

i = 单位时间内的贴现率;

n = 项目的投资周期估计值(每年、每6个月等)。

如果一个项目有正的净现值则意味着:

1. 项目回收了所有投资;

2. 项目偿付了所有成本;

3. 项目产生了额外的收益,其等于净现值的大小。

NPV是对任何城市改造项目进行经济和财务评估的最佳指标,它和内部收益率(下文讨论)一样,仅基于项目所用经济资源的流入、流出及经济资源的机会成本来考虑货币的时间价值。

内部收益率 (IRR)

内部收益率是指使净现值为零的利率。

$$0 = CF_0 + \frac{CF_1}{(1+i)^1} + \frac{CF_2}{(1+i)^2} + \cdots\cdots + \frac{CF_n}{(1+i)^n}$$

CF = 单位时间(每年、每6个月等)内现金流量的估计值;

i = 单位时间内的贴现率;

n = 项目的投资周期估计值(每年、每6个月等)。

因此,内部收益率可以告诉我们投资项目想要实现内部收益率为零时最大贴现率需要达到多少。贴现率超过了这个特定的值,内部收益率会为负。这意味着内部收益率越高,在已有的贴现率下,项目实现正净现值的可能性越大。内部收益率为我们选择回报率高于资金机会成本的投资项目提供了标准。

相对于净现值,不论是公共部门还是私营部门均更多倾向于使用内部收益率的标准。虽然这两个标准在使用时是等价的,但必须指出的是,内部收益率也有一些不足,我们在将其用作基准(复合回报率、互斥项目等)时必须考虑这些缺陷。[9]

参与PCE实施过程的私人开发商类型

房地产市场的投资者可以是专门参与房地产投资的个人、合伙企业、公司或公司实体,例如房地产投资信托(REIT)。其共同点是所有的参与者都寻求利用市场知识和金融工具从有利可图的房地产投资中分一杯羹。这些参与者之间的区别之一在于实施城市开发的资金成本和财务结构不同。

显然,投资者的类型不同,项目的经济和金融结果就会不同。在地块可用的情况下,短期投资者对标准和市场测试型房地产更感兴趣。同样,一些房地产开发公司缺乏经验但具备建筑能力,也对建设基础设施感兴趣。另一方面,一些开发商也专注于包括基础设施建设在内的土地开发,这对那些政府缺乏借款管理能力的项目而言非常有用。此外,如果开发计划想推销尚未在市场上流行的新房地产产品(例如,建于土地分块使用城市的混合用途建筑),则政府需要主动寻找那些具有长远社会眼光和愿意进行试验的开发商。

从个人到大型组织和机构，开发房地产的资金来源多种多样，不同来源资金的财务成本不同，改造项目的经济和财务影响也因此或大或小。例如，如果房地产项目由资产运营商来开发，其在长期中获得利润的方式是将资产进行租赁和进行股权融资，所产生的结果将迥异于由房地产商来开发的情况——房地产商的利润取决于楼花预售的情况和基于银行信贷的负债结构。

城市改造项目的融资结构通常基于两种主要的资金来源——债务和股权——中的一种，并且这两个来源都涉及多个财务参与者。例如，在债务融资的情况下，参与者包括银行、商业抵押支持证券、保险公司、抵押房地产投资信托、政府信贷机构、养老基金以及私人、非银行、非拨款型基金。在股权融资的情况下，参与者包括私人投资者（如实物资产和股权投资者、地方投资者、土地所有者、机会基金、对冲基金、主权基金、私营金融机构、家族企业等）、股权房地产开发投资信托以及养老基金。为了确保项目的成功，最好由一个能控制运营成本的特定运营商来进行开发。

预测未来市场行为的能力

在评估房地产项目的财务可行性时，重要的是预测最终建成品的销售价格。要做到这一点，需要预测未来房地产市场的供需情况；然而，再明察秋毫的分析也不可能将未来不确定性的风险降低到零。作为风险的等价物，不确定性是投资项目固有的组成部分。如前所述，要想吸引私营部门来进行城市规划项目的开发，不确定性必须作为一项成本囊括入内。

"城市改造项目的融资结构通常基于两种主要的资金来源——债务和股权——中的一种，并且这两个来源都涉及多个财务参与者。"

预测未来房地产价格可以从研究市场趋势、人口增长以及房地产供应是否能跟上住房需求入手。人口预测与经济预测相结合可以帮助确定需求预测，而前期供给端的状况也可继续向后推演。很多其他因素也会影响预测，包括关于房地产市场其他开发商的信息、有效的土地管理和规划法规、未来规划战略、当前房地产产品的市场接纳率、所处房地产周期的阶段、家庭购买房产或通过租赁等替代手段获得房产的能力等等。

城市领导者在考虑未来市场行为时面临的最大问题之一是如何获取透明和准确的数据来对供需做出合理的评估。一个可能的选项是雇佣独立的具有房地产经验的私人公司协助进行市场分析，但这可能代价高昂，并且如果所带来的收益低于所付出的成本或与其存在利益冲突，则不能这样做。

PCE的价格预测更为复杂，因为PCE的目标之一就是提供足够多的土地以使城市开发为人们所负担得起。如果实现了PCE的目标，可以预见那时的资产价格将和现在的资产价格相似，或者大多数为此买单的人能够负担。值得警惕的是，进行一窝蜂式的房地产开发以减轻价格上涨的压力违背了开发商的利益。因此，规划者如果想要对房地产的价格有所影响，就要和其他城市领导者一起，防止少数能限制房地产供给的大型开发商进行扩建。

市场条件和城市人口的收入状况不同，PCE的受益人可能无法按照房地产部门要求的价格支付。在这种情况下，以私营市场为基础的开发应与住房补贴和/或如下模式相配合——使用能够促进未来城市密集化的设计，让低收入家庭可以获取土地并逐步建设。

总而言之，要想预测未来市场行为并不容易。无论是在公共部门还是在私营部门中，预测和规划不是一种理论上的实践，而是领导这一过程并承担风险的人或机构的路线图。这个领导者需要考虑宏观经济和微观经济因素，例如有关地区现行的土地管理和规划条例、未来规划策略、规划中所包括的房地产产品的市场吸收率、房地产市场周期所处的阶段、家庭购买房产或通过租赁等其他方式获得房屋的能力等等。

秘鲁利马郊区的住房© Flickr/Alex Proimos

结论性建议

PCE的实施可以表现为对应于土地开发及其后的房地产开发成本的一系列支出流以及房地产产品投入市场后从中获得的收入流。一时的收支并不平衡，需要确立一个能决定城市开发营利率的融资方案。

要评估（PCE）财务可行性，方法甚多，其中也不乏一些异常繁杂的手段。但不论何种方法，都必须适应于特定项目所面临的特殊情境。如果脱离实际，严密的理论分析只能带来误导性甚至是荒谬的结果。

以下是对财务可行性进行初步分析所需考虑的关键事项的列表：

1. 公共和私营参与者负责计划的每一个部分；

2. 按阶段分配投资；

3. 总成本分解到实施计划的每个部分；

4. 具有给公共部门的收益（税收和费用）和给私营部门的收益（租金和销售收入）；

5. 有融资、融资成本/资金成本的选择；

6. 财务可行性指标，如净现值、内部收益率或显示私人开发商利润的其他指标；

7. 参与者为实施计划融资和进行管理的能力；

8. 预期受益人根据其需求和收入状况利用PCE的能力；

9. 能保证未来经济管理可持续的税收收入；

10. 实施方案分配给不同公共部门的投资数量以及它们在计划时期内的经济和财务能力之间的平衡。

考虑到以上这些因素，地方政府可以测试那些要实施PCE计划的参与者的财务可行性。如果需要PCE调整，最好是在规划过程中能发现这一点并做出必要的调整。

莉斯·帕特森·冈特纳（Liz Paterson Gauntner），城市开发方面的咨询师，专业领域包括经济发展、公共财政和交通建模，他为十多个国家的项目提供过技术援助。

米克尔·莫雷尔（Miquel Morell），在城市规划咨询领域有十多年经验的经济学家。

注 释

1. Complementary to planned extension, planned infill and redevelopment of the existing urban core can and should also contribute to the absorption of expanding urban populations. This is particularly important for cities with insufficient density or large amounts of underutilized land in the existing urban area. Regulatory and land issues are often at the heart of whether redevelopment and infill are attractive to the private real estate sector. Infill can be a legally and politically complex process in cities with land titling issues, speculation, or political control of land. The existence of ground pollution or unusable structures on potential brownfield redevelopment sites can add cost and complexity to infill. Due to differences in financial and legal issues related to planned city infill, this chapter only focuses on PCE.

2. Additional resources on this topic include UN-Habitat & GLTN, Land and Property Tax: A Policy Guide (Nairobi, UN-Habitat, 2011), available from http://unhabitat.org/books/land-and-property-tax/; and UN-Habitat & GLTN, Leveraging Land; Land-Based Finance for Local Governments (Nairobi, UN-Habitat, 2016).

3. For more information, see Paterson, Morell, Kamiya, and Möhlmann, Rubavu District Planned City Extension Phase I (2015-2025) Financial Plan (Nairobi, UN-Habitat, 2015).

4. For more information, see UN-Habitat, "Rapid Financial Feasibility Assessment for Planned City Extensions (PCE)" (Nairobi, UN-Habitat, 2016).

5. For more information, see UN-Habitat, Cagayan de Oro Planned City Extension (PCE) Final Report (Manila, UN-Habitat, 2015); and UN-Habitat, Planning City Extensions for Sustainable Urban Development: A Quick Guide for Philippine Local Governments (Manila, UN-Habitat, 2016).

6. For a more in-depth look at models of metropolitan government, including international examples, see E. Slack, "Innovative Governance Approaches in Metropolitan Areas of Developing Countries," in The Challenge of Local Government Financing in Developing Countries (Nairobi, UN-Habitat, 2015). Available from http://unhabitat.org/books/the-challenge-of-local-government-financing-in-developing-countries/.

7. Sacramento Council of Governments (SACOG) & AECOM, Utilizing the Integrated Model for Planning and Cost Scenarios Tool to Understand the Fiscal Impacts of Development: A Spotlight on the City of Galt (Sacramento, SACOG, 2011).

8. B.A. Brealey and S.C. Myers, Principles of Corporate Finance, 5th Edition (n.p. McGraw-Hill/Interamericana de España, SAU, 2001).

9. For detailed information see UN-Habitat, Draft Technical Guidebook for Financing Planned City Extension: The Economic and Financial Feasibility of Urban Planning (Nairobi, UN-Habitat, 2016).

第9章 财富分享：私有土地的价值与公共利益

前言

要想实现可持续的发展，必须有可供利用的公共财政资源，用于投资和维护城市生活所需的硬件基础设施和城市公共服务。城市增长对额外资源的需求更是司空见惯。这种需求促使许多有识之士主张更多地利用土地来作为增加收入的基础。例如，最近《经济学人》的编辑说道：

"政府应对土地征更高的税。在大多数富裕国家，土地价值税只占总收入的一小部分。土地税是有效的，因为很难逃避这种税收，你不能把土地装进卢森堡的银行金库。虽然征收高财产税可以抑制投资，但对土地征收高税会刺激处女地的开发。土地税也能帮助新来者。新的基础设施提高了附近土地的价值，能自动增加收入——这有助于为生活的改善提供资金。"[1]

对更多支持增长的资源的需求并非发展中国家的特例。2014年，加拿大国家银行发表了一份关于促进土地价值捕获的讨论文件来为蒙特利尔公共交通基金提供资金。[2]该报告部分的结论是：

"有显著证据表明，新交通服务对通达性的改善使土地和开发的价值得以增加。这得到了开发行业的公认。因此，比较公平的做法是，新的交通服务产生的部分收益，应该用于交通设施。"

本章简要回顾了通常用于土地价值共享和根据土地价值及其特性增进收入的工具。理论和实践都支持使用来源于土地的收入。然而，不应低估在有效实施方面所面临的挑战。

土地价值共享的理论

在城市公共财政和开发领域，土地价值共享的概念（通常也被称为土地价值捕获）已经成为一种实施或改革土地税的国际准则。由于以下原因，私人持有土地的价值往往会增加：对基础设施的公共投资、合法的土地利用的变化、社区广义上的变化（如人口增长）。土地价值共享的支持者认为，政府应该基于公共目的，用税收和收费的方式来获取这部分增值，以为基础设施和改善公共服务提供资金。土地价值共享的概念至少自1776年亚当·斯密写出《国富论》后就已经流行。斯密思考了与农业税（他称为"土地的普通租金"）、房屋（"房租"）和住宅土地价值（"地租"）相关的税收话题，并得出结论：

"城市增长对额外资源的需求更是司空见惯。"

"地租，只要它们超过了土地的普通租金，就完全可以归结为一个好的政府所为，政府通过保护全体人民或某一特定地方居民的产业，使他们能够支付的金额远远超过了他们建造房屋的地面（所付出）的实际价值。……如果一个基金的产生与发展根源于政府的善治，那么完全可以对该基金开征特别税，或者是该基金本身理所应当地要比同类贡献更大的力量来支持这个政府。"[3]

无论是否同意土地价值的增加是由于治理质量这一因素，但显而易见的是，在大多数情况下，土地价值的增加并非由于土地所有者采取的行动或投资。这使得约翰·斯图亚特·穆勒（John Stuart Mill）在1848年写道：

"假设有一种收入不断增加，而不需要业主的任何劳动或牺牲：……在这种情况下，如果国家想占有或部分占用这一增值，这一做法丝毫不会违背私有财产的原则。因为这不会从任何人那里拿走任何东西，只是利用由环境创造的财富来为社会造福，而不是让其成为一个附着于特定阶级财富身上的不劳而获的附属品。

这就是现在租金的情况。在社会财富增加之初，地主的收入也会水涨船高，往往会给予他们更大数额和更大比例的社会财富而不需要自己去操劳或支出任何费用。他们在睡梦而不是工作、冒险或节约中变得更加富有。基于一般的社会正义原则，他们凭什么能得到这些财富？" 4

历史上，最极力鼓吹对土地价值征税的是19世纪的政治经济学家亨利·乔治，他认为社会应该取消土地价值税以外的所有税收。他认为这种税收是对财富分配不均进行补救的一种方法，并认为可以用它来防止投机和支持生产力的发展。他在1879年出版的畅销书《进步和贫穷》中写道：

"在所有的税收类型中，对土地价值征税是最公正的。它只会进入那些从社会获得特殊而有价值收益的人的口袋里，并且按照他们受益的比例获得好处。它是由公众创造的价值，取之于民，用之于民……。

将税收的负担从生产和交换转移到土地的价值或租金之上，不仅仅会刺激新的财富创造，同时也会开辟新的增长机会。因为在这个制度下，除非亟须使用，否则没有人会刻意持有土地，而现在被禁止使用的土地将处处得到改进。" 5

当代经济学家赞成土地税的另一个原因是土地税在经济上是有效的。通常情况下，税收会减少产品供给和/或提高价格，这有损生产者和消费者的福利。6然而，对土地价值

所罗门群岛霍尼亚拉的商业区© UN-Habitat

征税并不减少土地供应，因为土地供应是固定的。当商品的供给完全没有弹性时，经济理论预测，税收将完全由卖方承担，即征税将会降低土地价格。这是一个有效的结果，因为卖方没有付出任何努力来创造土地本身的价值。事实上，直观地讲，基于土地价值的土地税实际上可能降低住宅和非住宅单元的价格。这是因为它可以阻止投机和激励土地所有者将其土地投入使用，增加了市场上土地的供应。

几位当代著名经济学家对土地税的理论价值发表了评论。诺贝尔奖得主威廉·维克瑞（William Vickery）的观察是：

"从经济学上讲，财产税是一个组合，组合的一部分是最糟糕税种之一的房地产税，另一部分则是最好税种之一的土地税。"[7]

甚至保守的经济学家米尔顿·弗里德曼（Milton Friedman）也勉强承认了土地税的优点：

"有一种认知是所有的税收都是对抗自由企业的，但是我们需要税收。所以问题是，什么税收是最不坏的税收？在我看来，最不坏的税收是对土地非附加值增收的财产税，这也是很多很多年前亨利·乔治的观点。"[8]

因此，目前关于土地使用价值共享的观点反映了一个实质性共识，即土地价值的"自然增值"可以而且应当——至少部分地——由公众获得。几乎所有人都赞成联合国人居署的奠基性文件《温哥华行动计划》，其认为：

"由土地用途变化、公共投资或社区人口的普遍增长而导致的土地价值上升及其带来的土地的自然增值，必须适当地由公共机构（公众）获得。"[9]

大多数专家同意经济学家H·詹姆斯·布朗（H. James Brown）和马丁·O·斯莫尔卡（Martim O. Smolka）的观点，他们在理论上得出结论：（1）应该获取公众创造的价值；（2）用土地税的收入代替其他税收，并将其用于投资在经济上是有效的；（3）土地税往往会降低价格和减少投机；（4）土地税能弥补大部分公共基础设施改造的费用。[10]鉴于以上共识，有理由质疑为什么这种工具没有得到更广泛的应用。

现实中土地价值分享所面临的难题

对于发展中国家而言，要想建立一个有充足且稳定资金来源的收入系统，土地价值分享或土地收入机制无疑是首选，但它们并非没有问题。即使土地收入有良好的法律支持（并不总是这样），发展中国家也面临三个跨领域的难题：管理、估价和纳税人的抵制。

管理方面： 土地收入系统需要强有力且有效的地方政府管理，涉及多层级政府之间的合作。地方政府一般缺乏这种管理能力，尤其是快速扩张的中小城市。

即使管理良好的系统也不可能产生足够的收入来完全满足所有业务和需求，这使得挑战更加棘手。[11]许多与土地有关的收入改革在很大程度上并不成功，根源在于改进管理的成本高于政治上可接受的税率所能产生的潜在收益。[12]

估价方面： 土地价值共享或土地收入系统的第二个共性问题是市场价值与所估计的应税价值之间的差异。理论上，多数土地收入应该基于一个公平的市场价值来筹集，但实际上，二者存在差异，因为估值就如科学一样，充满了个人判断和行政裁量。[13]

通常，财产的应税估值低于其在公开市场出售的价格，导致地方政府税收收入的损失。许多情况下，此类缺点和由此产生的收入损失是由于不合规定的、过时的估值以及不恰当的估值过程所造成的。如果应税价值与实际价值不等，获取土地税收和公共投资好处的能力就会受到损害。

纳税人的抵制：土地收入工具的第三个问题是纳税人的抵制。因为土地税通常是一次性支付，所以与那些通过商业过程征收的税相比，这些税种对于纳税人而言更为清晰可见。[14]纳税人很难比较税种之间的相对公平性，特别是当税收缴付和纳税人获得的收益之间只有一个模糊联系的情况下——这经常导致对土地税的抵制。[15]由于土地收入工具在发展中国家往往不受欢迎，因此它们很少是民选官员的优先选择。[16]

虽然有效利用土地融资工具充满挑战，但这些困难并非不可逾越。土地融资工具在世界上很多国家都得到有效利用。很多发展中国家正在努力完善、提升类似工具。

土地融资工具的界定和分类

土地融资工具在不同国家和地区有不同的名称。本章并不试图提供全面的同义名称列表或列出名称因地域差异而导致的不同。本章会阐述土地融资工具的基本特征，并且会简要地提醒读者注意名称可能存在的歧义。表1总结了通常使用的土地融资工具。对每一种融资工具，表格会提供：

- 该工具的简介；

- 该工具的"时间"，意味着何时征税或收费以及频率如何；

- 税收或费用的初始负担，即实际履行支付责任的人是谁。

负担问题，或者说由谁来支付税收或费用的问题，需要多一点的解释。[17]公共财政专家指出了法定负担和经济负担之间的区别。法定负担是指必须向政府交税/费的人，而经济负担是指最终承受税收负担的人。

由于法定负担无法体现谁真正承受了税收负担，因此从政策角度来看，经济负担是更重要的概念。考虑如下例子：

政治支持是土地融资获得成功的关键要素

- 高层政治官员必须有支持的承诺；
- 主要利益相关者和公众必须知情和支持。

通常，为收入筹集创造公众支持的最佳方式是将收入用于所需且可见的公共服务。

一次性收入和持续性收入

一些土地融资工具似乎有优势，因为它们可以为项目的前期投资提供资金（例如出售公共土地和出售开发权）。

然而，获得来自土地的持续性收入使信誉的建立成为了可能，地方政府由此可以通过借款为项目提供资金。

假设开发商从一个城市购买额外的住宅开发权。开发权成本的法定支付对象是开发商。但如果开发商按开发权费用的大小提高了完工住宅的价格，则住宅的购买者是开发权费用的最终支付者。在评估公平和社会影响方面，经济负担也因而比法定负担更有意义。

不幸的是，确定土地融资工具的经济负担并不容易。例如，关于土地和建筑物年度税收的经济负担的争论，就尚未得到解决。[18] 年度财产税的经济负担取决于公共服务是否按照税收额度透明地提供，买方和卖方是否拥有有关现在和未来税收的完整信息以及房地产市场是否有时间和能力来响应扩大产品供应的激励措施。表1表明了税收的法定负担。下一部分将深入讨论土地融资工具的经济负担和社会影响。

表1　土地融资工具

工具	描述	时间安排	法定负担
经常性土地税	• 经常税的征收基于对土地价值和特性的估计	• 按年度评估 • 可以分期付款征收	土地所有者或居住者
经常性建筑物税（包括比较）	• 经常税的征收基于不动产的改进价值或改进特性	• 按年度评估 • 可以分期付款征收	土地所有者或居住者
改良税	• 收费与特定设施的改进相关 • 仅限于收回所发生的实际成本	• 一次性评估和征收	其土地受益于改造的土地所有者
公共事业特种税	• 收费与特定设施的改进相关 • 仅限于收回所发生的实际成本	• 评估一次 • 经过一段时间后征收，通常是作为经常性财产税的一个临时附加	其土地受益于改造的土地所有者
开发费	• 收费与合法的开发相关 • 可以现金、土地或实物支付	• 评估一次 • 项目验收及完成时征收	开发商需要获得验收
土地增值税	• 基于公共行动或市场的一般趋势，征收土地价值上涨的部分	• 可以在土地所有权转让或具体公共行动导致土地价值增加时进行评估 • 在土地所有权转让或特定结算时征收	• 原始产权持有人或新产权持有人或两者 • 特定结算后的产权持有者
开发权出售	• 为获得开发、以更高密度重新开发或改变土地用途的许可而支付的费用 • 权利可以拍卖也可以固定价格出售 • 权利可以转移到其他地点或转售	• 征收一次	开发权的购买者
公有土地出售	• 为换取公有土地的永久业权而支付的费用	• 征收一次	土地购买者
租赁费	• 为获得占有或从公有土地中获益的权利而支付的费用 • 说明了土地可利用的方式 • 期限从2年到99年不等	• 评估与征收一次	租赁权的购买者
经常性租赁费	• 为获得占有或从公有土地中获益的权利而支付的费用 • 说明了土地可利用的方式 • 期限从2年到99年不等	• 经常性支付 • 定期审核并修正付款金额	租赁权的购买者
转让税前印花税	• 土地业权从一个私人方转移到另一方所支付的登记费 • 可以是固定费用，也可以是转让财产价值的百分比	• 评估与征收一次	原始产权持有人或新产权持有人或两者

土地融资工具的分类

对于每一种融资工具,考虑其与土地政策目标的关联性大有裨益。表2对此进行了总结。表中列出了五种可能的土地政策目标以及11种融资工具。表中的绿色部分表示该列顶部的融资工具与该行左边所示的目标相关。例如,如果目标是回收公共基础设施投资成本的话,则需要考虑的土地融资工具包括:

- 经常性土地税;

- 经常性建筑物税;

- 改良税;

- 公用事业特种税;

- 开发权出售;

- 公有土地出售;

- 租赁费。

另外4种工具更适合于实现其他目标。此外,一些单元格中的内容表示在运用该列工具时应考虑到的特殊事项并写出了期望达成的目标。

表2中的一些条目还表明,在某些情况下,一些工具比其他工具更合适。例如,如果政策目标是征收私人使用公共土地的费用(表中的最后一行),则土地占用的正式与否将会导致截然不同的情况:如果土地的使用得到了授权,采用定期租赁付款的方式会更好。另一方面,如果是对公有土地的非正式占用,正式的租赁协议就不切实际了。然而,一些城市已经成功地征收到了土地税,特别是在税款支付与土地使用权的最终合法化有关的情况下。

值得注意的是,有时土地融资工具的设计往往会对其相应政策目标的达成与否产生重大影响。例如,就经常性租赁付款来说,如果付款额的确定基于能偿还投资项目贷款的标准的话,该工具就可用于回收公共基础设施投资的成本。在无法获得最契合政策目标的工具,而需要调整其他工具以达到预期目标的情况下,调整工具设计的能力十分重要。

表2　土地融资工具与土地政策目标

土地政策目标	土地融资工具										
	经常性土地税	经常性建筑物税	改良税	公用事业特种税	开发费	土地增值税	开发权出售	公有土地出售	租赁费	经常性租赁费	转让费和印花税
回收公共基础设施投资	可能需要与当地借款配套			需要获得土地所有者的同意					如果费额合理		
获取公共活动造成的土地价值上升的那部分收益	如果税率足够高				如果法律允许征收的费用超过从土地中的获益	如果地方政府管理和保留收入					如果税负很高,见土地增值税
收取与土地所有者从公共服务中获益成比例的收费										可以和土地使用费一起征收	如果税负适中
避免对新基础设施建设的直接支出							如果出售发生在新设施建设以前				
对私人使用土地征收使用费										正式占用	

案例1 印度孟买的开发权出售

在孟买，建筑密度受楼层空间指数（FSI）的限制。例如，允许FSI为1的设计图可以容纳具有与设计图总区域相同占地面积的建筑物。在FSI为2的情况下，建筑空间可以是陆地面积的两倍。目前，孟买城区允许的FSI是1.33，郊区的FSI可以达到1。

业主可以将其土地上未使用的FSI出售，使之得以在其他地方使用——这被称为交易性开发权（TDR），世界上其他城市有时也

印度孟买街景 © Thamara Fortes

会使用。作为一种重定开发强度的方式，TDR使得那些不能再进一步开发的土地所有者也能再次获得开发土地的权利。在孟买，开发者还可以从政府额外购买可达到0.33的FSI，这将有助于在巨大的发展压力下维持城市开发所需的资金——这就叫作开发许可权出售。

孟买政府还利用开发权的价值来激励经济适用房建设。建设经济适用住房的开发商可以出售其房产的全部开发权。这样，买房人（即连附FSI的买方）向建造经济适用房的开发商付款。

一些人批评孟买对FSI的限制，认为其低于市场需求，推动了城市向外围发展，并造成城区蔓延。下辖孟买的马哈拉施特拉邦政府正考虑在新的发展规划中将FSI提高到2，此举将推动城市核心区的发展，但人们担心其可能造成市中心更加拥堵。出售额外PSI指标所产生的公共收入被应用于减轻过度发展带来的负面影响。

资料来源：CNBC-TV18, "Mumbai's Base Floor Space Index Likely to Be Rationalized," 27 May 2016, available from http://www.moneycontrol.com/news/cnbc-tv18-comments/mumbais-base-floor-space-index-likely-to-be-rationalized-srcs_6763981.html; GLTN/UN-Habitat, Leveraging Land: Land-Based Finance for Local Governments (Nairobi, United Nations Human Settlements Programme, 2016).

案例2 厄瓜多尔的昆卡市公用事业特种收费

厄瓜多尔的昆卡市除了按年度征收基于财产价值的财产税以外，还利用公用事业特种收费来为公众需要的基础设施改造项目筹集资金。这种收费叫作contribución especial de mejoras（CEM）或改良费（betterment contribution）。CEM已经成功筹集了大量收入，占自有源收入的10%以上，略高于常规的财产税。

一开始，CEM仅仅是为一个社区改善计划融资，在取得初步成功后得以推广。CEM的运作过程充满竞争，各个社区竞逐有关项目并明确知晓自己将在项目完工后为此付费。有兴趣的社区与技术专家合作，共同制定他们的方案，并确保其符合市政标准。项目会优先基于社会，政治和技术的标准实施。

项目实施过程需要社区参与。合同规定支持聘用众多当地的承包商，有时受益户也会通过提供劳动力来支持建设。此外，项目所在社区要选举一名主管与市政府一起监督该项目，并担任社区联络员。

厄瓜多尔，昆卡市的住房© Flickr/Laura Evans

项目费用由受益人缴款形成的循环基金支付。项目成本按照定式在土地所有者之间分担——40%基于街道面积，60%基于物业估价。具有全市范围外溢效应的项目成本会细分到城市的所有物业之上。支付的费用仅限于受益物业增加值的一半。最高还款期为7年，但许多受益人因为有折扣选择提前支付，只有3%的价款延迟交付。

该计划成功地树立了政府的信誉，筹集到了提升物业价值的基础设施建设资金并满足了公众的需求。

资料来源: GLTN/UN-Habitat, Leveraging Land: Land-Based Finance for Local Governments (Nairobi, United Nations Human Settlements Programme, 2016).

表2中有多处对税率水平、所涉机构的管理能力等方面做出假设。表3详细说明了对于每种工具的最低要求。

所有土地融资工具都有两个共同的要求：首先，必须得到高级政治领导人强力的政治支持。其次，必须有一个坚实的赋权法律框架。除此之外，所有工具都需要有效的管理，但管理要求因工具而异。《利用土地：地方政府的土地财政》[19]一书更加完整地阐明了每种工具的特征及其使用要求和对社区可能产生的影响。

表3 每种融资工具的最低要求

融资工具	实施的最低要求
经常性土地税和经常性建筑物税	• 适当的赋权法律框架 • 应税土地的税务登记 • 应税价值的适当评估 • 计算应缴税款，交付账单和收税的管理能力
改良税	• 适当的赋权法律框架 • 确定其价值受到改造影响的所有土地 • 评估改造对土地价值造成的影响 • 准确评估改造的成本 • 根据受益份额给每块受益土地分配改造成本的方法 • 适当的一次性收付系统
公用事业特种税	• 包括改良税 • 多数土地所有者的同意 • 适当的分期收付系统
开发费	• 适当的赋权法律框架 • 评估拟议的开发对现存基础设施的影响 • 与城市规划部门在管理上的协调 • 计算应付金额的方法 • 适当的收付和项目检测系统
土地增值税	• 适当的赋权框架 • 评估"之前"和"之后"的土地价值 • 确定税款到期的行政能力 • 适当的收付系统

融资工具	实施的最低要求
开发权出售	• 适当的赋权法律框架 • 对现有开发权有效的控制 • 对额外开发权的需求 • 确定为公众接受的额外开发额度的管理能力和规划能力 • 对额外开发权出售过程的管理能力 • 监控权利的适用和转售的能力
公有土地出售	• 适当的赋权法律框架 • 确定哪些土地由私人开发商进行开发的管理和规划能力 • 管理透明和公平出售过程的能力 • 分配和管理出售所得收益的能力
租赁费和经常性租赁费	• 适当的赋权法律框架 • 确定哪些土地适合租赁的管理和规划能力 • 对待租土地价值的适当评估 • 放租和谈租的管理能力 • 租赁期内对租赁进行监控的管理能力 • 分配和管理租赁所得收益的能力
转让税和印花税	• 适当的赋权法律框架 • 有效的土地登记体制 • 确定税收何时到期的管理能力 • 评估税收收益的能力 • 适当的收付系统

实施或改进土地价值共享的行动

过去几年中，全球土地工具网络（GLTN）和联合国人居署已合作进行了三项卓有成效的工作，提出了实施土地价值共享及更广义上的土地融资的建议和指导。第一个是关于土地价值共享范围的研究[20]，其中部分结论如下：

• 有效的土地价值共享和土地融资制度需要政治支持、良好的财产税法以及有助于实施该制度的权力下放；

• 如果土地价值共享和土地融资制度在有效的土地利用管理系统中运作，其效率将大大提高；

• 土地价值共享和土地融资制度至少需要对三个不同的群体（政策制定者，管理者和土地开发者）进行充分的培训；

• 高效，准确和及时的土地估价至关重要；

• 各国应考虑和评价所有可用于土地价值共享的工具。

第二项工作是出版了《土地和财产税：政策指南》。[21]该书指出，在设计土地价值共享和土地融资体系时，决策者应认真考虑当地环境的四个方面：

• 如何在社区中定义土地和财产权？

• 这些权利是如何公开记录，或至少得到承认和保护的？

• 当地土地和财产市场的成熟度；

• 负责实施土地价值共享和土地财政制度的公共机构的管理能力。

就在最近，全球土地工具网络（GLTN）和联合国人居署为地方和国家领导人准备了大量关于土地价值共享和土地融资工具的培训材料，包括一本书、一本案例集合和一本培训指南。[22]本章的大部分内容取自这些材料之中。

开始实施的步骤

对于那些饶有兴趣地初次涉足或以新的形式实施土地价值共享的城市领导者而言，在开始实施时有些一般性的步骤可以遵循，包括目标识别、评估、工具设计、行动计划、实施和监测。可以根据城市的具体情况对这些基本活动进行调整。以下依次对它们进行讨论：

（1）**目标识别**：审慎选择目标可以指导融资工具的选择。潜在的目标有改善收入流、筹集资本改善项目的收入或激励更有效和可持续的土地利用。城市领导者还需识别可能的影响（包括社会、经济和环境的），以指导对待选工具的评估和选定工具的设计。

（2）**法律评估**：城市领导者可以在法律顾问的协助下，根据法律法规审查哪些土地价值共享工具可用。他们还应注意关于可用工具的规定，特别需要注意的是关于如下内容的法规：规定哪些是应纳税、哪些是可以豁免的税收、价值是如何确定的、法定负担、具体费率或费率的设定程序、负责管理职能的机构、所获收益的分配等。城市领导者也要注意到哪些土地价值共享工具是不可使用的，哪些工具在现行的法律中并没有被明确提及。

（3）**管理评估**：评估当前的管理能力可以让城市领导者知晓实施各种土地价值共享工具可能存在的问题，并确定在实施之前必须改进的地方。表3列出了每项工具所需管理能力的具体要求。

（4）**政治意愿评估**：土地价值共享工具的成功实施依赖于高层的政治承诺以及那些税/费交纳者的政治接受度。要趁早对这两种政治意愿进行评估，进一步确定土地价值共享的可能收益及成功的机会。

（5）**工具选择和设计**：诸如市政机构、国家部委和私营部门之类的利益相关者应为这一过程提供投入。选择正确的工具是重要的，但同样重要的是决定谁来支付税费、如何计算税费以及哪些机构参与征税。这些细节决定了工具是否实现社会公平，在创收和管理上是否可行。[23]

（6）**行动计划的实施**：行动计划应明确实施的关键步骤、责任方和时间表。这一过程可能需要起草地方法令，也可能需要修订国家法律;而后者可能需要给予全国范围内更广泛利益相关者群体更多的时间和承诺。对于那些需要修订国家政策才可以使用的融资工具，一个可行的办法就是获得在地方进行试点的法律许可。行动计划还应规定监测和评价的责任。不管是单个机构还是工作组都可以监督行动计划的执行，以使负责的各方各在其位。

（7）**工具实施**：实施可以分阶段进行，也可以从试点地区开始。其需要对管理人员进行培训，并需要针对支付税/费的人员开展宣传活动。

（8）**监测、评价和调整**：至关重要的是，地方领导者必须追踪管理的功效和影响（包括意外影响），以确保该工具有助于其目标的实现。

完善现有土地价值共享工具的管理

许多城市已经拥有土地价值共享工具，但它们没有发挥其全部的潜力。经常性财产税尤其如此，因为其通常由地方政府经手，

案例3 塞拉利昂的马克尼市经常性财产税

在塞拉利昂，2004年《地方政府法》为高度集中的金融体制的权力下放提供了契机。根据这项法律，城市被允许征收财产税。但在过去的时间里，大多数城市的土地登记是不完整的、过时的或根本就没有。

马克尼市在2006年年底开始改善经常性财产税，由联合国开发计划署驻当地办事处聘用的国际调查员进行初步工作。早期的成功引致了一个更加结构化的计划——其包含五个要素：

（1）**发现**：一队手持GPS的当地测量员负责记录财产的位置和所有者，将财产登记在册；

（2）**评估**：使用基于财产可见属性的

塞拉利昂弗里敦的市场© Flickr/jbdodane

估值公式对财产价值进行估值，以确保估值过程的透明度。这些可见属性包括土地利用的方式（居住、商业或其他）、结构尺寸和设施、建筑类型、位置和公共服务的可达性。进行估值的官员要通过实地考察进行评估；

（3）**寄账单**：向住户发送征税通知，详细说明征收的金额以及税额的计算方式；

（4）**宣传**：地方政府让公众领导人，如首长、宗教领袖等在媒体（包括广播、电视和电话会议）上谈论税收。其传播的信息包括：税负的计算方式、收税的最终目的、缴税的程序和时间要求、税收评估的可选方式；

（5）**征收**：收入在一年内增加了600%—700%，并在未来几年持续增加。马克尼市的财政部门让税务系统的工作人员将经验传播到塞拉利昂的其他城市。

资料来源：Samuel S. Jibao and Wilson Prichard, "The Political Economy of Property Tax in Africa: Explaining Reform Outcomes in Sierra Leone," African Affairs, vol. 114, no. 456 (2015), pp. 404–431.

收入关系

通过每年的土地税收和/或其改善获取的实际收入，是两个政策变量的函数：

- 财产税税基的法定价值（基数）；
- 法律和政策规定的财产税率（税率）。

以及其他三个管理因素：

- 税务登记册上合法登记的土地比例（覆盖率）；
- 估值过程确定的应纳税价值的比例（估值）；

- 实际收取的税款（征收数）。

总收入是以上五大因素的产物。以下数学式定义了这种收入关系：

收入 = 基数 × 税率 × 覆盖率 × 估值 × 征收数

例如，假设基数被定义为市场价值，法定税率为1%。但：

- 只有70%的应登记财产实际作了登记（70%的覆盖率）；

- 估值过时了，只反映实际市场价值的80%（80%的估值率）；

- 实际收取的税款只有80%（80%的收款率）；

- 在这些条件下，实际收取的收入将少于应收收入的45%（$0.7 \times 0.8 \times 0.8 = 0.448$）。

但地方政府可能没有足够的能力或激励机制来进行成功的管理。有关经常性财产税征收效率背后要素的概述，请参阅以下标题为"收入关系"的方框内的内容。

以上方框中列出的三项管理要素——登记覆盖率、估值和征收数——共同给城市利用土地价值共享工具出了难题。即使在法律基础没有改变或税率没有上升的情况下，以上三个要素的改善——尤其是三者协同处理的时候——都可以给地方政府带来巨大好处。

土地登记的覆盖率

土地登记将土地与需要支付土地税/费的人联系起来。土地登记的详细程度不同。最详细的登记包括精确的地理位置边界、土地的特征、所有权和销售价的历史情况、有关分区和行政区的信息等。最简单的登记只记录所有者的名称、纳税信息、地块大小、地址或XY坐标。

简化登记可以更方便地进行定期修正。用于征税的土地登记册的目标不同于用于土地管理的土地登记册。因此，登记册中的信息可能不太详细，有时也可以避免漫长和昂贵的验证所有权的法律过程——如果向占有者而不是所有者收取税/费，情况尤其如此。登记制度的必要特征取决于土地税或收费制度的设计，包括估值制度。

哥伦比亚波哥大街景© Flickr/CucombreLibre

全球土地工具网络（GLTN）及其合作伙伴开发了一种称为CoFLAS（Costing and Financing of Land Adminis-tration Services）的工具。[24]该工具的目标是检查土地管理系统所包含的特征，并帮助政府估计适用的土地管理系统的成本和融资选择。GLTN开发的另一种工具是社会地权领域模型（Social Tenure Domain Model，STDM），它是一种用于记录土地的地理位置以及人与这些土地的关系（包括非正式和习惯上的关系）的简单系统。[25]

估值

一些土地融资工具依靠可观察到的土地价值。例如，公有土地的出售，通过公开拍卖的方式，就可以得到关于其价值的一个公正的评估。同样，土地增值税是根据实际销售价值计算的。然而，经常性土地税需要土地价值的官方估计值而不是可见销售额。估值系统的设计应符合评估机构的管理能力和土地市场的成熟程度。在活跃的市场中，土地的买卖和交易是公开的，基于市场的估价方法可能是适当的。除此之外，也可以使用非市场的方法，表4总结了一些常用的估价方法。[26]

一些估值方法更多地依赖于经验丰富且训练有素的估价师（例如，比较销售法），而另一些估值方法更加依赖地理信息系统技术（例如登记价值方法）。所有估值方法都需要技术能力和培训，因此其在工作人员更多的较高级别政府（即州、省或地区）更容易推行。

表4　估价方法

基于市场的方法	
比较销售法	将土地与近期销售的相似土地比较，估计其价值
成本法	购买土地并修筑建筑物的成本
收入法	土地产生的年度资本价值
年度租金法	出租土地可以产生的年度租金
非市场的方法	
基于区域的方法	每平方米（土地和/或建筑面积）的常值取决于所应用土地的属性
登记价值方法	区域内每平方米的平均市场价值及该土地的土地使用类别
基于计算方式的方法	基于标准化的公式，利用区块和/或其他建筑特征（临街面，靠近便利设施）来计算土地价值
价值带法	对价值范围的每种土地征收相同的税

为了确保估值的准确性，有必要定期修正估值。理想情况下，估值修正的频率要在法律上预先确定，而不是依靠地方政府的主动性——地方政府不想让人觉得自己想去提高税收，因为增税在政治上不受欢迎。估值系统最重要的不是其准确性而是其公平性——如果所有土地都被相同程度地低估，其效果相当于税率更低（但可以用较高的税率补偿）。然而，如果只有部分土地被低估，那么整个估值系统就不公平。如果相较于低价值的土地和贫穷的街区，高价值的土地和富裕街区的估值被低估的程度更大，则估值系统既不公平也不公正。在个人层面，公平性可以通过以下方式得到快速而公正的解决：在起诉过程中提供准确的估值来对不公平的估值进行索赔。

波哥大市有一个运行良好的基于价值的财产税体系，其产生40%的地方收入。然而，2008年的财产税仅占收入的20%，估值低于市场估值，其登记价值仅占市场价值的68%。

市长Antanas Mockus想要提高当地的财产税，以为一个新的城市地铁交通系统提供资金。他决定修正估值，尽管这在政治上不受欢迎。

之前法律确定的估值方法十分复杂，增加了估值过程的时间和成本，也降低了估值过程的透明度，导致民众怨声载道并申诉不断。估价标准规定，对建筑物和土地要分别进行独立评估：建筑物估值通过包含其物理参数的数学模型来进行，土地价值则是根据位置和可达性因素确定的区域价值。

该市额外雇用了大约830名工作人员来协助估价。项目总费用为780万美元，其中47%的费用与实地工作有关。然而，这种努力获得了回报，在两年内又增加了1.71亿美元的税收收入。

自2009年估值修正以来，该市一直致力于简化估值过程，以便每年不会出现过高的成本。

资料来源：GLTN/UN-Habitat, Leveraging Land: Land-Based Finance for Local Governments (Nairobi, United Nations Human Settlements Programme, 2016).

税费征收和纳税人的遵从

纳税人的遵从性差会导致很多问题。有时候，也会存在计费和缴税便捷性方面的问题。向纳税人提供的税单上应该包含明确的信息，如金额、到期日、如何缴款以及逾期缴款的处罚。缴款的过程应尽可能简单，最好是使用在线或移动支付。如果线路很长，办公时间或地点不方便，或者付款过程不清楚，要求付款者到中央政府办公室缴款等会对纳税人造成不必要的负担。此外，由于中间人参与，可能造成腐败。

如果存在具有可操作性且公平的惩罚机制——包括对不付款的信用惩戒——纳税人的遵从性会有所改善。尽管很少实施，但要让没收财产的达摩克利斯之剑真正高悬。为

了实现这种平衡，在没收财产之前应该有一套明确的沟通步骤，给予拖欠税款的纳税人以合理方式缴纳税款的机会（例如商谈缴款计划）。如果财产所有者或居民客观上不能支付税款，可以对其豁免——但是，这应该在税款拖欠之前就加以确定。

在那些将拥有土地视作基本人权的文化中，没收不纳税的土地可能不可行。在这种情况下，设置一个链接了土地所有者银行账户、汽车账户和其他资产账户的国家纳税人识别系统是一个有效的替代方案。在用尽其他补救办法后，税务机关可以通过扣押银行账户、汽车或其他资产代替应纳税财产。

应该强调的一点是，没收土地或其他资产是最后的手段，只有在纳税人在较长时间

内严重拖欠税款的情况下才应采用。其他选择可以而且应该在征收过程的早期采用。

在更基本的层面上，纳税人通常是愿意缴纳税款的，因为他们可以看到公共服务对他们的社区的好处。在地方政府和公民之间的社会契约被打破的地方，民众可能会抵制改进征收税费的活动。为了提高民众对政府的信任，政府提供服务应该是显而易见并满足民众切身需求的。信息宣传活动可能有助于突出税收和当地公共服务之间的联系。建立社会信任的另一种方法是参与式预算，由当地民众投票决定一部分税收如何花费。

值共享工具所面临的问题并不是不可逾越的。

人们对如何让此类工具有效地发挥作用有着诸多精辟的理解和论述。在特定情境下，适应和应用它们需要政治支持、对相关环境的理解以及经验丰富的从业者的外部支持。精心设计和有效管理的土地价值共享工具是帮助城市政府筹集所需收入的有效且公平的机制。除了产生的收入外，运用土地价值共享工具能改善土地利用状况，增加弱势群体获得土地的机会。每个城市政府都应该好好考虑土地价值共享是否能在其所在地区实施或改进。

结论

许多有过深入思考的观察家呼吁更多地使用那些使公共机构能够分享公共活动创造的私人财富的融资工具。经济学家对使用土地税的倡导已经有超过200年的历史了。当然，存在政治和现实的障碍导致此类工具没能在过去得到广泛使用。但有效利用土地价

"许多有过深入思考的观察家呼吁更多地使用那些使公共机构能够分享公共活动创造的私人财富的融资工具。"

劳伦斯·沃尔特斯（Lawrence Walters），杨伯翰大学（在美国犹他州的普洛佛市）公共管理荣誉教授。他的研究和咨询聚焦于全球的土地收入。

莉斯·帕特森·冈特纳（Liz Paterson Gauntner），城市发展方面的咨询师，业务专长于经济发展、公共财政和交通建模，为十多个国家的项目提供过技术援助。

延伸阅读

A 2011 UN-Habitat policy guide on land value sharing, Land and Property Tax, can be found at http://unhabitat.org/books/land-and-property-tax/.

Bahl, Martinez-Vazquez, and Youngman's 2013 book, Making the Property Tax Work: Experiences in Developing and Transitional Countries, provides further information on administration of property taxes and can be found at http://www.lincolninst.edu/pubs/1374_Making-the-Property-Tax-Work.

For information on tools related to land management and cadastral updates, see www.gltn.net.

注 释

1. The Economist, "Space and the City," 4 April 2015.

2. George Hazel, Land Value Capture As a Source of Funding of Public Transit for Greater Montreal (Montreal, National Bank of Canada, 2014).

3. Adam Smith, An Inquiry into the Nature and Causes of the Wealth of Nations, 5th Edition (London, Methuen & Co. Ltd, 1776), Book 5, Chapter 2.

4. John Stuart Mill, The Principles of Political Economy, Book 5 (Kitchener, Ontario, Canada, Batoche Book, 1848/2001).

5. Henry George, Progress and Poverty (Garden City, N.Y.: Doubleday, Page & Co, 1920), Book VIII, Chapter 3.

6. In fact, whether there is an overall social welfare loss will also depend on what the government does with the tax revenue collected. It is quite possible that the benefits to society generated through public action will more than offset private losses due to the tax.

7. Quoted in John L. Mikesell, Fiscal Administration, 9th Edition (Boston, Wadworth CENAGE Learning, 2013), p. 491.

8. Quoted in Jeffrey P. Cohen and Cletus C. Coughlin, "An Introduction to Two-Rate Taxation of Land and Buildings," Review, Federal Reserve Bank of St. Louis, vol. 87, no. 3 (2005), pp. 359–374.

9. UN-Habitat, The Vancouver Declaration on Human Settlements and the Vancouver Action Plan (Nairobi, UN Habitat, 1976).

10. H. James Brown and Martim O. Smolka, "Capturing Public Value from Public Investments," in Land Use and Taxation: Applying the Insights of Henry George, H.J. Brown, ed. (Cambridge, Mass.: Lincoln Institute of Land Policy, 1997).

11. Roy Bahl and Richard M. Bird, "Subnational Taxes in Developing Countries: The Way Forward," Public Budgeting & Finance, vol. 28, no. 4 (2008), pp. 1–25.

12. Roy Bahl and Sally Wallace, Reforming the Property Tax in Developing Countries: A New Approach (Atlanta, International Studies Program at Georgia State University, 2008).

13. Roy Bahl and Richard M. Bird, "Subnational Taxes in Developing Countries: The Way Forward," Public Budgeting & Finance, vol. 28, no. 4 (2008), pp. 1–25.

14. Roy Bahl and Richard M. Bird, "Subnational Taxes in Developing Countries: The Way Forward," Public Budgeting & Finance, vol. 28, no. 4 (2008), pp. 1–25.

15. Roy Bahl, Jorge Martinez-Vazquez, and Joan Youngman, "The Property Tax in Practice," in Making the Property Tax Work: Experiences in Developing and Transitional Countries, R. Bahl, J. Martinez-Vazquez, and J. Youngman, eds. (Cambridge, Mass., Lincoln Institute of Land Policy, 2008).

16. Roy Bahl and Musharraf Rasool Cyan, "Tax Assignment: Does the Practice Match the Theory?" Environment and Planning C: Government and Policy, vol. 29, no. 2 (2011), pp. 264–280.

17. Jonathan Gruber, Public Finance and Public Policy: 3rd Edition (New York, Worth Publishers, 2011).

18. George Zodrow, "Who Pays the Property Tax?" Land Lines, vol. 18, no. 2 (2006), pp. 14–19.

19. GLTN/UN-Habitat, Leveraging Land: Land-Based Finance for Local Governments (Nairobi, United Nations Human Settlements Programme, 2016).

20. Moegsien Hendricks and Anzabeth Tonkin, Land Value Capture/Taxation (LVC/T) Scoping Study: Final Report (Cape Town, Development Action Group, 2010).

21. Lawrence C. Walters, Land and Property Tax: A Policy Guide (Nairobi, United Nations Human Settlements Programme, 2011).

22. GLTN/UN-Habitat, Leveraging Land: Land-Based Finance for Local Governments (Nairobi, United Nations Human Settlements Programme, 2016).

23. Note that UN-Habitat and GLTN have designed a training workshop to teach national and local stakeholders about land value sharing instruments and to assist them in instrument selection, design, and action planning for implementation. See GLTN/UN-Habitat, Leveraging Land: Land-Based Finance for Local Governments (Nairobi, United Nations Human Settlements Programme, 2016).

24. Antony Burns, Framework for Costing and Financing Land Administration Services (CoFLAS) (Nairobi, United Nations Human Settlement Programme and Global Land Tool Network, 2015).

25. For more information, see www.stdm.gltn.net.

26. For more detailed information about these valuation approaches, see GLTN/UN-Habitat, Leveraging Land: Land-Based Finance for Local Governments (Nairobi, United Nations Human Settlements Programme, 2016).

佛得角萨尔自治市，埃斯帕戈斯城© UN–Habitat/A.Grimard

第10章 房地产开发在城市化中的角色

前言

　　在长达两百年的人口增长和城市化周期中,世界已走过了其一半的路程,预计在周期末接近85%的人口将进入城市。城市和城市地区的领导者、规划者和政策制定者越来越认识到城市化步伐的加速,尤其是急剧上升的需求与滞后的供给带来的挑战。城市领导者必须在有限的财力工具、制度框架和政治意愿下,满足民众对城市生活和城市工作前所未有的热情。

　　城市化和经济增长是房地产市场的主要动力;当下建筑施工的速度比历史上任何时候都快。在新兴城市,私人资本对房地产及其周遭基础设施的投资需求大大增加,主要原因在于日益提升的城市移民步伐和规模以及中产阶级和中等收入消费者的增加（图A）。在更成熟的城市，变化的速度通常较慢，技术、人口和可持续发展需求的变化成为房地产市场的重要驱动力。

当下，城市发展和房地产开发中出现的若干全球现象值得人们关注：

> "城市领导者必须具备对城市生活、城市工作的无限热情，但是需要同时契合有效的工具、制度框架和政治意愿。"

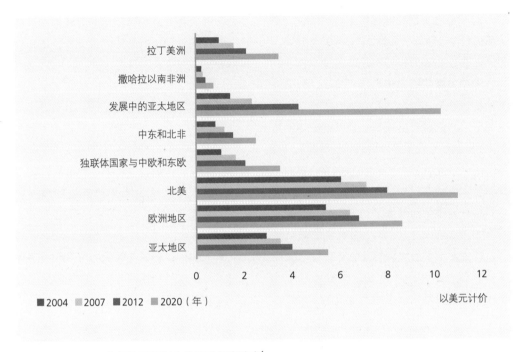

图A　2004—2020年间按区域划分的制度化房地产[1]
资料来源: Pricewaterhouse Coopers, Real Estate 2020: Building the Future (New York, Pricewaterhouse Coopers, 2015). Available from https://www.pwc.com/sg/en/real-estate/assets/pwc-real-estate-2020-building-the-future.pdf.

- 资本的城市化——体现为几乎超过一半的主权财富基金（SWF）投资了房地产、房地产资产管理（AM）公司的扩散以及养老基金、保险公司和高净值人群对房地产投资的增加；

- 大量专业的房地产经理人、建设者和投资者的出现；

- 风险和回报范围的扩展——从成熟城市的低风险/低收益机会到新兴城市的高风险/高产出潜力；

- 以平方米计的城市土地资产成本的增加和可开发土地的稀缺，导致了城市密度增加，对小型公寓的需求以及空间优化的压力；

- 新一代科学技术（例如，预制、模块化单元、3D打印）发挥越来越重要的作用，推动实现更快、更负担得起和更可持续的发展；

- 生产和消费模式的变更正在改变对房地产的需求。

对于追求长远发展目标的城市来说，私人和机构投资带来了大量重要的利益和优势。第一，在公共部门投资不足的背景下，这些投资者是关键的资本供给者；第二，他们在长期价值创造上的经验和兴趣意味着其提供了获取宝贵的融资发展专业技能的渠道；第三，他们有助于凸显整个融资和银行体系的成熟，这也会降低整个长期利率水平；第四，国际资本为城市发展注入了多元的视角、理念和解决方案，对其他诸如城市设计、教育和产业开发的领域也会产生重要影响。第五，这类资本一般比较稳定，往往寻求长期回报和收入来支持养老金和保险体系的运作或者是加强整个国有资产投资的多样性。

有管理的增长和无管理的增长

今天的城市很少面临着增长或没有增长的选择。相反，真正的选择是在有管理并通过投资、调整和建设基础设施进行补充和无管理而强调现有基础设施、自然和建筑环境的作用之间做出的。

随着城市的发展，其面临的无数挑战有时导致研究者们对无管理的增长怀有偏见。[2]然而，对许多城市而言，挑战已经变成应对与成功和繁荣相联系的外部性，这就更强调住房市场以及基础设施网络的重要性。例如，住房需求反映了城市的吸引力，增加的需求可能会带来可负担性的问题，同时也会对现有的基础设施承载力造成负担。

当高就业密度与公共交通和其他基础设施系统不相适应时，自然会出现基础设施的拥挤效应。然而，这些现象通常反映的是城市化进程中无管理式增长的后果。城市领导者越来越面临着平衡生活质量和生产与可持续增长的压力。这意味着需要转向管理型的增长模式，从而引致更加可持续的长期发展和生活质量的改善，而这两者是判断城市吸引力和健康程度的关键指标。对城市在这些方面取得的进展情况的关注是世界城市标杆和指数运动兴起的原因之一。[3]

管理型城市的特征和能力如下：

- 满足新的和持续性人口增长带来的需求，并认识到这种增长的长期性以及进行不同规划和采用新规划范式的需要；

- 把握机会，在全球化的贸易和投资体系中进行竞争，并参与深度融入全球贸易的行业；

- 解决由于制度缺陷以及城市、地区、州和国家等各层级政府缺乏协调而导致的投资赤字；

- 抵御因为极端天气、恐怖主义、流行病和内乱等事件造成的冲击；

- 适应现有发展模式和人们对其看法的变化，并采用创新方法解决新问题。

城市化的趋势和力量加剧了城市管理不善的后果。糟糕的规划和决策带来的后果因人口密度的增加而放大，并带来更高的成本。相比之下，对物产和土地开发采取有条不紊的管理方式可以提供一种稳定性，这是吸引私人资本和外部投资的关键，也是利用与房地产开发的协同效应，来把握和最大化政府投资的机会。

管理型的增长对城市参与全球化时代的竞争并实现更广泛的经济发展目标至关重要。这些目标在以下方面给城市提出了新的要求：优化其资产和利用私人投资来改善城市发展的可持续性、提升企业家精神、实现城市次中心的人口集聚以及增加住房供应。[4]

使用规划和资产管理创造价值

房地产开发和投资的目标是价值创造。无论是通过使用规划和监管工具进行土地使用审批、基础设施和公用事业的供给，还是环境改善抑或创造有利的商业环境，公共部门在价值创造方面都发挥了关键的作用。私营部门，包括房地产专业人士，也可以增加和缔造价值，第一个方面就是在评估项目可行性的过程中，进行设计和开发，定义目标租户组合并与潜在租户对话；第二个方面是对新建筑和设施的直接投资，综合总体规划以及目的地品牌与营销。

因此，于城市而言，一个最大的挑战是如何增加和获取资产价值，以将其用于服务公共利益。城市优化其资产的一种方式是价值获取融资（VCF）。VCF已经成为推动城市可持续发展的重要工具，因为在财务机制结构合理的情况下，其能实现在公共和私营部门之间分享城市项目的风险和回报。

VCF可以有多种形式和交易结构（如PPP和合资），但它们的最终目标相同：确定一种可以捕获、利用土地和财产增加值的方法。无论是收入可以再投资的土地转让税、地方税和增值税，还是开发费、基础设施费、地方服务协议抑或私人主导的地方设施供给和改善，都可以使公共部门获取资产的增加值。然后，所获取的价值（以货币形式或通过"信用"获得来自私营部门的实物）可以回收或再投资于同一服务公共利益的发展计划。[5]

在过去20年里，有许多使用价值捕获为城市项目融资的例子，最常见的是用于为铁路项目融资，这在日本、中国香港、加拿大、德国、美国和英国俯拾皆是。[6]除了用于交通项目外，价值捕获还用于为城市其他基础设施和公共空间的改善提供资金，特别明显的是在拉丁美洲，那里的改良费（betterment contributions）和开发权费（development rights charges）都在增加。[7]审视发展中国家的价值捕获后可以发现，其在财产税制度不健全的城市往往非常有效。[8]尽管出于政治反对、监管不透明以及项目技术运营复杂性等原因，世界许多地区尚未认识到与价值捕获相关的机会，但价值捕获依然具有广阔的发展前景。[9]

城市增长规划正在显露的作用

城市规划在城市增长管理过程以及成功创造和捕获价值中扮演了至关重要的角色。规划既在规范城市土地利用和发展方面发挥了关键作用，在建设环境方面也具有关键的"地区塑造"作用，而后者正是房地产开发商价值和利益的来源。对城市规划方法的信任可以降低规划和开发风险，这也是私人投资者在评估风险/回报机会时所考量的关键因素。管理人工和自然环境使两者和谐共存的能力是决定如何进行开发以实现效率、成本效益和附加值的核心要点。

规划不仅是划定土地和确定某一地点所需或所允许的发展方式。它通过保护房地产免受意外或无计划的竞争或规避不必要的邻近用途，在保持房地产投资的价值

> "城市规划在城市增长管理过程以及成功创造和捕获价值过程中扮演了至关重要的角色。"

方面发挥了关键作用。它鼓励满足市场经济需求和公众需求的发展，以确保规划的用途能被接受并获得高效利用。对于投资者而言，规划是确保投资所在市场保持稳定的主要手段。

城市规划系统的作用和地位在世界各地大相径庭。规划有时被认为程序冗长、限制颇多并且代价高昂。[10]但人们现在越来越意识到整合性的规划在支持城市物质和空间建设方面的作用。随着时间的推移，人们已经认识到，要实现对大部分已建成的城市景观的可持续管理，需要城市规划者和房地产专业人士之间精诚合作。这种合作非常重要，

因为通过与房地产专业人士的互动可以使公共部门的城市规划者对私营部门用于评估和减小风险的方法一探究竟。在评估各种发展建议时，关于如何处理房地产开发和土地估值的基本视角是很有用的。

智慧型规划的分析框架

越来越多的城市正在吸引房地产专业人士参与整个规划阶段提供帮助，部分是为了确保发展计划能实现土地的最佳利用。这种类型的分析通常被称为"最高效和最佳使用"研究，它可以提供一个分析框架用来帮助人们理解价值并就诸如区域变化、资源分配和优先（分配）对象、开发阶段以及满足公共部门需求等问题做出明智的决策。图B说明了大规模开发规划的典型方法以及在分析开发的最高效和最佳使用时涉及的步骤。

通过建立基于市场数据的分析框架，可

图B　进行最高和最佳使用研究的典型方法
资料来源：JLL Public Institutions - Municipal Advisory Practice

以对各种开发建议和选项进行评估和比较，以帮助城市规划者和城市领导更好地了解项目价值和潜力。城市规划的最佳实践表明，对城市规划和开发采取规范性和分析性的方式有助于保持和最大化开发价值。总而言之，高的房地产和土地价值对公共和私营部门都是有利的。

协调型土地利用规划的作用和价值

一个很常见的现象是，在许多城市，关于在哪里进行新的开发或者是否考虑重新分区等的决策常常是临时而非正式地决定的，因而，无序的土地利用应运而生。将上述决策纳入一个清晰的愿景，考虑更广泛的发展倡议，是今天城市最重要的任务之一。协调的土地利用总体规划是实现这一目标的重要手段。

规划和地方政府：塑造管理型城市增长的关键工具

总体规划和土地利用协调一直是世界许多地方关键的空间规划目标。尤其在欧洲城市，聚焦于"活动中心"或"机会区域"类的空间开发已成为城市再开发和致密化的重要推动力。尤其是当政策、计划和规章在复杂的环境中激增时，上述这一点极为重要。同时，总体规划的权限可以从市政权中分置，或由独立的规划当局代替市政当局，为想要获得咨询和规划许可的投资者与开发商提供"一站式服务"。在市区总体规划中最成功的例子是香港和东京。这些城市已经明确将铁路系统确定为城市发展的基础，并由此确定卫星城市，根据市场需求制定未来城市走廊和枢纽规划，绸缪可开发土地以及长期交通投资。它们也将公共交通导向的政策和投资贯穿于整个部门规划和地方总体规划中。[11]

土地集约是土地协调利用的核心要素，通常也是进行大规模开发的必要前提。地方政府的土地征用部门往往是复杂和大规模开发项目的推动力量。此外，政府形成和管理区域划分的能力是一种可以带来财务价值和财务可行性的机制。

利用分区来允许和鼓励新的土地利用是城市再开发和调整的关键驱动因素。许多城市却摒弃了分区这一措施，禁止将重新分区用于工业目的，以保留某些不再可行的土地利用形式。公共土地现存的指定利用方式有时可能会掣肘城市对新的利用和开发形式的探索。同样，重新确定利用方式可以许可建设更高的建筑，以基于形态而不是利用方式的分区来对土地利用形式进行规制也是受到人们欢迎的，因为它允许市场选择最合适的利用方式。

对土地使用权的明确授权于地方和城市政府而言非常重要，因为它使得土地利用者能对未来的土地利用进行战略性的规划。

许多城市也受益于更灵活的发展规划技术，这些技术能有效应对20—30年的发展周期中不可避免的变化，并寻求建立一个支持长期发展的基础设施框架。值得强调的是，进行全面总体规划的努力并不是静态的。发展计划应具有动态性，并能适应不断变化的市场条件。图C展示了总体规划过程的迭代性质。分析框架（步骤1）用于评估总体规划概念的性能，并且可以被调整以回应变化的因素和市场条件，从而提供对各种情景的敏感性分析，进而可被用来改进和优化后续版本的总体规划（步骤2）。这个过程在制定项目具体的执行计划（如收购计划、阶段性战略、基础设施需求评估和预测以及融资计划）时特别有用。

土地利用规划可能在《新城市议程》中发挥越来越重要的作用，因为它有能力实现协调发展，克服可能导致城市蔓延发展、社会和空间隔离以及降低生活质量的特殊渐进主义。当能够灵活面对变化的市场条件且不同层次的规划和不同的机构之间实现合作时，土地利用规划是最有效的，这种情况下其能简化复杂的开发并将这些开发与其他基础设施和服务进行排序。

土地利用、基础设施与康乐设施：获取基本的权利

除了协调型土地利用总体规划外，其他一些工具和规定也在城市的发展进程中发挥了重要作用。土地利用规划也常常支持由其他公共部门介入并投资的多面、有机过程。

其中最重要的可能还是基础设施投资。基础设施系统是城市竞争力和发展取得长期成功的基础。特别是在新兴城市，那里往往严重匮乏大型的基础设施。[12]例如，与住宅、工作区以及附近的港口和机场设施相连的快速轨道系统可能是实现城市新发展和致密化最有力的助推器。综合的公共交通和道路连接系统可以把需求扩散到整个城市范围内，并加强不同社区之间的联系。此外，数字化和公用事业基础设施的前期投资是城市吸引力和长期效率的重要来源，而这两者则为城市未来发展搭建了坚实的平台。

高品质的康乐设施投资也是地方建设和发展的核心。要想为企业和工人提供一个温馨的环境并进而开辟新的或未充分利用的城市子中心，对公共空间和公园、海滨开发和环境改善的投资必不可少。康乐设施不仅提高了城市区域的吸引力，而且也鼓励更多职住融合社区的产生，进而带来其他连锁效应，包括减少高峰出行、减少能源使用和对环境的影响。

基础设施和康乐设施投资给土地提供了关键的竞争优势，提高了土地的价值，从而提高了土地的可用性，创造了更广泛的社会和环境效益。

许多城市也建立地区开发机构，以管理复杂的经济转型过程和建筑设施的再利用。开发机构能为地区树立一致的品牌和标示，并对重要的资产进行专业管理。

此外，区域管理已成为保持区域吸引力的重要因素。街头绿化、安全、营销和商业合作伙伴关系正变得日益专业化和有影响力。商业改善区（BID）是一个常见的模式，

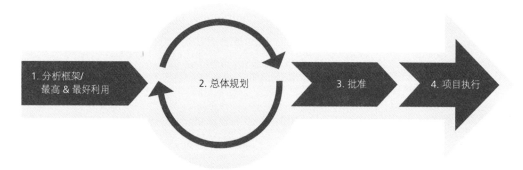

图C　整体规划过程
资料来源：JLL Public Institutions - Municipal Advisory Practice

在许多城市——特别是在北美洲和欧洲，以及南非和拉丁美洲——都发挥了非常重要的作用。BID甚至成为地方规划的法定咨询项目。该模式还能提供领导、地方管理甚至小规模的资本投资。

大学、教学医院、机场、体育场或大型公司等"城市锚点"的迁移也是城市发展的助推剂。品牌相关化和邻里地区信息化也非常重要，其可以吸引国际关注并带来某一领域内的活动。

战略和主动规划的好处

有效和战略性的规划可以在长期中产生重要的社会和经济效益。除了实现环境、经济和社会利益的平衡之外，规划的好处还包括：

- **最小化不确定性**：通过在地方发展计划和其他指南中说明可能进行的开发，规划增加了市场的确定性——这包括确定机会所在的或集约化的区域，防止某一类别的开发过于饱和或提供在附近建造某种设施的保证。

- **协作**：规划有助于协调不同开发之间的关系并且形成各类开发有序进行的格局。

- **成本管理**：规划可以减少前期基础设施建设的高成本，这种高成本会成为发展的障碍。

- **平衡、多功能中心**：规划有助于最大限度地减少住处和工作地点的不匹配及其造成的社会和经济成本。

- **社会康乐设施的催化剂**：规划引致对社会基础设施的投资，有助于建造对居民和企业有吸引力的社区，从而提高其价值。

- **提高竞争力**：规划可以提高区域的竞争优势，因为企业集群可以从供应链、熟练劳动力和竞争对手中受益。

- **大都市区的视角**：规划可以鼓励发生在功能经济层面的增长决策。

- **跨部门伙伴关系**：有效的规划可以改善公共和私营部门之间的合作和责任感。

发展规划不当的后果

发展规划不当的后果如下：

- **过度供给**：城市政府规划的一个共同败笔在于未能通过支持零售区域和购物中心的方式保护零售商和房地产销售公司的投资。这导致供给过剩，限制了收益，会挫伤投资者积极性并使其退出。

- **过于仓促地降低新业务的门槛**：松散的规划可能导致初始规划的位置变得过时或远离集群地。

- **短期主义和缺乏灵活空间**：不胜枚举的实例告诉我们，如果城市不能前瞻性地考量商业区在整个商业周期中可能发生的演变，初创企业的未来增长能力将受到极大削弱。

- **降低环境标准**：工业投资的分区可能具有负的环境外部性，除了对当地人口的直接影响外，还使具有战略意义的地点变得没有吸引力，这会限制城市迈向价值链高端的增长潜力。

- **低效率：** 不良的规划可能导致低效的出行模式、更高的成本和集聚不经济。

- **财政收入差异：** 由于商业活动和税收集中在城市的小部分地区，可能导致财政收入差距。

公共部门如何吸引私人资本共同投资？

对于世界上的各个城市而言，房地产、基础设施和其他硬资产投资的来源和体系发生了迅速而剧烈的变化。城市必须通盘审视过去的不同风险和回报模式以及改变了的时间框架和动态投资周期，进而探索出新的投资模式。这些变化要求城市更加专注于吸引投资的条件。

什么是投资准备型城市？

投资准备度已成为确保投资有助于实现更广泛的社会和可持续发展目标的重要因素。投资准备度的定义为：

> "一个城市通过为外部投资提供可信、有效的框架和程序，显示出的满足外部投资者需求的能力，以及符合投资者对于特定流程、资产、规模和风险管理要求的具有可投资建议和机会的发展渠道。"[13]

有投资准备的城市为入境资本提供可靠的机会。为了实现这一目标，它们准备了满足投资者资金需求和风险/规模要求的机会和资产，并寻求了解如何构建不同形式的投资资本。城市领导者必须提前计划并准备一个分析框架，以帮助自身了解各种资本结构和交易结构的含义。同样，在PPP交易中，公共和私营部门之间存在某种形式的共有所有权益，必须了解投资前景和合作关系的意义，以进行互利的安排。在规划和招标过程中与经验丰富的房地产专业人士合作可以简化项目融资和开发阶段。城市一旦有了投资准备，就会继续维持这种状况，以确保项目是值得投资的。

韩国釜山© United Nations

治理框架和透明度

城市寻求做好投资准备的行为引起了人们的担忧，认为它们参与了一场毁灭性的竞争或者是在追求一种不能在长期中保护商业和投资者利益的意外之财。在许多情况下，如果城市冲动地、对时间和区位不加考量地接纳所有类型的商业投资，那么这将在无意中损害了它们在整个周期或多个周期内进行竞争的能力。

这就提出了何为城市实现有效投资的正确治理框架的问题。城市政府必须关注当今企业的投资需求，以便核心框架的吸引力可以通过资本得以真正进入城市的渠道来填充。城市还需要充分了解市场和市场演变，以及如何在整个商业周期中塑造市场。

投资者往往会响应和支持连贯的城市愿景，这些愿景为不同行业和空间的发展提供了明确而有据可依的道路。城市领导的可信度几乎总是一个关键问题。曼彻斯特和布里斯班等城市的经验表明，城市不仅需要有一个明确的计划和愿景，而且还需要一个"首席谈判者"，来作为一个人尽皆知的联络中介，能够与投资者或当地人达成一个具有约束力的协议，这个协议能为双方创造持久的效益。

对于一个已有投资准备而想要拥有硬资产投资的城市，它往往需要：

- 一个稳定、可预测、透明和一致的外部投资环境，最大化地压缩过剩供给并避免企业间相互争夺的规划；

- 低风险和可预测成本的投资过程；

- 能吸引不同投资者的风险调整收益；

- 利用自身资产——包括公共土地和合同——的能力。

城市不可能依靠自己的力量实现所有这些成果。要想提高透明度、政治稳定性和法律可预见性以吸引而不是阻止投资，关键依然在于国家制度。特别是当治理失调时，城市层面和国家层面政策之间的任何重叠和摩擦都可能导致严重的监管复杂性。于城市而言，所面临的挑战一方面是在战略上要开放投资，同时又要保持地方和国家层面的法律、监管和立法机构的一致性和连贯性。新加坡、温哥华和奥克兰的治理和制度框架被评为最具有对商业和投资的吸引力。[14]

建立针对可投资项目的渠道

投资者承诺进行投资的可能性大小取决于是否有可投资的地点以及支持和助力投资落地的监管和规划框架。[15]许多城市根据更广泛的增长战略和可衡量的影响制定了一个投资框架，确定并列出了商业和实物项目的渠道。一个强大的、财务可行且有获利机会的渠道能满足包括这意味着城市需要培养开展其自身发掘项目的技术能力。例如养老基金在内的机构投资者对于特定流程、资产、规模和风险管理的要求。

如何多元化利用私人资本

多元化被普遍视为强大投资组合的标志。城市房地产的长期投资是一种多元化股票和债券组合以及汇集风险的机会。较小规模的投资者也追求这种多元化，而他们可能更喜欢投资房地产投资信托（REITs）、有限合伙企业、共同基金或交易所交易基金。今天，机构投资者很少将其投资组合的10%以上用于房地产。

投资者也越来越喜欢多元化自己的房地产投资组合——通过地理位置、房产类型、租户、部门或租赁期实现多元化。这能形成不同的投资策略，根据风险偏好的不同组合来进行资本的部署。随着这种多元化方法的成熟，更多的城市将有机会受益于房地产投资。

重要议题

确认那些经常影响发展中城市房地产投资的重要议题至关重要。这些议题包括快速增长型城市的空间发展、致密化、技术和具有多个辖区的大都市区。所以调整计划以考虑这些通常不可避免的事实就显得很关键了。

快速增长型城市的空间发展

全球人口目前以每年7500万人的速度增长，城市也在以多种不同的形式来承载都市人口。默认的模式是城区的蔓延和大都市化，即城市扩展到区域腹地从而形成一种新的多中心和分散增长的模式。在过去二十年里，世界上大多数城市的密度都在变小，因为它们不断向外扩张。发展中国家的城市几乎都在扩张，预计在2005年至2030年之间，城市土地面积将增加三倍。预计城市扩张在工业化国家将同样显著（总体增长2.5倍），尽管其总人口增长率较低。[16]

特别是在亚洲和中东地区，一种也很常见的模式是从头开始规划和建设新的城区以吸收部分城市化的劳动力。然而，人们逐渐达成了共识：需要通过增加现有城区的密度来容纳更多人口和活动。当仔细思量如何让城市支撑人口的增长时，首要的选择是实现管理完善、服务良好的城市密集化，特别是对于那些尚未达到其自然规模或没有达到之前人口高峰的城市而言。但是，许多城市仍在容纳其不断膨胀的人口的过程中步履维艰，难以为新的住房、学校、康乐设施和公园安排可用的空间。因此，它们抵制城市过密和额外的人口，害怕过分拥挤、失去隐私或一个匿名社会里的不安全感。

集约化、致密化和混合利用

人们普遍认为，密集城市可以在一个有限的环境容积内适应人口的增长，并且人们可以享受更好的联系、康乐设施、开放空间和社会互动（关于良好密度与不良密度的后果的概览，参见图D）。适宜城市联合ULI /中心（A joint ULI/Centre for Liveable Cities）报告指出，美国的低密度城市的汽油人均消耗是欧洲城市的五倍，而欧洲城市的平均密度是美国城市的五倍。[17]密集的城市在理论上更有生产力，也更能支持创新。值得注意的是，密集城市的投资准备度也更高，因为它

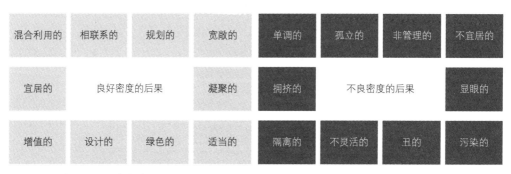

图D　良好密度和不良密度的后果
资料来源：ULI, Drivers, Debates and Dividends (London, ULI, 2015).

们能够将大型地块组合后出让给机构投资者和其他投资者。

具有严格框架和致密规划的城市可以：

- 通过中高层项目达到城市的密度要求，而不必在整个内城建造极高的建筑；

- 给予不同收入和人口特征的群体选择不同生活方式的自由；

- 通过减少工作地到休闲地的时间和距离，减少拥堵、碳排放和低效率；

- 在投资不足的地区提供更多的设施和机会。

要想成功实现致密化并吸引资本投资，城市大有可为：

- 为城市密度和紧凑发展规制全市范围的框架；

- 利用PPP来开展并资助地方层面的项目；

- 集中精力于优先区域以确保欠发达地区能获得关键性的人流，进而使得时间和资源得以精简高效利用，将投资集中于目标区域；

- 确保高密度的同时城市不失其宜居性和吸引力。

技术、房地产和城市开发

世界上规模较大和相对成熟城市的多数商业建筑都是为工业或企业而设计的。建造、持有和管理它们的商业模式老旧。但是技术、创新经济及它们的衍生品——如共享经济、联合办公和数字经济——是房地产行业的主要颠覆者。房地产开发商和投资者如今正迅速做出反应，以满足数字媒体、IT、生命科学、清洁技术等创新行业中企业的需求。

高科技和创新主导型行业的兴起颠覆了整个行业。在宏观尺度上，创新经济正在推动城市需求。城市是21世纪商业创新和交叉受益的"实验室"。这里汇集了广泛的经济部门、深厚的国际网络、客户机会、文化和艺术品质。在中观尺度，作为更广泛的再城市化和再密集化进程的一部分，社区正在重建，以服务创新。因此，房地产的管理和设计成为支持和利用这一过程来共享利益的关键因素。在微观尺度上，城市中的许多现有建筑需要重新设计以适应新使用者的需求。对于创新经济，工作场所是实现组织成功、人才吸引力和公司品牌的关键推动力。

如今，特定行业的创新对房地产有特定的需求。例如，在制药和生物技术方面，独立研发（R&D）提供商的兴起意味着需要湿润和干燥两种类型的实验室。几乎所有的住户都会有严格的技术要求，包括高质量的光纤宽带连接和电力系统。这些新的要求不再仅仅由创新者提出，而是正在扩大到商业和金融服务公司领域内的更多传统住户。总之，创新经济已经开启了房地产需求的革命。

满足创新经济（以及越来越多其他领域）的新需求给房地产业主和房东的商业模式带来了挑战。房地产行业的参与者——开发商、投资者、所有者和规划者——不得不重新思考空间形式和商业模式。许多人正在进行项目和房地产物业调整，以提高其房产对创新公司的吸引力和效用，这些调整包括工作区创新、新型商业空间、适应性建筑以及对初创企业的建议和支持。作为房地产转型——在提供房产本身以外还提供管理和服务——的一部分，房地产业正变得更加积极，以创建更有支持性的创新运营框架，改善融资和获得资本，并通过管理住房、社会基础设施、公民及公共空间，以提升城市和区域的吸引力。

技术变革对房地产的整体影响是，该行业开始更多地采取服务业者的心态，并调整所有者和占有者之间的利益分配及其透明度。新的使命已经出现，以确保商业建筑有一个强大的技术平台以及资本到成长中的公司的路径是明确的，同时鼓励与成熟的机构合作，并通过物业管理增加价值。[18]这些需求与城市的需求相一致。寻求成为创新中心的城市需要高质量的IT和公用事业基础设施，这将帮助大学和知识系统吸引并支持创新者和下一代技术型工作者。

多辖区的大都市区和房地产开发

房地产不仅在城市寻找可投资的地点和愿意共同开发的合作伙伴，典型的投资者也在其公共部门的合作伙伴中寻找某种特定的品质——他们希望投资于行为可预测的城市，这些城市有一个明确的长期愿景、明确的规划框架和合理的土地利用政策。有良好基础设施和适当收入的城市是不错的选择，这种城市可以利用自己包括公有土地在内的资产。虽然清晰的框架必不可少，但投资者必然会青睐那些有能力且愿望将其规划方式变得更加灵活的城市，因为灵活的规划方式有助于实现它们的发展目标。最后，拥有合格、高效和精明的管理团队能帮助城市找到强大的合作伙伴。

大多数城市并没有描绘出这个"模范"合作伙伴的样子，原因可能在于它们的空间开发政策尚不明朗，抑或是过于低下的投资效率可能导致它们的活动缺乏预测性和建设性。羸弱而经验不足的决策者也可能限制了城市的潜力。

对于那些想拥抱"管理型大都市"模式的城市，可以改进工具来促进城市发展和吸引房地产投资。工具如下：

- **实施空间开发战略和长期规划，二者能为未来发展提供更宏大的愿景和更清晰的路径**。有权制定和实施自己长期战略规划的城市有一个机制，通过这个机制，可以为未来做出明确的、空间和部门一体化的选择。长期规划能为私人部门投资提供投资指引。

- **当选市长有更多的土地利用规划决策权并能在住房、交通和经济发展中发挥更大的作用**。被明确赋权、强大而有远见的城市领导人可以向投资者提供一种让其安心的确定性，因为市长是明确的关键负责人，而去除了当地政府整体负责的模糊性。

- **更好的综合资本投资预算**。财权下放可以为地方政府带来更大的资金确定性，从而实现资本投资预算的综合性和资本规划的长期性。综合预算可以利用单一评估框架，并根据战略目标实现项目的优先排序。这样，权力下放促使城市发展其管理资金的能力并成为私人融资方更有能力的合作伙伴。

- **更好地整合交通投资与土地利用规划**。集中体制下的交通和土地利用规划经常受制于孤岛思维，以至于各个部门为地方决策建立了僵硬的框架。责任的下放为一种联合式的路径（joined-up approach）提供了可能，这能实现更加高效的交通系统——交通系统是评价生活质量的一个主要因素——以及城市对人才和企业更大的吸引力。

- **加大对用于开发的公有土地组块的协调。** 权力的下放可以使地方当局主动整合适度规模的地块，以刺激市场并为投资者创造有吸引力的项目。德国汉堡市的海港城就是自治的地方政府为私营部门投资创造有吸引力的大型场所的例子之一。通过权力下放，城市还可以获得的权限包括为主要的再开发地块指定特定开发公司——它们可以成为私人部门更灵活的合作伙伴。

- **提高商业税率和价值捕获型融资的技术。** 让地方政府保留商业税收入既可以激励地方政府发展经济，又可以鼓励它们采取更多战略性的发展决策，并且在如何利用资金促进地方发展这一问题上可以赋予它们更大的自由（例如为主要项目汇集资金）。同样，进行价值捕获型融资，如税收增量融资、规划增值补贴、地方税或开发费，可以帮助地方政府以创新的方式利用其资产，实现在由高层政府控制而不是自主进行时不可能实现的发展。

拥有以上任何一个工具或这些工具的组合可以帮助城市成为开发商更具实力的合作伙伴，使得城市拥有更大的投资准备度。运用增强的权力，城市领导者可以实施的改革包括：

- 增加土地利用的密度/促进棕地的开发；

- 促进多中心的土地利用模式；

- 促进混合开发模式；

- 改革规划政策/设计规范；

- 扩展基础设施以支持新节点的开发；

- 制定长期城市发展战略规划。[19]

房地产规划和开发在使城市具有竞争力方面的作用

根据城市规模、繁荣程度、经济实力、政治角色、生活质量和空间发展模式的不同，城市有不同的需求。仲量联行在2015年的报告表明，根据这些属性，城市可以分为许多不同的类别。[20]这些城市往往会相互分享各自的需求，本节会阐明房地产在解决三类城市面临的挑战时发挥其重要作用的方式（图E）。

马来西亚吉隆坡© Flickr/Daniel Hoherd

	成熟城市	新兴城市	新城
人口	维持来自国际移民的人口增长	加强对人口增长和农村移民的管理	以人才吸引为中心建立联盟
住房	提高住房市场的供给并应对NIMBY的趋势	快而有效地提供最低限度的住房	检测35岁以下人士拥有住房的范围和他们的负担能力
不均等	解决城市底层人民的问题	解决收入和获得服务的两极分化问题	通过技能开发和住房的综合利用，实现包容性的增长
可持续性	应对气候变化的适应能力和抵御能力	减少遭遇气候变化、洪水、干旱的脆弱性	在能源效率和能源混合、低污染、绿色经济和环境韧性方面发挥积极的领导力
土地	在进行大型的再次开发时，从旧模式转向新模式，实现土地的有效循环	合理化土地利用和空间治理实现城市贯连的区划形式	由牵头机构管理的一致同意的空间战略。确保项目已经准备好对其进行的投资
商业框架	维护竞争和商业环境、税收制度和知识产权环境	提高生产力和改善商业环境特别是法律和监管框架；注重透明度和信心	改进信息和协调，促进初创企业的发展
人才	保持公众对开放的支持尤其是在国家层面	确保对国际人才的开放同时促进世界主义和多语言环境	获得在国家人才和企业家中的知名度，保持可负担性
基础设施	开展基础设施现代化改造如交通运输、供排水、基本住房缺口垃圾和能源	解决主要基础设施和住房缺口	加强国际空运和港口联系尤其是增长型市场的联系；关注数字联系
经济发展	确保新进入者在新兴的创新经济中的可负担能力	为新进入者和新兴部门提供足够的支持	专家专业化、创新数字化和科学。利用大事件
品牌和身份	在竞争激烈的环境中保持清晰的身份	建立身份、实现品牌承诺	建立商业和投资者品牌以形成对其他大品牌的补充；改善生活和工作的平衡
城市治理	促进整个功能区的联网和协作治理	提升机构的成熟度和城市政府的能力，改善城市使用的工具	更大的领导平台，涉及商业、大学和公民社会。拥抱大都市议程
府际关系	理顺与中央政府的财政关系	获得中央政府对城市议程和空间经济的认可	从零开始构建关系，获得对推动城市国际化的项目的支持

图E 世界上三种不同类型城市的战略需要
资料来源：Jones Lang LaSalle and The Business of Cities, Globalization and Competition: The New World of Cities (Chicago, Jones Lang LaSalle, 2015).

成熟城市的需求

成熟的世界城市（例如伦敦、纽约和巴黎），是拥有来自人口、企业、投资者和游客的大量需求的大型全球城市，它们面临着一些关键的问题，希望将城市的增长纳入管理之下。最重要的是，如果它们想要避免过高的生活成本抑制年轻劳动力流入的情况，它们就必须提高住房市场的供给，并应对现有资产所有者对于提高住房供给的反对。房地产开发在这里的作用是多方面的，因为他们是公共部门重要的合作伙伴，与公共部门合作共同提高住房供给率。房地产开发可以驱动所有权模式的多元化，机构投资可以增加长期租赁的可行性。

房地产也能对城市的致密化发挥作用，带来具有混合收益和混合用途的开发，促使再开发由旧模式转向新模式并实现有效的土地循环。对于这类城市来说，要为新进入者保持竞争的商业环境和可负担的准入门槛，更重要的是以创新、价格合理、灵活的方式为不断增长的创新部门提供办公问题的解决方案。最后，房地产将是这些"上了年纪"的城市基础设施现代化更新过程中的重要合作伙伴，同样也是那些缺乏一定城市领导力的城市在实施跨辖区的综合项目时重要的合作伙伴。

新兴城市的需求

众所周知，新兴经济体的主要城市（例如上海、圣保罗和孟买）面临着不同于成熟城市的挑战，房地产将在应对这些挑战的过程中发挥重要作用。这类城市迫切需要对人口增长和农村移民加强管理。房地产规划可以对大规模住房供给、郊区整体开发和带状开发过程中的地点选定和更新方面发挥重要作用。这些城市也面临着收入和公共服务供给的两极分化，因此它们的房地产需要能建设公共康乐设施和社会基础设施（儿童保健、学校、健康）的项目，并且抵制"飞地城市主义"。

通过让城市先行者适应韧性和持续性的建筑设计，房地产开发能提升城市对气候变化、洪水和地震的应对能力。房地产开发还可以发挥提高城市透明度和建立城市标识的作用，使其履行并超越对国际市场的承诺。

新城的需求

可以看到，自2008年以来最近的一次全球化周期中，大量城市想使其经济更充分地融入全球化进程。这些"新的"世界城市（例如，奥克兰、特拉维夫和维也纳）通常是中型城市，具有数个独特的产业，并享有高质量生活的美誉。它们面临的挑战在于如何增加与国际市场的联系，创造一种更趋于大都市化的城市化路径来适应城市规模的扩大和城市的多中心性，并管理城市增长带来的外部性。

这些城市通过房地产规划和开发实现对基础设施和住房的逐步完善，在新的分中心实现人口集聚，使城市分中心变得具有活力并能产生适当的需求水平。因为这些城市需要支持创业，房地产由此可以发挥在"创新区"附近的内城区提供住房的作用。这些城市需要培养创新、数字化和科学方面的专家，意味着规划应该促进大学、民间社会和企业之间的协同效应。这些城市在能源效率和结构、低污染和绿色经济方面也发挥了积极的领导作用，房地产规划必须在更广泛的战略中加速向紧凑型增长转变。

结论

城市化进程是21世纪最重要的趋势之一，并与土地利用、房地产开发和房地产市场密不可分。城市现在在各个层面对社会、政治和经济关系发生着影响，也是制定土地利用议程和优先事项时需要考虑的主要因素。在公共和私营部门间采用协调性的和严格的规划方法，并拥有能支持这种规划的透明的监管环境，是减少与发展有关风险和吸引投资的根本性方式。管理型的增长和效率型的规划方法可以积极影响并维持关键社会、环境和经济利益之间的平衡。

格瑞·克拉克（Greg Clark），伦敦大学学院城市领导力倡议咨询委员会的联席主席，已出版10本关于全球城市和区域发展的著作。

蒂姆·穆恩（Tim Moonen），城市商业公司情报总监，该咨询公司总部位于伦敦。他擅长城市治理、融资和绩效比较。

道格·卡尔（Doug Carr），仲量联行（JLL）公共事业部纽约地区副总裁。主要为政府、教育部门以及非营利组织提供房地产规划与开发方面的咨询服务，尤其在政府和社会资本合作（PPP）和公共交通导向开发模式（TOD）等方面具有丰富的经验。

注 释

1. Pricewaterhouse Coopers, Real Estate 2020: Building the Future (New York, Pricewaterhouse Coopers, 2015). Available from http://www.pwc.com/sg/en/real-estate/assets/pwc-real-estate-2020-building-the-future.pdf.

2. Paul Kantor, Christian Lefèvre, Asato Saito, H. V. Savitch, and Andy Thornley, Struggling Giants: City-Region Governance in London, New York, Paris, and Tokyo (Minneapolis, University of Minnesota Press, 2012); George Ritzer and Paul Dean, Globalization: A Basic Text (London, Wiley, 2015).

3. Jones Lang LaSalle and The Business of Cities, Benchmarking the Future World of Cities (Chicago, Jones Lang LaSalle, 2016); Jones Lang LaSalle and The Business of Cities, Globalization, Competition, and The New World of Cities (Chicago, Jones Lang LaSalle, 2015).

4. Jones Lang LaSalle and The Business of Cities, Benchmarking the Future World of Cities (Chicago, Jones Lang LaSalle, 2016).

5. Joe Huxley, Value Capture Finance: Making Urban Development Pay Its Way (London, ULI Europe, 2009). Available from http://uli.org/wp-content/uploads/ULI-Documents/Value-Capture-Finance-Report.pdf.

6. Melanie Kembrie, "Hong Kong Metro System Operators MTR Spread 'Value Capture' Message to Australia," Sydney Morning Herald, 18 December 2015, available from www.smh.com.au/national/hong-kong-metro-system-operators-mtr-spread-value-capture-message-to-australia-20151215-glo0wq.html; Blanca Fernandez Milan, "Local Financing Schemes for Urban Mobility Planning," Mercator Research Institute on Global Commons and Climate Change, presentation at Civitas Forum 2015, available from www.civitas.eu/sites/default/files/documents/fernandez2015_civitas2015.pdf.

7. Martim Smolka, "Value Capture: A Land Based Tool to Finance Urban Development," Lincoln Institute of Land Policy, presentation delivered 2 February 2015.

8. Hiroaki Suzuki, Jin Murakami, Yu-Hung Hong, and Beth Tamayose, Financing Transit-Oriented Development with Land Values (Washington, D.C., World Bank, 2015).

9. Sabariah Eni, Urban Regeneration Financing and Land Value Capture in Malaysia (Ulster, University of Ulster, 2014). Available from http://eprints.uthm.edu.my/7901/.

10. Royal Town Planning Institute, Fostering Growth: Understanding and Strengthening the Economic Benefits of Planning (London, RTPI, 2014). Available from www.rtpi.org.uk/media/1020786/rtpi_fostering_growth_june_2014.pdf.

11. Hiroaki Suzuki, Jin Murakami, Yu-Hung Hong, and Beth Tamayose, Financing Transit-Oriented Development with Land Values (Washington, World Bank, 2015).

12. Jones Lang LaSalle and The Business of Cities, Globalization, Competition, and The New World of Cities (Chicago, Jones Lang LaSalle, 2015).

13. Greg Clark, Business-Friendly and Investment-Ready Cities (London, Urban Land Institute, 2014). Available from http://europe.uli.org/wp-content/uploads/sites/3/ULI-Documents/Business-Friendly-Report-final.pdf.

14. Economist Intelligence Unit, Hotspots (London, Economist Intelligence Unit, 2013). Available from www.citi-

group.com/citi/citiforcities/pdfs/hotspots2025.pdf.

15. Greg Clark, Business-Friendly and Investment-Ready Cities (London, Urban Land Institute, 2014). Available from http://europe.uli.org/wp-content/uploads/sites/3/ULI-Documents/Business-Friendly-Report-final.pdf.

16. Greg Clark and Emily Moir, Density: Drivers, Dividends, Debates (London, ULI Europe, 2015).

17. Centre for Liveable Cities and Urban Land Institute, 10 Principles for Liveable High-Density Cities: Lessons from Singapore (Singapore, Centre for Liveable Cities, 2013). Available from http://uli.org/wp-content/uploads/ULI-Documents/10PrinciplesSingapore.pdf.

18. Greg Clark and Tim Moonen, Technology, Real Estate and the Innovation Economy (London, ULI Europe, 2015).

19. Rosemary Feenan, Greg Clark, Emily Moir, Tim Moonen, Metro Governance, Devolution and the Real Estate Friendly City (unpublished, 2016).

20. Jones Lang LaSalle and The Business of Cities, Globalization, Competition, and The New World of Cities (Chicago, Jones Lang LaSalle, 2015).

第11章 最不发达国家城市融资资本市场的完善

前言

于2015年9月通过的联合国可持续发展目标（SDG）为发展中国家和发达国家制定了未来15年的议程。这些目标除了减少贫困和促进优质教育、良好的健康和性别平等外，还特别强调环境问题。[1]

世界上80%以上的人口居住在欠发达地区——其中13%在最不发达国家（LDC），它们在关键的社会和经济指标方面明显滞后。确保这些最不发达国家能够有效实施可持续发展目标尤其重要。

最不发达国家面临的一个关键问题是为可持续发展目标的实施提供资金。拥有现代化的基础设施是实现可持续发展目标的关键要素，据估计，单单满足发展中国家基本的基础设施投资需求，每年就需要1万亿美元至1.5万亿美元。[2]此外，许多最不发达国家的经济增长疲软（例如，中东和北非地区的年国内生产总值增长在过去五年中平均只有1.8%，而撒哈拉以南非洲的增长从2002年至2008年期间令人印象深刻的6.4%到2014年的4.6%和2015年的3.5%）[3]，国内收入低[4]，资本市场脆弱甚至有的根本不存在，政治不稳定性高，税制低效，税基狭窄。缺乏发达的资本市场和体系完备的金融机构，使最不发达国家在为可持续发展目标的实现筹措资金时面临更多、更大的挑战。大多数最不发达国家的私营部门也发展不足，尽管外国直接投资总体在增加[5]，但大型外国公司对这些国家较高的政治和经济风险持警惕态度。[6]

"中东和北非地区的年国内生产总值在过去五年中平均只有1.8%"

发展中国家从官方开发援助（ODA），世界银行和联合国等国际捐助者以及其他国际开发机构获得了大量资金（2014年，最不发达国家从经合组织发展援助委员会收到了大约1350亿美元）。[7]优惠的官方资金仍然是极为重要的资金来源，约占向最不发达国家流动的国际资本总额的45%。[8]筹集国内资源则是克服资金不足和推动最不发达国家实现可持续发展目标的另一个重要因素。

城市是最不发达国家经济增长的引擎，即便是在最贫穷的国家，其在推动产生更高的国内收入方面也发挥了重要的作用。[9]然而，尽管国内付出了巨大努力并获得了国际支持，但最不发达国家的城市想要提供充分的基本公共服务和优质的基础设施来实现地方发展，依然困难重重。虽然应该保持和加强对自有源收入的关注，但国内资本市场也许能为城市发展提供额外的机会。

然而，最不发达国家的结构性经济缺陷限制了市政当局进入资本市场为基础设施建设融资的能力。此外，关于地方政府借债的法律和监管框架往往使其难以甚至不可能涉足资本市场。[10]由于治理和财政管理不足，以及缺乏有关地方政府资本市场运作的知识，这种局面变得更加糟糕。因此，如表1所示，市政当局主要依靠中央政府通过拨款和其他机制进行的转移支付以及来自税收和收费的自有源收入——后者通常不超过全部市政（除首都外）收入的10%。

表1　最不发达国家地方政府资本来源和平均分成

类别	资本收入	最不发达国家的平均债务
自来源收入	资产出售 改良费 捐助 现有盈余	5%—10%
上级政府的 转移支付	一般转移支付 专项转移支付	80%—85%
外部收入 国际开发伙伴的直接资助	贷款、债券和股权 一般性资助 专项资助	0—5% 0—5%

资料来源: Commonwealth Secretariat, Municipal Infrastructure Financing (London, Commonwealth Secretariat, 2010); WorldBank, Municipal Finances: A Handbook for Local Governments (Washington, World Bank, 2014); UNCDF, Local Fiscal Spacein Myanmar (Bangkok, UNCDF, 2014); UNCDF, Infrastructure Financing Market in Ethiopia (Addis Ababa, UNCDF, 2016)

对中央政府转移支付的依赖限制了投资资本的规模，并让当前这一代人承担了基础设施长期开发的全部经济负担。这也与城市及其他地方政府越发依靠私营部门来为基础设施建设融资的全球性趋势相悖。[11]

图A表明了PPP基础设施项目日益增加的全球性趋势[12]，其在2001年至2012年间增加了3倍多。私

"世界上80％以上的人口居住在欠发达地区——其中13％在最不发达国家（LDC），它们在关键的社会和经济指标方面明显滞后。确保这些最不发达国家能够有效实施可持续发展目标尤其重要。"

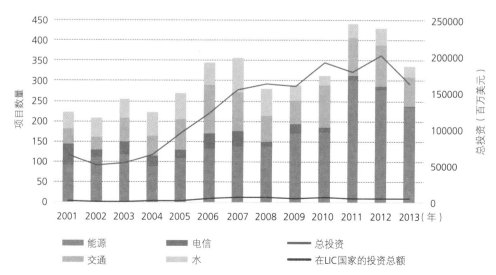

图A　2001—2012年间私营部门参与基础设施融资总和
资料来源: World Bank and PPIAF, PPI Project Database.

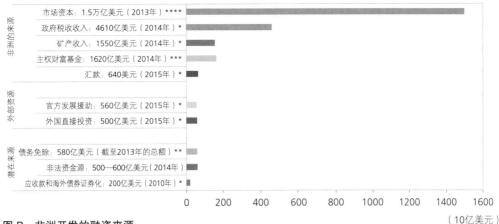

图 B 非洲开发的融资来源

资料来源：* AfD, OECD, UNDP, African Economic Outlook (n.p., AfD, OECD, UNPD, 2016).
** World Bank, Debt Relief for 39 Countries on Track to Reach US$114 Billion (Washington, World Bank, 2013).
*** All Africa News, Ethiopia: A Way Out of Debt for Sustainable Dev't (n.p., All Africa News, 2016).
**** AfricaStrictlyBusiness.com, Africa's Equity Market Capitalization (n.p., AfricaStrictlyBusiness.com, 2014).

人资本参与最不发达国家基础设施融资的总额增加了3.5倍，从14.95亿美元到51.9亿美元；然而，私人资本参与最不发达国家基础设施融资的基数很低，只占全球私人基础设施融资的3%。

图B表明，在拥有34个最不发达国家的非洲，基础设施融资中源于私营部门的1.5万亿美元市场资本要远远超过政府收入或官方发展援助。随着最不发达国家资本市场在专业度、范围和资本化方面日臻成熟，同时城市政府逐渐改善其财务状况和专业能力，可以期待私人资本在为最不发达国家市政基础设施提供资金方面将发挥越来越重要的作用。

本章首先探讨在最不发达国家运用资本市场为城市融资的方法。然后介绍最适合最不发达国家城市的金融和非金融机制。接下来，本章会涉及正在出现的金融创新——虽然其目前并不存在于最不发达国家，但却可能在未来发挥重要作用。最后讨论市政当局可以采取哪些决策过程和具体步骤来获取市场资金（常规或其他）。

利用资本市场为城市融资

虽然资本市场在最不发达国家可能并不完善，但城市和其他地方政府仍有许多机会来吸引私人资本为基础设施建设提供资金。只要可能并在经济上合理，公共资金应该用作增加私营部门对基础设施投资的杠杆。

如图C所示，私人融资有两种基本形式：股权和债务。股权是项目所有者（公共或私营部门）向私人投资者出售的基础设施项目的财务收益。与债务不同，股权不必偿还，但它要比债务更难获得且更昂贵。在较发达的国家，市政公司在证券交易所上市，通过私募或公开发行的方式向目标机构投资者（如养老基金）发行股票。然而，这种方式只适用于成熟和资本充足的公司，并需要发达和繁荣的风险投资和股票市场。

相比之下，在最不发达国家，可能通过非市场机制来吸引私人股权投资，例如市政当局与私营部门（包括机构投资者）签订合

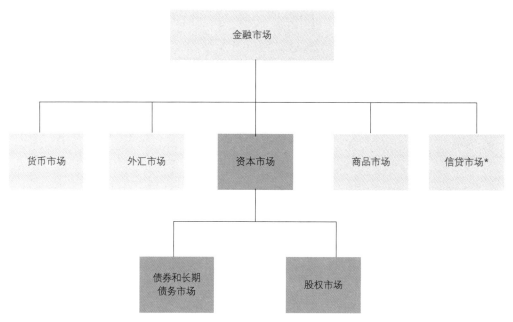

图 C　金融市场的类型
* 信贷市场仅仅是对信贷交易、结构和投资进行操作的市场。公共和私人借贷者通过短期借款、信用衍生品和结构性借贷产品实现操作。

同，建立基于项目的伙伴关系，使私营部门向新的基础设施项目提供股权融资。在最一般的形式中，这种方式会涉及两个股权持有人：以土地和有形基础设施（即建筑物、公用事业、道路等）出资的市政当局以及提供项目建设所需现金的私人合作方。乌干达布西亚的一个市政交通项目（见案例1）和坦桑尼亚Kinondoni的四个市政住房项目就是通过这种方式进行融资的。即使是最不发达国家中的落后者也可以从这种方式中受益。例如，阿富汗西部城市赫拉特的地方政府，吸引到私人公司投资城市广场、

案例1　乌干达布西亚的多功能停车项目

如下图所示，乌干达布西亚的市政项目——布西亚多功能停车项目位于肯尼亚边境。该项目利用了该区的战略边界位置，旨在促进乌干达和肯尼亚之间的跨国运输和贸易。联合国资本发展基金（UNCDF）帮助开发和设计该项目，在地方政府、乌干达教会和私人投资者（Agility Uganda Limited）之间建立三方公私合作伙伴关系。通过地方经济分析、可行性研究以及结构化和财务建模的方式降低项目风险，该项目250万美元总成本中的70%利用了私募股权和债务融资。该项目（目前在建）将大大改善交通流量、改善城镇环境；促进该地区的商业发展；直接或间接创造100多个工作岗位，包括货车司机、加油站工作人员和商店店员；除了从贸易商收取的许可证费用外，地方政府还能每季度获得10%的项目收入。

肯尼亚—乌干达边境布西亚多功能停车项目© UN–Habitat

公园和交通信号灯系统。股权持有人的数量可能因项目而异。例如，布西亚多功能停车项目有三个：贡献10英亩土地的乌干达教会、提供相关基础设施的市政府和提供股权的私人合作伙伴。因此，乌干达教会得到项目收入的6%，市政当局4%，私人合作伙伴90%。

城市政府的金融和非金融工具

过去15年来，债务融资工具的创新方兴未艾并变得日益复杂。但是，只有少数几种工具可以在最不发达国家使用。地方政府可以考虑两种城市信用模型——欧洲使用的银行贷款模型和北美使用的城市债券模型——并从每种模型中各取所需以契合本国特定的社会文化——政治环境。最不发达国家的地方政府可用的最为常见的长期债务工具是商业银行（包括国家开发金融机构和城市发展基金）定期贷款。定期贷款是一种期限超过五年的贷款，通常包括长达一年的宽限期，在此期间借款人不支付利息或本金（或两者）。

然而，地方借款通常受到严格监管。在大多数最不发达国家，一个城市政府可以签订的债务金额有法定限制，额度为年度自有源收入的20%—30%。城市政府不能从外国银行借款，由于金融抑制政策或其他原因，国内信贷可能受到限制。因此，要想获得大笔的基础设施建设借款需要有强健的财务基础，而这对许多最不发达国家的城市政府而言是一个持续的挑战。当基础设施项目旨在通过收费、费用或产生利润获取收入时，市政府可以预支未来项目的资产（包括其未来现金流）。在这种情况下，银行会认为项目的未来收入是抵押品，而不是一般的市政收入。

一般来说，在最不发达国家，市政债券是其未来的一部分，而不是现在。有两种类型的市政债券：一般责任债券和收入债券（或项目支持债券）。一般责任债券得到发行政府的全额信用担保，且严重依赖于该政府的财务状况。最不发达国家发行的市政债券迄今为止集中于这种类型的债券。通常，城市政府用自有源收入来支持这些债券的发行，这就是为什么城市财政的可持续性对是否能够利用这些融资工具进而涉足资本市场如此重要的原因。然而，在新兴经济体中，也有这样一种情况，地方政府基于未来中央政府的转移支付发行债券（如2001年至2003年期间一些墨西哥城市发行的所谓未来收入流债券）。[13]自然地，这种类型的债券采取可预测且有担保的中央政府转移支付的可靠机制。另一方面，特定项目的特定但有限的收入（例如，来自公共停车库的费用）是获取收入的源头或项目债券的担保。鉴于资本市场的结构性问题，只有少数较大和较富裕的城市政府能够负担市政债券，例如塞内加尔的达喀尔、乌干达的坎帕拉、孟加拉国的达卡以及坦桑尼亚的达累斯萨拉姆。

债券，特别是配售给银行和机构投资者的债券，发行的最低面值为5000美元或5000美元的倍数。但如果有足够的需求，也可以发行较小面额的零售债券。约翰内斯堡市政府发行的所谓Jozi债券，面值为1000兰特（约合70美元），非常受该市居民的欢迎，在更广大的约翰内斯堡地区的任何邮局都可以买到。重要的是，这些债券在二级市场是可交易的，这使其成为家庭的流动资产。

大多数最不发达国家的金融体系仍然以银行为基础，而不是以市场为基础。因此，这些国家为基础设施提供融资的私人资本主要源自与公共部门合作的银行和私营公司。展望未来，政府以及私人养老和保险基金等机构投资者在基础设施融资方面会发挥更为突出的作用。[14]到目前为止，这些机构参与最不发达国家的基础设施融资仅限于中央政府和多边金融机构支持的大型项目，如埃塞俄比亚48亿美元的文艺复兴大坝（Renaissance Dam）。将这类资本用于由地方政府发起的小型基础设施项目意味着基础设施投资的资金可用性显著增加。

同时，最不发达国家的城市政府和其他地方政府可以从公共部门支持的吸引私人资本进行基础设施融资的现有机制（图D所示）中获益。由政府、多边和双边开发机构提供的支持包括可用于调动私营部门基础设施投资的金融工具，例如（1）赠款和其他补贴（如基于产出的援助补充或降低用户费和税收减免）以及无息贷款；（2）各种担保；（3）优惠贷款。公共部门提供各种专门的降低风险的工具，旨在解决发展中国家基础设施融资面临的挑战如政治和货币风险，包括政治保险、综合性本币贷款、货币互换和利率掉期。城市政府和其

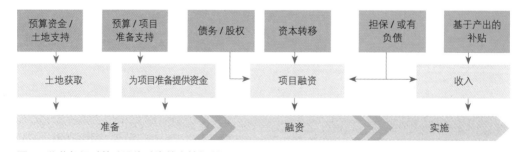

图D 公共部门对基础设施融资的支持机制
资料来源: J. Delmon, Public-Private Partnership Projects in Infrastructure (New York: Cambridge University Press, 2011).

他地方政府需要充分了解现有的公共支持工具，在使用它们的过程中获得相关的专业知识。

进入资本市场可以显著改善市政基础设施投资的财务机会。然而，资本市场（和外部融资）并不是对城市开发所面临难题的普遍答案。寻求外部融资会有一系列风险，例如，所有权可能受到损害，因为股权融资会让外来者拥有投票权。此外，由于需要支付债务融资利息，城市政府的还款超过最初获得的贷款，而抵押物可能在违约的情况下被贷款人扣押。借款不仅扩大了地方政府的融资能力，而且还带来了破产的风险。

因此，关于基础设施融资模式的决策应在城市投资计划、融资战略和计划的整体背景下考虑（表2简要呈现了这些不同模式的定义特征）。项目的性质及其创收能力、内部和外部资本成本、最佳融资结构、市政当局的财务状况以及其他因素，在决定如何对基础设施建设进行融资时都是需要加以考虑的。

表2　市政基础设施融资类型、资本提供者和融资工具

融资类型	资本提供者	融资工具
股权融资	• 富有的个人 • 私募股权和风险投资公司 • 公共部门（专项基金、机构和事业单位） • 商业银行	• 非上市普通股 • 上市普通股 • 上市优先股 • 准股本（可转换贷款工具、无担保贷款、优先股、夹层和次级贷款） • 伊斯兰股权合同（Musharalxah、Mudarabah）
债务融资	• 商业银行 • 储蓄机构 • 投资银行和金融公司 • 机构投资者(养老基金、保险基金等)	• 定期贷款 • 市政债券和其他地方政府债券（一般责任卷、收益债券和结构化债券） • 公司债券（市政公司） • 抵押贷款
租赁融资	• 租赁公司	• 非税租赁 • 税务导向型租赁（单一投资者和杠杆） • 伊斯兰租赁（Ijarah）
公共部门融资	• 全球或地区多边开发银行 • 政府援助机构 • 双边开发银行、出口信贷机构和专门基金 • 国家开发银行、政府部委以及专门机构 • 主权财富基金	• 无息和优惠贷款 • 赠款和其他补贴，如基于产出的援助和税收减免 • 担保(市场、价格、绩效、成本等) • 保险 • 利率掉期 • 直接或间接股权投资 • 股权类赠款(土地结构、设备)

资料来源: K. Seidman, Economic Development Finance (Thousand Oaks, Calif., Sage Publications, 2005); J. Delmon, Public-Private Partnership Projects in Infrastructure (New York: Cambridge University Press, 2011); K. van Wyk, Z. Botha, I. Goodspeed, Understanding South African Financial Markets (Pretoria, Van Schaik, 2012).

埃塞俄比亚，亚的斯亚贝巴景观© Flickr/Neiljs

非常规的新型融资工具

前面的章节重点讨论了长期以来市政当局使用的大家都比较熟悉的传统金融工具。本节将阐释除了传统的工具外，最不发达国家的城市可以考虑的两类新兴工具：基于合同的伊斯兰证券、债务、租赁及侨民债券。

48个最不发达国家中有16个是伊斯兰开发银行的成员，伊斯兰金融在这些国家和全球范围内变得越来越普遍[15]，在过去十年中每年以10%—12%的速度增长（尽管它仍然只是常规金融的一小部分）。[16]伊斯兰金融使用的大量合同考虑了三个主要禁令：反利息（riba）、反主要不确定性（gharar）和反投机（maysir）。表3归纳了用于长期融资的主要伊斯兰金融合同。

重要的是，所有伊斯兰金融合同必须有基础性的真实资产支撑，才能将其证券化。名为Sukuk的伊斯兰债券可以基于表3中讨论的任何合同/金融工具。Sukuk投资者共同享有投资资产所有权的份额，但这并不代表是欠债券发行人的债务。

在常规债券的情况下，发行人必须履行特定日期向债券持有人支付利息和本金的合约义务。相比之下，在Sukuk结构下，每个Sukuk债券持有者持有基础资产不可分割的获益权。因此，Sukuk债券持有人有权分享Sukuk资产产生的收入。Sukuk的发售涉及出售相应的资产份额。马来西亚和印度尼西亚等国以及中东地区长期运用Sukuk债券来为基础设施项目提供资金。德黑兰市政府在1994年发行了该国的第一个Musharakah式Sukuk债券；2013年，尼日利亚和塞内加尔都发行了Sukuk债券以为大型基础设施建设融资。Sukuk债券不断增长的部分原因在于强劲的需求导致发行成本较低，这使得Sukuk债券比传统债券更便宜。

一种新兴的金融工具是侨民债券。侨民债券是由一个国家（或一个地方政府或一个私人公司）发行的一种向其海外侨民筹集资金的债务融资工具。对许多最不发达国家而言，侨汇是外部融资的最重要来源之一。最不发达国家获得的侨汇收入从2000年的63亿美元增加到了2011年的近270亿美元。对于中等最不发达国家，汇款占其国内生产总值的2.1%和出口收入的8.5%，对莱索托、萨摩亚或索

表3 主要的伊斯兰融资工具

范畴	名称	描述
基于股权型	Mudarabah	受托人融资合同。一方贡献资本，而另一方贡献行动或专门知识。利润按照事先约定的比例共享，不保证能给投资者回报，并对其承担任何经济损失
	Musharakah	股权参与合同。参与的不同各方贡献资本，利润按照预先约定的比例共享，但损失与资本投入成比例。股权合伙人共享并控制投资的管理，每个合伙人对其他人的行为负责
基于债务型	Istina'a	关于生产商品的合同，允许提前付款，一手付款一手交货，先提货后付款
基于租赁型	Ijarah	运营或融资租赁合同。银行代表客户购买资产，以固定的租金获得资产的使用权。资产的所有权仍然是金融机构，也可能逐渐转移给客户让其成为资产最终的所有者

马里等小经济体而言，汇款数额占其GDP的20%—50%。[17]

侨民储蓄比侨汇多得多。这些储蓄大多存在银行，如今几乎没有利息。2009年撒哈拉以南非洲的侨民储蓄估计为304亿美元。[18]

一些国家试图通过侨民债券利用这些重要的资金资源，并获得了不同程度的成功。以色列和印度利用侨民债券募集了3—40亿美元。[19]其他国家，如津巴布韦、埃塞俄比亚和肯尼亚也尝试过这种方法。侨民债券通常溢价出售给侨民，因此其借款成本获得了一种"爱国"折扣。除了爱国主义或希望在祖国做好事之外，这种折扣也可以解释为侨民投资者可能更愿意和更能够承担硬通货的主权违约风险和贬值，因为他们可能有本币债，能影响借款人偿还这些债务的决策。根据世界银行的报告，每年通过侨民债券有筹集1000亿美元开发融资的可能。[20]

获得市场化的资本融资

城市政府做出的第一个决定是到底应该从外部还是内部获得基础设施建设的融资。外部资金（除非是赠款）有成本，城市政府需要根据基础设施的性质确定是否负担得起这种成本。创收项目和大型基础设施项目可由市场资金支持，这些项目不能由常规市政资源提供融资。即使决定采用市场资金（常规或其他方式），市政当局也应探索将自有源收入和赠款与外部股本和债务结合起来的混合型融资选择。

一旦决定利用市场资金，市政当局必须考虑以下选择：

• 从金融机构或专门开发银行借款；

• 进入资本市场或发行债券；

• 通过合同，租赁和特许经营来吸引私营部门参与。

从金融机构借款——特别是针对小型项目而言——可能是大多数城市最直接和最简单的选择。而通过开发银行或城市发展基金（MDF）获得优惠资金则更具有吸引力。但是，市政当局需要决定：（1）是否应该根据城市财政状况或针对特定项目（如果是创收项目）进行借款；（2）是否需要借款，或者相反，必要的资金是否可以由私人合伙人在合资企业或特许权的方式下提供。如果决定基础设施投资将由贷款提供（可能与所讨论的其他类型融资相结合），仔细审视信贷市场的情况将有助于在考虑到贷款利率、期限和其他条件（如宽限期）等因素的情况下确定谁是最佳贷款提供者。虽然城市银行似乎是自然的选择，但根据投资的特点，也许可以从另外的金融机构获得更好的信贷条件。

如果项目性质允许与私营部门合作，则市政当局必须选择最适合项目特征的最优合同安排和业务结构类型（例如SPV）。更进一步的分析将有助于决定这种伙伴关系的财务结构，并确定合作各方提供投资的方式。然后是项目发起人的采购，获得项目开发批准、财务结算和项目启动。图E概述了案例1中讨论的乌干达布西亚市政交通项目的开发和融资情况。

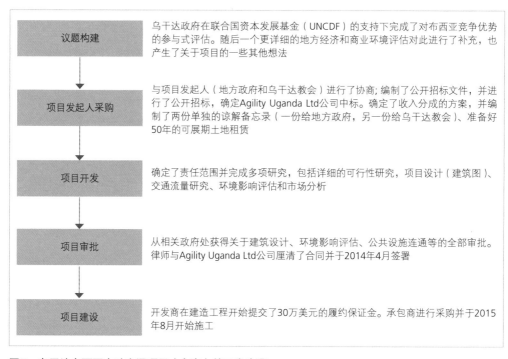

图E　乌干达布西亚市政交通项目（合资）的开发步骤

"如果项目的类型和性质适合发行债券，则市政当局需要确保其符合融资工具的要求。"

如果项目的类型和性质适合发行债券，则市政当局需要确保其符合融资工具的要求。在发行市政债券之前，地方政府或地方公共服务企业财务状况必须良好，以便偿还债务。这意味着必须有可靠的盈余用来按时和全额支付债券持有人的利息和本金。可能还需要努力增加来自现有税收、收费和使用者付费的收入，并且要减少不必要的支出或在必须继续支出的领域采取节约措施。图F概述了不同类型债务融资工具的最适用途。

生产能力项目收益	能产生利润	优惠（商业）定期贷款和/或私募股权	商业定期贷款和/或私募股权，债券	商业定期贷款和/或私募股权，债券
	用于弥合成本	拨款	优惠或商业定期贷款	商业贷款或债券
	无收益	拨款	拨款或优惠定期贷款	优惠或商业定期贷款
		低	**中**	**高**

城市融资能力

图F　债务融资工具概述
资料来源：World Bank, Municipal Finances: A Handbook for Local Governments (Washington, World Bank, 2014), p. 359.

结论

城市利用市场资本的关键点如下：

第一，进入资本市场伴随着金融和非金融（如声誉）的风险。城市政府在失败时可能失去其宝贵的资产。在涉足动荡的资本市场之前，城市政府需要获得理解和评估这些风险的能力。

第二，不存在一劳永逸地解决城市政府长期资金需求的单一融资工具。融资工具的适用与否取决于投资的性质、城市政府的具体情况和国家法规。总会存地方政府使用市场资本的限制。存在更先进的金融工具，但小城市却不能使用。鼓励使用混合融资工具。总之，当城市政府想要从简单的金融工具（如定期贷款）转向更为复杂的工具（如基于SPV的结构融资和债券发行）时，建议采用循序渐进的方法。

第三，要想进入资本市场，于大多数城市而言，需要一个更加健全的公共财政管理系统。仅举几个关键条件，如适当的收入规划和管理，资本投资规划和金融战略制定。培养商业思维和像企业一般运营城市的能力是一些最不发达国家地方政府重组过程的一部分。

第四，就算是获得定期贷款——更别说发行债券——也需要一个对重要的专业知识进行长期积累的过程，在许多情况下，城市政府不太可能拥有这些专业知识。因此，在内部获取这种专业知识或确保随时能从外部获取就变得非常关键。

第五，获得长期融资不是过程的结束，而是开始。不管是以何种形式产生的债务，都必须偿还。监测债务偿还过程并及时采取纠正措施以避免违约，这对今后在有利条件下继续进入资本市场至关重要。

慕罕默德·法里德（Muhammad Farid），联合国人居署城市研究员，从事政策研究。他是伦敦城市大学的经济学硕士。

德米特里·波日达耶夫（Dmitry Pozhidaev），联合国资本发展基金的区域技术顾问，负责基金在非洲南部和东部的项目规划工作。他是伦敦商学院的硕士，在莫斯科大学获得了定量研究和统计专业的博士学位。

注　释

1. World Bank, World Development Indicators, Featuring the Sustainable Development Goals (Washington, World Bank, 2016).

2. United Nations, Addis Ababa Action Agenda (New York, United Nations, 2015).

3. World Bank, World Development Indicators (Washington, World Bank, 2016); International Monetary Fund, Regional Economic Outlook: Sub-Saharan Africa: Time for a Policy Reset (Washington, IMF, 2016).

4. LDCs on average (over 2009–2011) collect only 14.8 per cent of their revenue as a share of GDP. See World Bank, World Development Indicators (Washington, World Bank, 2016).

5. FDI in low-income countries increased from 2.5 per cent of GDP to 4.4 per cent between 2006 and 2014. See World Bank, World Development Indicators (Washington, World Bank, 2016).

6. Antonio Estache, "Infrastructure Finance in Developing Countries: An Overview," EIB Papers, vol. 15, no. 2, pp. 60–88.

7. United Nations, Third International Conference on Financing for Development: Taking Stock of Aid to Least Developed Countries (LDCs) (Addis Ababa, United Nations, 2015).

8. UNCTAD, The Least Developed Countries Report 2014: Growth With Structural Transformation:

A Post-2015 Development Agenda (Gevena, UNCTAD, 2014). Available from http://unctad.org/en/PublicationsLibrary/ldc2014_en.pdf.

9. The municipality of Kabul in 2011 collected 2.9 billion AFN (US$42 million) in revenue for its population of about 3.5 million people. An additional 30 per cent of revenue is estimated to be generated by registering all the properties in Kabul city and collecting property-based taxes. See GoIRA, The State of Afghan Cities (Kabul, GoIRA, 2015), p. 42.

10. A number of LDCs issued regulations on municipal bonds and PPPs for sub-sovereigns, including Uganda (2013) and Tanzania (2014).

11. For example, Uganda enacted a bill allowing Islamic finance in January 2016.

12. World Bank, Islamic Finance Brief (Washington, World Bank, 2015). Available from http://www.worldbank.org/en/topic/financialsector/brief/islamic-finance.

13. J. Leigland, Municipal Future-Flow Bonds in Mexico Lessons for Emerging Economies (The Journal of Structured Finance, Summer 2004, Vol. 10, No. 2: pp. 24-35)

14. According to the African Development Bank, Africa's pension funds currently hold US$380 billion in assets, thanks to a decade of economic growth. Even then, only very few countries, including South Africa, have pension systems that are broad-based, relatively transparent, and protect beneficiary rights. See United Nations, Africa Renewal, vol. 28, no. 3 (December 2014), p. 7.

15. For example, Uganda enacted a bill allowing Islamic finance in January 2016.

16. World Bank, Islamic Finance Brief (Washington, World Bank, 2015). Available from http://www.worldbank.org/en/topic/financialsector/brief/islamic-finance.

17. UNCTAD, The Least Developed Countries Report 2012: Harnessing Remittances and Diaspora Knowledge

for Productive Capacities (Gevena, UNCTAD, 2014).

18. S. Ketkar and D. Ratha, Diaspora Bonds for Education (Washington, World Bank, n.d.). Available from http://siteresources.worldbank.org/FINANCIALSECTOR/Resources/282044-1257537401267/DiasporaBondsEducation.pdf

19. S. Ketkar and D. Ratha, Development Finance Via Diaspora Bonds Track Record and Potential (Washington, World Bank, 2007).

20. S. Ketkar and D. Ratha, Development Finance Via Diaspora Bonds Track Record and Potential (Washington, World Bank, 2007).

第12章 城市基础设施发展规划的制定与管理

前言

如何管理快速发展的城市化过程是许多城市面临的问题，这些问题尤为突出地表现在为交通、水处理、住房、污水和固体废物提供适当的基础设施方面。然而，许多地方政府，特别是在发展中国家的中小城市，缺乏制定基础设施发展政策的组织结构和权威。例如，他们可能缺乏金融人才，而且有关公–私投资的适当机制和规则往往不到位。同样，许多城市缺乏为这些投资提供资金的能力，即使这些资产有潜力成为创收的来源。

地方政府有多种方式为基础设施发展提供资金，包括税收增量融资、市政债券以及其他土地价值捕获机制。在许多情况下，土地利用规划要求开发商负责基础设施建设，以作为其获得住宅或商业建筑项目许可证的条件。发展中国家中小城市面临的主要问题是，基础设施投资回报（其形式是开发费和从基础设施促成的经济增长中获得的税收）与基础设施初期投资之间存在巨大时间差。在大型供排水和污水处理设施的情况中，这种时间差可能长达10至20年。特别是在发展中国家，地方政府很难获得必要的过渡性融资，因为其既没有信用评级，也没有负责任的财政管理历史，也没有适当的法律或体制机制（如开发费、改良税、开发公司）。

问题不在于创造新的城市财政模式，而在于创建地方政府主导的基础设施发展所需的特定制度机制。[1]

本章介绍了城市主导型基础设施开发的背景，并为地方政府提供了一个实用框架，指导其如何为调动私营部门资源、为基础设施融资并建设适当的设施创造条件。该框架包括：可行性分析——以确定在特定城市进行基础设施开发的可行性；立法——以制定和实施标准，为地方政府为基础设施建设融资提供法律机制；财务战略；地方开发组织平台（例如法人子公司/开发公司），它们有管理复杂项目的专业能力。

地方政府在基础设施发展中的任务

提供适当的基础设施和服务是获得高质量生活和商业友好型环境所必需的——包括街道安全、适当的污水排放、优质学校、保健、道路和公园等。

为自由资本主义奠定知识基础的亚当·斯密明确捍卫政府具有建设关键基础设施的责任的观点，在谈到政府的基本职责时，他写道："永远不能为任何个人的利益建立和维护某些公共工程和公共机构，也不能为少部分的人利益而建；因为收益永远不可能偿还任何花在个人或少部分人身上的花费，尽管偿还给一个伟大的社会时，它往往还要做得更多一些"。[2]

虽然传统上，基础设施的供给是中央政府的工作，但城市生活的复杂性、细微差别性和动态性使地方政府在这方面发挥越来越重要的作用。然而，地方政府往往缺乏承担这些职能所需的法律规定、组织结构和融资能力。特别是在发展中国家，地方政府通常没有地方法令和相关立法的授权，使它们能征集开发费或其他税费来满足基础设施建设的资金需求。它们也没有适当的组织框架，能使其以企业化的方式运作——而这对执行复杂任务——关于基础设施开发的项目管理及财政管理——非常必要。

行动战略

地方政府面临的主要挑战是如何创造条件，动员私营部门为基础设施提供资金和建造适当的设施。这不是放弃公共部门的责任，而事实上恰恰相反。地方政府需要制定标准，制定可执行的程序，并在特定规章/条例中规定开发费/税。它们必须建立专门的组织和制度框架，以管理基础设施开发，使其能利用常常被忽视的地方经济资源。

制定和实施这样一个行动战略应该包括四个主要部分：可行性分析、授权立法、融资战略和地方开发的组织平台。

可行性分析

可行性分析并非用于决定基础设施的开发是否在特定的城市可行，而是关于如何将其设计得可行。分析包括：

- 评估不同类型基础设施（道路、污水处理、水处理、废物处理、火力发电等）的需求范围。对这些需求的评估需要基于人口预测、住房数量和现有的基础设施能力。该评估还需确定城市的战略资产，并评估需要什么类型的基础设施实现这些资产间以及这些资产与不同的人群间的相互联系。

- 评估不同人口迁移进入城市的经济能力。还需要确定不同的社群可以在多大程度上为住房和相关基础设施付款、住房成本占基础设施的份额、居民应支付基础设施建设成本中的哪部分而哪部分又应该转移给商业部门。

- 确定能满足居民和企业对于城市增长的需求的最适标准和技术。

- 估算所需不同类型基础设施的总成本以及不同地理和社会经济领域的具体成本。

重要的是确保城市基础设施规划水平与区域和国家级的基础设施项目相匹配。这对于确保基础设施开发的协调性以及适当地划分不同级别政府的供资责任至为关键。

授权立法

过去，化粪池、井、径流排水甚至泥土路这类的基础设施尚可由家庭承担建设。但是在当今快速扩展的城市地区，这种模式已不可行。虽然也有关于水净化、污水处理和其他类型的基础设施的地区/县级举措，但地方政府设置并实施基础设施标准的法律权威性往往很弱。同样，如果不是特别急需，地方政府通常没有为基础设施建设提供资金的法律机制（例如，没有关于赤字融资或进入国际金融市场的立法条款）。在许多情况下，没有法律授权地方政府提供基础设施或为基础设施的建设付费（通过开发费）——而这是批准建筑许可证的条件。

这种转变不仅仅涉及制定和执行标准，而是地方政府的地位和作用的变化。一方面，地方市政当局被赋予提供基础设施的重任，另一方面其也获得了为基础设施开发提供资金的权力。现实中的权力下放，虽然已经使如今的地方政府做好了对居民负责的准备，但却缺乏承载这种责任的工具。

通过征收开发费的法案是一种可能的补救性立法。这样的法案不仅要整合不同的法律规定，而且要赋予城市政府执行的机制。需要地方政府立法（法令或规章）规定开发费，并授予地方政府以下权力[3]：

1. 授予建筑许可证的条件是支付开发费或提供达到设定标准（以某种形式的抵押品或银行担保作保证）的基础设施。

2. 给予市政当局权力来征收道路、供水、污水处理和排水的开发费，并通过一个封闭的账户（特别是针对给定的开发领域或相关区域系统）将这些费用支付给地方政府，且支付的速度要与基础设施建设的步伐保持一致。这可以分阶段进行，收取的费用要与常规地方预算分开存放。

3．赋予城市政府通过不同机制为基础设施建设融资的权力，这些机制包括银行贷款、债券、合资企业、BOT。这些投资都基于未来产生的收益。这类立法还需包括制度保障和经济担保，为投资者提供保护，以确保其投资所需的安全。

这样做的意图并不一定是要地方政府全面参与基础设施建设的事务，而是当私人开发商不符合标准时才赋予政府这样做的权力。私人开发商可能很好地建造社区污水处理设施或铺设管道以连接到区域污水处理系统，但当开发商无法提供充分的解决方案或需要区域或次区域级别的解决方案时，市政当局可以选择将基础设施建设外包出去。开发商需要向市政当局偿还他们自己没有提供的那部分基础设施的开发费用。

融资战略

基础设施的开发需要一种综合全面的方法。各个城市的情况大相径庭，不同的社会经济情况极大地影响了公民和企业支付基础设施成本的能力。此外，基础设施的许多要素跨越地理和人口边界。同样，甚至对于相同类型的基础设施，不同的人群使用的水平并不相同。混合型的资金来源意味着公平而渐进性的差别收费（表1）。

表1　都市区和地方财政体系

| 政府层级 | 部门 | 收入来源 | | 收入产出* | 系统** | 最大化净收益的系统*** |
		资本支出的	运营支出的			
州/省/地区	健康、城际列车、发电、水管理等	一般税收（如收入和增值税）、债券、项目贷款	使用者付费、税收	极少能完全收回成本，但支付警用支出相对容易	健康保健卡、智能电网、水业务拍卖	针对特许权/供应商资格/使用权的透明投标
市辖区政府	教育，地铁，供水/水卫生等	一般税、财产税、债券、项目贷款等	用户费、CSO转移收入	除了供水，很少可以收回成本，支付警用支出更困难	集成票务、智能计量	基于GIS的财产税监控和自动计费等IT系统，以最大化收益。公众对公共服务问题溯源、回应
开发区/地带	区域/地带运输和市区改造	财产税、债券、项目贷款	如上	商业基础；公司应该有盈余	主要领域，区域税收附加费	土地储备/基于绩效的投标
地方政府	固体废物、地方道路、公园等	如上所述，加上有限债券和转移支付	如上	针对城市层级	收回成本的定价	针对城市和开发区层级

*收入产出是指应征收的税费实际被征收的量。
**系统是指实际可得的能够最大化使用和产出效率的最优方法和技术支持。
***系统升级以最小化征收过程中的遗漏并使责任意识和透明度最大化。
资料来源: Lindfield, Kamiya, and Eguino, Sustainable Metropolitan Finance for Development: Global Policies and Experiences for the New Urban Agenda and Local Finance (Washington, D.C., and Nairobi, UN-Habitat and IADB, 2016).

尤其是在诸如供排水和污水处理厂或主干道路之类的区域级基础设施方面，建设资金的来源可以部分源于经济上更富裕的人口。同时，捐助资金或国家开发预算可以缩小实际成本和经济上弱势人群所能支付额度之间的差距。

（基础设施）不仅需要差别的资金来源，还需要不同的执行方式：

1. 地方政府（或地方基础设施当局或其他开发机构）可以利用开发费的收入来建设必要的基础设施以建造新工厂或扩建城市中心。

2. 私人开发商（开发住宅或商业地产）可以在地方政府的监督/规制下建设一个社区处理设施，其价值将抵消一部分水处理设施的开发费（如70%—80%）。所剩下的费用可以支付水处理设施以外的其他开支。

3. 开发费作为区域水处理设施建造、运营和转移（BOT）的资金来源，还可以包括业务收入和管理收入。

这一综合性基础设施融资和发展战略的基础在全世界许多城市已经确立，但这些城市几乎全是在发达国家，在那里城市政府很早就获得提供基础设施的授权及相应的法定权力。这些城市的经济模式简单明了——地方政府负责规划、确定范围、位置、技术、阶段或时间要求和不同基础设施的部分成本。根据这些规划，就有可能设定由住房或商业项目开发商支付的开发费或税。一旦采取了这些步骤，就有许多办法（范围涵盖市政债券到商业银行贷款）来进行临时融资。由此，基础设施的供给就能够得到保证。

关于这一主题，存在多种可以加以采纳和适应的政策选项，范围涵盖从地方政府特定职能的完全私营化（比如固体废物和液体废物的管理）到外包非常具体的规划或建设项目（即当地政府从私营供应商处购买服务）的广泛内容。

然而，发展中国家地方政府面临的挑战更为复杂。他们既没有信用评级也没有资金用以规划基础设施开发。在这种情况下，需要更明确地将城市开发所固有的经济潜力与基础设施融资联系起来。

金融机构的一个主要关注点是地方政府为贷款担保的能力。它也需要一个明确的业务计划，清楚地说明具体基础设施项目的风险和机会。虽然发展中国家的地方政府通常缺乏这种能力，但许多私人开发商需要基础设施来开展其商业项目（房地产、工业园区或风险投资），这可以提供基础设施融资所需的各种担保。

通过将建筑许可的授予与为基础设施成本提供银行担保（加上支付的部分开发费）结合起来（如上一节所述的用地立法加以规定），地方政府可以利用这些担保来满足商业贷款、市政债券和其投资机制的要求。

此外，一旦各个类别的融资到位，在一个拥有良好回报率的更大投资（源于完整地为一个基础设施提供融资）的视角下，投资者可以权衡项目规划阶段的资金成本。

地方开发平台

地方政府扮演了普遍性公共服务的提供者和法规执行者的角色，由其角色定义出发，其需要有一套标准化程序的正式官僚组织结构。但这样的结构不足以领导、开发和响应快速城市化进程的需求。公平服务的原则意味着不论是谁，都需要为其提供相同水平的服务。尽管缺乏灵活性，但这一原则旨在预防腐败和偏见。虽然现实往往与之大相径庭，但基本原则是政府的重要信条。

减少这种困难、改变地方政府官僚作风的一个办法是建立附属性的开发和管理平台。可持续城市投资基金（SUIF）是此类平台的一种。图A展示了一个SUIF的例子。

可持续城市投资基金（SUIF）的任务

通过一个专门的任务（如SUIF）建立一个精心构建的组织框架，可以为地方政府提供应对城市发展挑战的方法。在多数国家，地方政府有权创建此类机构。肯尼亚权力下放的过程就是一个很好的例子，其2012年通过的《县政府法》第17条规定，"为了确保县政府提供公共服务和履行职能的效率，县政府可以设立公司、企业或其他机构，以提供特定服务或履行特定职能。"由此我们可以清晰地看到，为了履行职能，地方政府有权力单独或通过合作关系建立一个独立的法人机构。

可持续城市投资基金（SUIF）的目标

SUIF将社会目标与经济的可行性和可持续性相结合。由于它是一个经济组织，收入和支出都纳入聚焦于地方发展和收入增长战略的投资，其所产生的收入旨在实现发展目标。并且由于SUIF是一个独立的组织，其活

马达加斯加，塔那那利佛风光© UN–Habitat

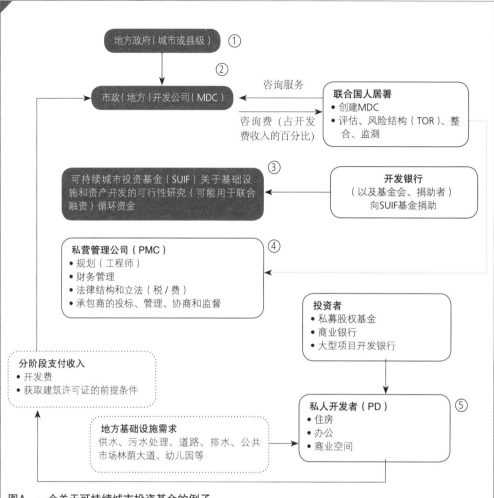

图A 一个关于可持续城市投资基金的例子

运行方案

1. 地方政府（LG）创建或巩固一个市政开发公司（MDC）。地方政府获得联合国人居署或开发银行的支持。

2. 联合国人居署帮助地方政府培养技术能力和寻找市政开发公司运营所必需的资源

3. 建立可持续城市投资基金（SUIF）。该基金由基础设施项目的开发费所产生的收益补充。收入还可来自城市综合项目和/或由土地价值、税收或其他收入源支持的项目本身。这是一个由私人开发商不断提供资金补充的循环基金。

4. 市政开发公司（MDC）以从可持续城市投资基金（SUIF）获得的资源为基础准备其所负责的范围并引进私人管理公司（PMC）参与。PMC将管理投标过程、选择和监督私人开发商。

5. 从私人开发商处获得的收入进入MDC，MDC用该资金获得适当收入补充SUIF，并支付相关机构（联合国人居署，顾问等）的费用。

6. 按阶段支付收益，速度与基础设施建设的实际进度保持一致。这些款项将会进入MDC，由MDC在SUIF中重新投资。

动和财务管理更容易监测。这种信息的透明度对于建立信任至关重要。SUIF通常有以下任务：

1. 代表城市政府实施开发项目；

2. 与私营机构达成合同关系，以实现其自身发展目标；

3. 管理和开发公共资产；

4. 购买或出售与发展目标相关的商品或服务；

5. 拥有和管理基于土地的开发项目。

一方面，它旨在实现协调地方政府内部不同机构举措的整合；另一方面，它是与私营部门建立伙伴关系并为项目提供资金的组织。

可持续城市投资基金（SUIF）的业务战略

SUIF也会遇到业务上的困难，其运作建立在其公共使命之上。SUIF的业务战略本质上是通过利用公有土地和其他资产实现低风险的投资。因此，SUIF的主要职能是通过各种类型的伙伴关系、融资和/或法律机制将公共资产转变为经济投资。

投资可以来自开发机构、根据规章/条例征收的当前或未来税收、开发费、设施/物业管理租金以及开发服务费。

同样，SUIF可以作为建立公私合作伙伴关系的一种工具——在PPP中，它提供公共资产，而私营方提供金融投资和专业知识。

以下两点一般的发展战略可供SUIF采纳[4]：

1. SUIF可以管理当地基础设施（道路、下水道、路灯等）的开发，这些基础设施的建设资金来源是开发费。

- 开发费的支付是授予建筑许可证的前提条件，再加上私人开发商的银行担保，进而完成基础设施建设的付款。可由SUIF直接完成或与私营伙伴共同完成这些基础设施的开发。

- 额外的收入来自土地价格和改善税，这些收入源于基础设施开发带来的土地价值的增加。

2. SUIF可以利用租金收入来开发和管理公有财产/土地，以为资产开发提供资金和促进其他开发项目。

- SUIF可以利用手中的土地所有权或使用权，开发适应企业或居民需求的定制型建筑。开发的融资基于租赁协议，可以确保收入能覆盖资产改善的成本。

- SUIF与私人投资者/开发商（其股东份额等于与整体开发成本相关的土地价值）合作，以市价利用地方政府所有的土地。这种联合投资是通过利用地方政府资产来为项目提供融资的有效方式。

简而言之，SUIF可以提高作为开发方的地方政府与其他公共或私营机构以灵活方式签订合同的能力。SUIF的意义在于，一方面它的资金和融资机制不是政府职能的组成部分，另一方面它又拥有作为地方政府左膀右

肯尼亚，基贝拉–内罗毕的贫民窟改造项目© UN–Habitat

臂的独特地位，同时也是一个专门的开发平台。通过这种方式，它可以促进当地基础设施的开发，改善地方政府拥有的资产，改善收入源，促进地方经济增长。

结论

在权力下放的全球性趋势下，地方政府的作用大大增加了。它们现在负责包括基础设施开发在内的众多开发活动。然而，地方政府，尤其是发展中国家的地方政府，缺乏通过征收开发费、发行市政债券和动员私营部门的力量来为基础设施开发提供资金和进行协调的权力。然而，为了提升城市基础设施供给的可持续性，必须改变这种状况，使城市有权通过各种机制为基础设施提供资金。

由于获得投资回报和基础设施的初始投资之间存在巨大的时滞，要想从市政债券或商业银行获得临时性融资可能很困难。对于发展中国家的地方政府而言这一点尤其具有挑战性，因为它们中的大多数没有信用评级或贷款担保。但无论如何，还有其他机制可以让地方政府获得临时融资。例如，大多数需要基础设施开发商业项目（私人住宅、工业园区或商业投资）的私人开发商都可以对贷款进行担保。通过将建筑许可证和其他许可证的授予与银行对基础设施成本的担保要求相结合，地方政府就可以满足其担保要求。

"地方政府——尤其是在发展中国家——缺乏通过利用发展费用、发行市政债券和调动私人部门资源来为基础设施建设融资和协调的权威。然而，要增加可持续城市基础设施的供给，这种状况必须要有所改变，使得地方市政当局有能力通过各种机制实现基础设施融资。"

私营部门的资源也应得到充分调动以为基础设施建设融资。其中的一个方法就是通过作为附属发展管理平台的SUIF。作为一个独立实体，SUIF负有代表市政当局管理和运营公共资产进而推进公共工程建设的责任。这实际上形成了与私营部门的合同契约关系以实现自身的发展目标，并且也成为建立PPP关系的工具——在PPP中，它提供公共资产，而私营方提供金融投资和专业知识。

案例1　美吉多（Megiddo）地区委员会（巴勒斯坦-以色列地区的一个小型地方政府）[5]

背景

作为其经济发展战略的一部分，美吉多地区委员会的目标同大多数地方当局一样是开发一个工业园区。来自上级政府的资金用于拟定分区计划、建设道路、建立污水处理系统、铺设电线、建立排水系统等。这能营造一具有吸引力的区域，有助于扩大当地已有企业和吸引新企业入驻，同样也是土地税的一个重要来源——有了税收，才可以改善公共服务。

地方政府成功地让上级政府支付了土地利用规划的成本。然而，在规划完成五年多后，美吉多地区委员会未能成功地获得基础设施开发所需的上级政府资金。这使得市长必须考虑一个更具创业精神的战略。

临时融资的方案

进行初步可行性分析得出的结论是，基础设施的成本约为2000万美元，可由10年的开发费支付。

最初有三种可能的融资方式：

- 银行贷款：有至少6%的利率，需要上级政府的批准。收入的主要来源是企业在申请建筑许可证时支付的开发费。

- 市政债券：有约5.5%的债券利息，城市政府花费相对较少，但也需要上级政府批准。此外，考虑到与此相关的复杂程度和官僚程序冗杂性，这个选择会开创一个先例。

- 与私人开发商成立合资公司：吸引私人管理公司（PMC）参与，授予它开发基础设施的权力。由PMC承担临时融资的工作，作为回报，PMC将获得全部的开发费和10年间土地税收入的百分之一。

向作为土地所有者的中央政府征税

经过多次考虑后，地区委员会做出了一项战略性决定，通过充分利用赋予地方政府权力的法定条例，彻底改变地方政府与上级政府的关系，给予自己向土地所有者征收基础设施建设开发费的权力。地方政府不是向上级政府索要工业园区的开发拨款，而是向作为"土地所有者"的上级政府征收2000万美元开发费（在当地，国家土地管理部门是土地的主要所有者，土地是以49年一个期间的形式租给居民和企业，土地可续租）。

在当地，多数对土地所有者征收的开发费都是按土地上建筑物每平方米的固定比率进行征收的。因此，临时融资问题仍然存在。真正解决工业园区开发问题的方案是重新修订规章制度，对已开发的土地（拥有基础设施的土地）征收开发费，而不是对建筑物的建设进行征收。

法律架构

实施这一开发战略的法律机制是建立一个市政公司，以开发和管理工业园区——内容包括营销、提供市政服务（固体废物处理、污水处理、照明、园艺、供水和其他服务）并进行征税。

结果

通过从开发费中获得收入，市政工业开发公司不仅收回了开发成本，而且获得了经营利润（使得开发公司能够发起其他新企业）。额外的收入是由扩大的税基产生的：

- 由于基础设施改善（额度超出直接成本），导致财产的市场价值增加而征收的增值税；

- 基于土地使用规模和类型（商业、高科技企业、制造业和其他工业类型）的年度土地税。

从长远来看，在新的大企业周围，将会创造出新的就业机会并衍生出新的企业。

巴勒斯坦—以色列，麦吉多鸟瞰© Wikipedia

约尔·西格尔（Yoel Siegel），联合国人居署城市经济部高级顾问。

马尔科·卡米亚（Marco Kamiya），联合国人居署城市经济与金融局局长。

注　释

1. Elinor Ostrom, "Crafting Institutions for Self-Governing Irrigation Systems" (n.p., Ics Pr, 1992); Todd Sandler, Global Collective Action (Cambridge, U.K., Cambridge University Press, 2004).

2. Adam Smith, An Inquiry into the Nature and Causes of the Wealth of Nations (London, W. Strahan and T. Cadell, 1776).

3. Natan Meir, Infrastructure Development and Municipal Corporations (n.p., Municipal Corporations, 1992).

4. Yoel Siegel, Concept Note - Kibos Industrial Park (Nairobi, UN-Habitat, 2010).

5. Yoel Siegel, Principles for Establishing the Megiddo Industrial Park (Regional Council of Megido, Israel, 2010).

第三部分

交叉议题

第13章 贫民窟和非正式定居点的投融资

前言

　　贫民窟和非正式定居点对于全世界许多城市中心而言，仍然是一个重大的挑战，其对城市和地方政府的影响是深远的。在许多地区，居住在贫民窟的人口数量在增长——该趋势对于城市的可持续发展有重大影响。大约有四分之一的世界城市人口居住在贫民窟，并且从1990年以来，居住在贫民窟的人口数量已经增加了2.13亿，总量接近10亿。[1]

　　超过90%的城市扩张出现在欠发达地区，并且据估计发展中国家的城市地区每年有7000万新增居民。在接下来的40年里，世界两大最贫困地区——南亚和撒哈拉以南非洲——的城市人口预计将翻倍。[2]这也意味着这些地区贫民窟和非正式定居点居民数量的急剧增长。[3]

在撒哈拉以南非洲地区，2014年的时候有超过一半（55.9%）的城市人口居住在贫民窟，到2050年，非洲的城市居民预计将会从2014年的2.01亿增加到12亿。在亚洲，城市人口占据了世界城市居民的一半（2014年是53.2%），大约有27%的城市人口居住在贫民窟。[4]从全球范围来看，如果现在不立刻采取行动，到2050年，在贫民窟地区缺乏良好居住条件的人数将会增加三倍，达到30亿人。[5]

日益增长的全球贫民窟人口带来的挑战，实际上根源于越来越多的国家和城市受到冲突、自然灾害或者环境退化的影响。这些灾害产生了4080万[6]无家可归者（IDP）和2130万国际难民[7]，他们主要居住在城市外围或者城市里面的营地。此外，最近大规模的城市开发项目也迫使6530万人无家可归，将他们推进社会、文化和经济脆弱的境地。将无家可归者、难民和被强拆的人整合进城市结构，并且为他们提供足够的保障，这已成为许多城市管理部门面临的重大挑战。

贫民窟升级改造对于生活质量改善和社会经济前景是很有必要的——这不仅仅对于那些居住在贫民窟的人，而是对于全体城市居民。这是因为遍地的贫民窟和非正式定居点破坏了所有城市居民的繁荣和可持续发展前景——即使是那些相对比较富有而生活在城市发达地区的人。有必要对城市融资优先级和减少城市贫困以实现更加包容和可持续的城市化的路径进行反思。

本章阐释了参与式贫民窟升级改造融资如何推动包容性城市化、良好的居住环境以及共同富裕。本章最开始解释了针对包容性和可持续的城市化进行大规模、目标明确的投融资的必要性。之后分析了为地方当局和团体创造有利环境确保参与式贫民窟升级扩

"贫民窟和非正式定居点对于全世界许多城市中心而言，仍然是一个重大的挑战，其对城市和地方政府的影响是深远的。"

大规模的不同工具。这些工具包括国家的城市政策、以人为本的城市全局发展战略和地方管理基金以及伙伴关系策略。在这章的结论部分，我们检视了一个有前景的样板，即联合国人居署参与式贫民窟升级改造项目，并详述了它的融资模式和伙伴关系。

大规模和目标明确的投资以支持包容性和可持续的城市化的必要性

在过去的20年间，对贫民窟升级改造和良好居住环境进行投资为世界许多地区所忽视——尽管这已经被确定为千年发展目标中的全球发展优先项。可持续发展目标——除了许多其他内容外，其致力于到2030年前，"确保所有人获得足够的、安全的和可负担的居住和基本服务，升级贫民窟"（目标11.1）——为解决这些未完成的任务创造了机会。《新城市议程》也一样，它将城市和地方政府置于改进可持续城镇化中的伙伴关系和治理结构的关键位置。这也要求创新、基于伙伴关系的融资计划和治理安排以推动更多的融资选项——包括自上而下和自下而上的。

对许多国家而言，挑战的范围之广已成为解决这些问题的障碍。没有多少政府能够管理本层级的投资需求，他们也没有有效的

法律支持框架或展显出优先考虑这些问题的政治意愿。尤其是，许多地方当局并未在财政或者制度上得到对这些困难进行直接回应的授权，并且许多地方仍然缺乏包容的治理体系来真正实现贫民窟居民的市民化。

弥补这些不足尤为重要，因为贫民窟和非正式定居点产生了城镇大量的经济活动。在许多国家，该占比为90%左右。然而，尽管贫民窟居民可能不会支付财产税和土地税，但是他们通过收入通常较低的工作和所支付的费用（例如市场费以及商品增值税），确实对国家的总体预算作出了贡献。此外，贫民窟居民对于基础服务——例如供水——的支付比真正的城市居民的10倍还多。简而言之，贫民窟居民在许多城镇的广义城市经济活动中扮演着重要角色——这种作用还可以通过贫民窟升级改造投资而得到加强。

贫民窟升级改造融资，与城市基础设施直接投资一样，为贫民窟和非正式定居点的居民提供帮助，以让他们能够克服贫困，从而居住在完整的城市环境中受益，并且对城市经济有更为充分的贡献。

同时，为改善贫民窟居民居住环境进行投资，也是对人权进行投资，这也反映了全球约定的框架中让所有的城市居民必须得以参与和融入的声明。这对于城市可持续发展议程也是关键的。没有哪个国家能够在不进行城市化的情况下实现经济增长，并且那些使贫民窟居民得以参与和融入的城市地区，更可能实现繁荣、平等和可持续。

此外，需要注意，诸如强制拆迁、非法重新安置或"不作为"等行为都会最终浪费城镇资金并在城市地区造成消极的空间和社会分隔，进而导致危险的健康和安全风险。行为——换句话说，不进行投资将会导致更大、更加棘手的问题，最终将会需要更多的投资和面临更大的社会动荡的风险。

在许多国家，对许多中央和地方政府而言，贫民窟升级改造融资的普遍做法都是对常规性理解的显著背离——但是这又不可或缺。国家政府在政策、立法和城市开发融资甚至贫民窟升级改造中发挥着关键作用，地方政府通常致力于解决贫民窟增长的问题并且将贫民窟居民整合到城市中（见案例1）。贫民窟升级改造必须被视作旨在推动社会、经济和环境可持续发展的地方投资议程的一部分，而不应该被当作与其他主要城市目标不相关的一次性项目。

案例1　秘鲁利马通过弹性和持续的融资进行居住升级

CLIMAsinRiesgo，伦敦大学发展规划部与联合国人居署城市经济部门的合作项目，旨在改善秘鲁利马市两个主要社区的居住条件：（1）巴里奥斯·阿尔托斯（Barrios Altos），由于其很高的历史价值，该区是一个高度管制区域，这导致私人投资的低迷并使土地所有者弃地而去——这些为贫民窟的形成创造了环境；（2）乔斯·卡洛斯·马里亚特吉（José Carlos Mlariátegui），位于利马的边缘，面临着无序开发和快速扩张的问题。该项目目前处于规划阶段，有两个主要目标：（1）识别可能使该地区脆弱居民陷入风险陷阱的变量[8]；（2）开发出工具以避免风险陷阱。

为了改善这两个地区的居住设施，联合国人居署城市经济部门已经制定了资金计划。该计划建立在这样的前提下，即以对于投资者和居民而言都可持续的方式，提供足够的住宅。这意味着住宅融资方案包括首付及利息补贴；增量升级（根据家庭的支付能力进行的贷款），以及社区抵押贷款。融资方案覆盖6个主要领域：土地征用、地权、土地平整、房屋结构、公共服务以及日常的风险降低。成本要根据实际的居住条件进行估计，而居住改善回报的可行性则根据居民每日的社会经济限制进行估计。这些是基于以下的环境，即不同的融资选项得以开发，并且为私人及公共部门的介入留出空间。

下一步，联合国人居署与伦敦大学计划与当地的金融机构就该项目的实施进行合作，这将会影响超过3000人——他们无法获得传统银行部门的服务，居住在面临岩崩的环境，无权获得房屋，并且很有可能患病（呼吸道疾病是最普遍的，在这些家庭案例中超过30%）。住房改造升级平均将花费11267.41秘鲁币，折合约3390美元——这笔金额，家庭不能从传统金融机构获得，或者通过社区储蓄计划实现，这对于城市和国家政府而言也是一笔巨大的开支。

秘鲁利马风貌© Flickr/Sergey Aleshchenko

融资必须当成资本投资加以考虑，也应该考虑其他资源——劳动力、时间以及其他社区资产。融资不仅仅需要有形的改善，也需要能力的建设、法律的调整以及制度的改变——后者通常量上更小而在贫民窟升级改造的预算和工作计划中容易被忽视。融资也必须从对治理和制度安排的心态诉求上加以考虑，它们能支持融资渠道，以改善贫民窟居民的生活——这一点有时可能是最重要的。

"投资于贫民窟升级改造，这对于社会、经济和环境的可持续性，其必要性是显而易见的。"

以人为本的全市性的贫民窟升级改造战略

投资于贫民窟升级改造对于社会、经济和环境的可持续性，其必要性是显而易见的。当地方政府着手进行这些投资时，其必须认识到贫民窟和非正式居住区不能在一夜间脱胎换骨。如此大规模的转变，需要一些邻里社区同时进行长期的参与以及可持续的渐进转变（见案例2）。国家和城市领导们经常寻求快速解决方案，比如重新安置、驱逐或者对某个特定社区进行大规模投资——这导致大多数居民在之后难以负担该社区的生活（导致乡绅化）——或者通过墙以及篱笆墙进行城市美化来掩盖贫民窟现状。所有这些措施加剧了社会分化、区隔、不平等以及城市贫困，增加了在今后克服这些社会顽疾的成本。

案例2　巴西的增长加速项目

巴西的增长加速项目是一个很好的案例，它展现了如何通过投资的视角以及战略性的方法，来妥善安置贫民窟和城市边缘人群，实现长期经济社会转型。

2007年，巴西政府宣布了增长加速计划，这是世界最大的贫民窟升级改造项目，平均每年投资43亿美元（总投资300亿美元），旨在覆盖180万个家庭。通过采取创新的举措，贫民窟升级改造被视为一揽子经济增长计划的一部分，也被囊括在国家整体基础设施投资中。这是一个重大的突破，因为这使得贫民窟升级改造被视为国家经济和社会发展的基础。贫民窟升级改造如今被认为是投资，而不仅仅是社会支出。

该项目的关键思想之一是使贫民窟人口保留自己之前所有的临近基础设施和工作场所的土地。项目的目标包括：（1）通过基础设施投资促进城市整合；（2）当由于建设需要和风险原因，有必要进行重新安置时，通过居住改善或者重新定居，购买现有住宅，实现像样的居住条件；（3）将土地证合法化整合进居住干预；（4）通过卫生与环保教育，加之必要的环境恢复干预措施，来提高目标人群的环保意识；（5）通过社会工作项目成分，促进社会包容性。

巴西，阿雷格里港风景© Flickr

> 巴西在贫民窟升级改造中的经验，展示了清晰的演化轨迹：从集中于个人城市组件的一维途径到不同城市部分得到整合的多维途径，经济社会以及制度维度，也逐渐地获得更多的中心性。

资料来源：World Bank, World Lnclusive Cities Approach (Washington, World Bank, 2015), p. 76.

强迫拆迁与非法重新安置对贫民窟以及这里的棚户住户产生重大影响，包括社会经济网络的扰乱和摧毁，其结果不仅仅对个人生活，也可能对整个城市产生负面影响。

因此，联合国人居署提倡包容性的社会扶贫政策以及参与式的全市性贫民窟升级改造以及防治策略，并强调就地改造。在该部分探讨的这些观念，将更广泛的经济目标与社会投资以及不同层级政府承担的改善项目联动起来。而且，它们有助于撬动整个城市的潜力，促进包容性增长与发展。此外，它们有助于更加聚焦于优先方向，实现不同投资合作方的参与。

参与式全市性途径的效益

为实现可持续的转型，城市领导者们应该采取参与式全市性的途径，让所有利益相关者参与其中。这有助于在原则、目标与策略上达成共同协议，促进利益相关者在能力与局限性上的相互理解。该途径能在一开始得到所有利益相关者的保证承诺，并且让所有人融入为过程的一部分，促进风险共担。通过让市民承担公共责任，也发扬了民主的价值观。此外，参与式全市性途径有可能吸引被忽视群体参与到城市发展和管理的过程中，比如妇女和青年。

通过以人为本的方式来进行贫民窟升级改造，也提升了个人与社会间的经济社会和环境弹性。它认识到了社区繁荣所面临的障碍，并且通过提供服务和设施增加了它们的经济潜力，从而提升了商业环境并且将贫民窟经济活动与城市其他地区的经济活动联系了起来。它通过培养市民的主人翁意识加强了社会联系，并通过减少洪水、滑坡、飓风的潜在损害而改善了环境条件——这些灾害能够在几分钟甚至数秒内将人们和社区多年来的发展成果倾覆。

多层治理协调机制与能力开发

以人为本的贫民窟升级改造方式应该以多层治理协调机制与能力开发作为补充。在过去，国家政府通常在贫民窟改造项目的实施中起领导作用。例如，之前诸如"摩洛哥无贫民窟计划"、肯尼亚贫民窟改造项目（KENSUP）以及巴西"我的家"行动等贫民窟改造项目都是国家性方案，而不是由特定城市承担。人力与财力的增加以及分权化和权力下放，使得许多城市在包括贫民窟改造在内的城市开发和管理过程中发挥起领导作用。因此，在开发与实施贫民窟改造中，有必要建立起国家与地方政府的紧密联系。此外，地方开发委员会通过强调需要解决的问题来支持整个过程，提供自主的解决方案，并且参与到实施中去。

通过发挥不同层级政府的比较优势，能够形成自上而下和自下而上努力的互补，有效进行贫民窟改造。中央政府应该确保诸如土地法、国家住宅金融计划、规划管理以及建筑法规之类的国家法律法规在促进贫民窟改造中起作用。通常，中央政府也能够根据一般税收以及其他中央政府收入来源，拨出一部分资金来支持贫民窟改造，并可以在之后分配给地方政府。中央政府通常也是与国际开发机构进行补助及贷款谈判的利益相关者。对它们来说，地方政府应该确保地方开发计划和策略解决城市特有的与贫民窟相关的问题，并且确保有足够的能力来解决这些问题。地方政府也应该成为协调参与式方法的主体，以促进所有利益相关方之间的交易。他们从地方视角对利益相关者能力与负债情况的了解，对于全市性贫民窟改造方式的成功，是至关重要的。这也包括确保服务供给者的参与——这可能是政府性的、半官方的或者私人部门，因国而异。

此外，能力开发与社区自主权，对于实现全面参与、促进社区主导的社会经济转型以及调动地方性知识和经验是必要的。能力开发除了其他方面以外，还包括参与式规划和人权；社区组织；领组计划；社区主导项目；社区数据收集分析、监测与评估；弱势群体以及他们特殊需求的囊括；增量住房以及构建社区弹性的战略项目（见案例3）。

在能力开发过程中，女性应该成为不可缺少的一部分，因为女性对于贫民窟社区的家庭生计而言是至关重要的。许多家庭由单亲母亲带着孩子们组成，特别脆弱。应该对年轻人的潜力给予特别关注，以促进繁荣并能很快适应经济机会的变化。

案例3　在泰国，利用人民的力量来创建包容性的小微金融机制

泰国政府的Baan Mankong项目，由社区组织发展机构（CODI）实施，它的成功阐明了小规模微型金融工作以及网络能够被加以利用并且转变为有效的工具来为全市性贫民窟改造融资。

Baan Mankong聚焦于为低收入群体提供设施补贴和居住贷款，来支持那些有可能在原地进行的贫民窟改造。对项目的支持，不仅仅由城市贫民形成的社区组织提供，也来自他们的网络，这让他们能够与

泰国曼谷，鲁比尼公园© Flickr/Qsimple

城市当局、其他地方行动者以及国家机构在全市性改造项目中形成合力。其通过网络与地方行动者通力合作，进行全市性改造项目的设计和管理，并力图在支持成千上万的社区主导性举措中形成规模。而在融资方面，Baan Mankong通过地方社区网络提供微型金融，该网络已成为CODI的一部分，主要负责社区主导的微型金融机制的铺开。

泰国的经验强调了地方储蓄和信贷活动如何教会脆弱群体去管理他们的自由储蓄和公共资金。这有助于确保知识和能力得以加强，并且人们自身成为开发过程的关键行为者。该案例展示了实施贫民窟改造所需的网络和体制是如何的广泛和具有包容性，并且拥有高度的管理，社区和贫民窟居民自己也投入其中。

资料来源：引自Somsook Boonyabancha, "Baan Mankong: Going to Scale with 'Slum' and Squatter Upgrading in Thailand," Environment &Urbanization, vol 17, no 1（2005）, p. 45.

启用新的伙伴关系和创新性融资机制

贫民窟和城市贫困现状对资金提出了重大的挑战，这要求城市融资的新思路、新伙伴关系、不同的途径以及创新的技术方案。与社区的合作关系也是必要的——他们是获得资金、减少投资成本、找到与当地相适应的解决方案的关键。

地方基金是可持续性开发的有效工具，并且通常是解决大规模贫民窟问题的唯一可行方法。一个复杂但可持续且以人为本的地方融资机制案例，就是社区循环基金，其获得了社区成员自身的小额财政捐款。一般而言，循环基金是一种长期融资机制，其旨在完全地收回投资，因此允许环形融资，维持资金捐献作为信用资源。该循环基金——有社区作为其中心——是加强社区决策过程和创造可持续的、目标明确的商业模式的有力工具，这可以在其他邻里进行复制，并且完全由当地的社区主导，而国家政府只需少量的投入。因此，在政府体系较弱的环境中，这是一种有吸引力的解决方案。进一步而言，循环基金建立于现有的社会资本，使所在地能够克服阻碍发展的系统性障碍。尤其是，社区循环基金为基础设施融资提供了机会，否则这些设施将无法获得融资。由于该基金的性质，必须对其投资的类型予以关切，优先投入产生收入的项目中——如改造当地的市场——并将从市场费用中获益。

全市范围的贫民窟升级也为不同的投资方提供了切入点。它提供了直接的、显而易见的投资机会。这些有助于动员私人部门的投资，也有助于吸引多边和双边的融资合作伙伴。[9]例如，欧盟委员会对于让欧盟的混合融资机制参与非洲、加勒比海以及太平洋岛屿国家的贫民窟改造计划表示出兴趣。欧盟混合机制的创新之处在于将欧盟的拨款与来自公共和私人融资者的债务及股权结合在一起。欧盟的拨款通过减少风险暴露，可以一种战略性的方式来吸引额外的资金，为欧盟成员国重大的投资项目融资。

另外一种更加有趣的新的伙伴关系可以与保险部门共同建立起来。各种弊病都会影响贫民窟——比如犯罪、污染和设施老化——也对这些部门产生负面影响。为此，保险部门发现如果从一开始就主动地投资以防止这些灾祸出现，最终成本将会更低。[10]

"参与式贫民窟改造方案两个核心、最基础的概念如下：应对策略的各种变化，需要各种工具混合使用，并且在整个城市层面，没有哪一个单一的利益方有能力（资金或者其他方面）来独自解决贫民窟改造。"

联合国人居署的参与式贫民窟改造方案，它的融资模式以及伙伴关系

一个能够示例本章所讨论的许多理念的模板，就是联合国人居署的参与式贫民窟改造方案（PSUP），其调动了伙伴关系来实施参与式贫民窟改造，以此来实现包容性的城市化，获得适当的生活条件。PSUP是在2008—2016年间通过持续不断的探索学习而得以设计出来的。它基于三重合作伙伴关系——由联合国非洲、加勒比海和太平洋国

家集团秘书处，欧盟委员会作为融资伙伴，联合国人居署作为执行伙伴。

参与式贫民窟改造方案（PSUP）两个核心、最基础的概念如下：应对策略的各种变化，需要各种工具混合使用，并且在整个城市层面，没有哪一个单一的利益方有能力（资金或者其他方面）来独自解决贫民窟改造。

PSUP使用多种推荐的工具和途径来为贫民窟改造融资。尤其是，它采取参与式的方式，对融资机会产生影响。参与式方式使所有的城市利益相关者意识到这些挑战，培养能力来解决城市特有的问题，促进对所有伙伴方能力的相互理解，创造伙伴关系，决定所有权，开启合作机遇。对过程和结果的共同所有权的创立，是讨论贫民窟改造行动融资的关键（见案例4）。

PSUP通过早期联合基金对地方以及国家政府的要求，而解决了所有权的问题。这与方案的可持续性原则是一致的，其坚持干预应该以可管理的方式进行规划，并且应该首先依靠当地的和国家的可获得的资源。贫民窟改造以当地的可获得的资金为基础，这也确保了规划干预之后能够由地方政府、社区以及其他发挥作用的机制维持下去，这有助于干预的可持续性。联合基金在国家和地方政府间进行讨论，对于游说国家和地方预算过程是重要的。贫民窟改造预算线的建立也是重要的，这是许多部门和地方政府所忽视的一项开支。国家和地方政府也必须准备好接收、管理和补救从贫民窟改造获得的资金，对于这一点，PSUP的经验已经证明其不是一个给定的结果。因此，PSUP支持了政府对于弥补这些弱点所做出的努力，并且在可行的地方，为项目的实施从国民账户中抽出资金。

一项成功的贫民窟改造战略，也需要在

过程的早期就明确制度和政策干预。一些活动，比如政策和规范审查，可以纳入部门和地方政府的日常工作计划和预算中。战略伙伴关系是实现诸如能力建设、重组以及设施改进之类的必要制度变革的一项重要的融资策略。由于手头的问题是最具体的、有时限的以及可见的，这为城市与城市间的伙伴关系、企业社会责任活动以及合作方可明显获得的慈善捐款提供了机会。通常，基础设施的融资是最大的和最艰难的问题。因此，策略是双重的：（1）找到适应城市情况和成本较低的选项；（2）明确正确的融资机制。根据城市的能力，有大量可行的机制，包括税费的重新分配、借款、混合以及将部门预算聚集到一个共同的工程/项目预算。

贫民窟改造融资的最后一点是关注项目实施的方式，尤其是有形的项目。对此有多种多样的选项，包括从大型的国际工程承包商到国家的公司再到社区管理的基金。[11]在管理以及资金的影响上，它们有着各自的优势和劣势。PSUP提倡实施一种能力建设方式，尽可能让国家机构、非政府组织、咨询公司以及社区携手合作。对于实施一项试点工程，显而易见，在其实施过程中，国家和地方政府主导，同时目标社区进行有效的参与。这解决了三个治理层次的能力建设，通常被证明是更加经济有效的，能够创建起自主解决方案与生计之间的联系，并且建立起大规模事业中利益相关者之间的信任。

"贫民窟改造以当地的可获得的资金为基础，这也确保了规划干预在之后能够由地方政府、社区以及其他发挥作用的机制维持下去，这有助于干预的可持续性。"

案例4 喀麦隆实施PSUP的经验

从2008年起，喀麦隆政府与联合国的非洲、加勒比地区和太平洋国家集团秘书处，欧盟委员会和联合国人居署开始PSUP的合作。起初，这个国家没有进行任何的贫民窟改造活动，也没有为这些项目配置资金。而且，驱逐似乎是该国对于贫民窟唯一的对策。自从2008年开始，PSUP方式已经完全制度化——包括融资的部分在内。贫民窟改造通过立法授权给了当地政府，保障贫困者的城市政策正在出台中，并且最重要的是，贫民窟改造的各种资源基础已经建立起来。

在国家层面，住房与城市发展部为政策和立法审议分配资金，也为地方当局开展PSUP提供技术支持。此外，其游说了财政部和FEICOM——一个旨在保障地方政府可持续发展融资的国家金融机构。PSUP被列为有限资助项目，使得该方法在另外两个城市得以复制。而且，与一些国家和地方政府的代表、非政府组织、居民以及私人部门的广泛协调机制已经建立起来。

PSUP因此努力促进各方的所有权及投资。所以地方当局已经为贫民窟改造分配了资金。非政府组织提供了非现金的联合融资以及贫民窟社区的其他投资，最重要的是协助、撬动了来自社区成员的资金捐助。例如，年轻人们搭建起了垃圾收集与回收服务。地方当局为服务提供了公共设施，包括特别设计的交通工具来连通雅温得人口稠密的贫民窟社区。该社区每户每周大约为垃圾收集支付2美元。PSUP为社区投资此类的小型商业措施提供了潜力。

此外，私人部门在一开始也被调动起来，他们负责提供设施。作为回报，他们能够出售服务，比如水和电。

喀麦隆杜阿拉风景© Flickr/Colette Ngo Ndjom

更进一步，社区高度优先的一件事情是推动当地经济流动性，通过将邻近社区与正式的城市联系起来，并且为经济活动创造公共空间。尤其是妇女能够从中受益，促使其在照顾孩子的同时在城市中进行一些小型经济活动（产品经常从正式城区买来，然后以更小的、更能支付得起的量，出售给贫民窟社区）。

因此，喀麦隆已经利用参与式贫民窟改造来建立所有治理层次的融资参与，通过自下而上的方法对社区的需求作出回应。

资料来源：Sipliant Takougang,UN-Habitat Participatory Slum Upgrading Programme implementation experience and report.

PSUP如下的独有特点，有助于促进多样化的融资伙伴关系：

- PSUP的指导原则，比如确保早期的联合基金通过正式的协议成立、允许贫民窟改造纳入国家预算过程并且使主管部门能够更成功地与财政部谈判。要探索出从其他合作方获得贫民窟改造资金的制度性途径，建立预算线至关重要。测试国家接收和支出贫民窟改造产生的资金的财政程序，也是重要的。

- PSUP对通过训练、社区管理基金以及地方层面的项目来发展能力和投资人力资本给予了优先权——所有这些都建立在初始投资的基础之上。

- PSUP为欧盟的贫民窟改造"混合方式"创建了有利环境和先决条件，其要求不同层级的政府——国际、国家和地方——携手共进。

- PSUP 强调与其他关键的城市发展和规划联系起来的必要性。

- PSUP 促进建立利益相关国家在贫民窟改造上的团队合作，鼓励各参与者找到也能够适用其他行业的成功的筹资机制。

- PSUP 融合了政治意志与财政承诺。

- PSUP 以长远的视角构思全市性贫民窟改造策略，以有效的方式来引导优先的和未来的投资。

通过PSUP，35个国家中有32个贫民窟改造成为国家的优先事项，并且出现了新的融资机会。这很大程度上得益于国家和地方预算线的建立以及各国与非政府组织、私人部门、捐助者和开发银行合作伙伴关系的建立。

结论

要克服贫民窟存在的不平等、区隔以及居住条件不佳等难题，需要包容性的治理体系。这需要国家政府实施参与式贫民窟改造以及经济性住房项目的全方位投入、全市性贫民窟改造战略所指导的地方领导力以及通过地方管理基金与社区改造规划加强以人为本的方法。

改造贫民窟的资源仍然是稀缺的，因此，战略性的、多层治理、多方伙伴关系的方式绝对是必要的。尽管该方式需要大量的时间和人力资源投入，但是它提供了升级和复制的机会。因此，包容性的全市性贫民窟改造战略是整合非正式与正式城区、实现有效的长期参与和投资的关键手段。

地方管理基金、参与式预算以及社区主导的项目是尤其重要的，并且是对可持续转型以及贫民窟改造的新的建议。[12]地方管理基金有克服全市性转型及大规模投资障碍的潜力，因此，这使得通过复制与升级进行大规模和长期的转型成为可能。[13]

此外，社区驱动的资源实施减少了成本。"真实的伙伴关系"对于长期的转型以及与发展中国家贫民窟居民经济能力相一致的增量改善而言是最可行的。简而言之，参与式改造方式为以有限的资源实现更多成效创造了条件。

然而，通过自下而上的投资创造进行合作，对于建立创新的有远见的大规模融资机制是重要的，其旨在促进全市性的改革以及边缘和贫困社区的完全统合。大规模融资机制使多部门投资成为可能，这是基础设施项目所需的，并且国际社会和开发银行以及私人部门，也需要履行他们的角色，提供所需的资金来以可持续的方式来改变贫民窟以及贫民窟居民的生活。

克斯廷·萨默（Kerstin Sommer），联合国人居署贫民窟改造部门的部门领导。

凯蒂娅·迪特里希（Katja Dietrich），联合国人居署住房与贫民窟改造分支的一个区域项目主管。

梅丽莎·佩默泽尔（Melissa Permezel），联合国人居署住房与贫民窟改造分支政策与开发工具顾问。

注　释

1. UN-Habitat, Slum Almanac 2015/2016: Tracking Improvement in the Lives of Slum Dwellers (Nairobi, UN-Habitat, 2015). Since 2003, UN member states have defined a slum household as a group of individuals living under the same roof lacking one or more of the following: 1) access to improved water, 2) access to improved sanitation facilities, 3) sufficient living area, 4) structural quality/durability of dwellings, and 5) security of tenure. Agreement upon these "five deprivations" has enabled the measuring and tracking of slum demographics, though a significant data gap exists.

2. World Bank, Urban Poverty (Washington, D.C., World Bank, 2008).

3. UN-Habitat, Slums and Cities Prosperity Index (Nairobi, UN-Habitat, 2014).

4. UN-Habitat, World Cities Report (Nairobi, UN-Habitat, 2016).

5. UN-DESA, World Economic and Social Survey 2013 (New York, UN-DESA, 2013).

6. International Displacement Monitoring Centre and Norwegian Refugee Council, Global Report on Internal Displacement 2015 (n.p., International Displacement Monitoring Centre and Norwegian Refugee Council, 2015).

7. International Displacement Monitoring Centre and Norwegian Refugee Council, Global Report on Internal Displacement 2015 (n.p., International Displacement Monitoring Centre and Norwegian Refugee Council, 2015).

8. A risk trap is associated with the economic concept of a poverty trap, in which everyday hazards and episodic, small-scale disasters accumulate.

9. Skye Dobson, Hellen Nyamweru, and David Dodman, "Local and Participatory Approaches to Building Resilience in Informal Settlements in Uganda," Environment and Urbanization, vol. 27, no. 2, pp. 605–620.

10. Vanessa Otto-Mentz, remarks delivered at ICLEI Resilience Conference, Bonn, June 2016.

11. Vanessa Otto-Mentz, remarks delivered at ICLEI Resilience Conference, Bonn, June 2016.

12. Skye Dobson, Hellen Nyamweru, and David Dodman, "Local and Participatory Approaches to Building Resilience in Informal Settlements in Uganda," Environment and Urbanization, vol. 27, no. 2, pp. 605–620.

13. Diane Mitlin, Locally Managed Funds: A Route to Pro-Poor Urban Development (London, IIED, 2013). Available from http://pubs.iied.org/pdfs/17154IIED.pdf.

安提瓜和巴布达（加勒比地区），圣约翰市的路边排水沟© UN-Habitat

第14章 人权、性别平等和青年的交叉问题

前言

城市化反映了国家经济的转型——最显著的是越来越多的人直接从自然资源（农业）转向工业和服务业。[1]事实上，70%—80%的经济活动是在城市产生的。[2]因此，城市化与不断增加的社会、经济、文化繁荣和享受以及公民政治权利有关。[3]在这个意义上，城市化也与拥有满意的生活水平的权利有关。[4]

然而，城市化并不一定意味着人人有富足的生活水平。在一些国家，它通常与不平等、排斥和隔离有关——城市贫困率

急剧上升、贫民窟数量增长以及城市化服务和福利分配的不平等。城市化的挑战——如不平等现象日益加剧、住房条件不佳、贫民窟扩散等，都是在城市实现人权方面出现较大赤字的症结所在。只有住房权利和人权的各个方面得到充分尊重和保障时，城市化才能实现其全面的转型潜力。

人权、性别平等和青年的交叉问题是实现城镇财富和就业的关键，充分发挥经济发展的动力，所有居民都可以为城市生活作出贡献。鉴于2030年议程呼吁"不留下任何人"、"先到先得"，这些贯穿各领域的社会保障措施力求确保所有城市居民成为城市生活和城市经济的参与者。

2030年可持续发展与城市经济议程

通过2030年议程，联合国成员国宣布了"全面尊重人权和人的尊严，构建法治、正义、平等和不歧视的世界；尊重种族、民族和文化多样性"[5]的愿景，强调促进两性平等的重要性，并确定针对妇女和女孩赋权的具体目标，以追求两性平等。整个议程中也突出强调了对青年的回应方法。

在2030年可持续发展议程中的17个可持续发展目标中，许多与实施城市财政政策和干预措施的城市领导者有关（见专栏1）。议程及其目标强调，发展应侧重于保障边缘化、处境不利和被排斥群体的优先性，促使其努力达到最先进的地位。在城市化进程中最常被遗忘的群体包括但不限于城市贫民、贫民窟居民和非正规住区居民、无家可归者、遭受强迫驱逐威胁的人或儿童、青年、老人、残疾人、难民、移民和流离失所者、土著人民、艾滋病毒/艾滋病患者、不同性取向和性别认同的人以及妇女。由于身份重叠，许多人会面临边缘化和不利因素的相互影响，例如年轻的贫困妇女或残疾青少年。

"城市化与两性在社会、经济、文化、公民和政治权利的日益繁荣和享受相关联。"

专栏1　与城市领导有关的一些可持续发展目标

可持续发展目标5：性别平等
- 目标5.1：对所有地区的女性和女孩结束一切形式的歧视。
- 目标5.5：确保妇女在政治、经济和公共生活各个层面的决策中充分有效地参与并拥有平等的领导机会。
- 目标5.9：采取和加强健全的政策和执行立法，促进各级妇女和女童的两性平等和赋权。

可持续发展目标9：基础设施和工业化
- 目标9.1：发展质量可靠、可持续和有弹性的基础设施——包括区域和跨境基础设施，以支持经济发展和人类福祉，重点是确保所有人负担得起和公平分配。

- 目标9.4：升级基础设施和改造行业，使其可持续发展，提高资源利用效率，更多地采用清洁无害环境的技术和工业流程，所有国家都按照其各自的能力采取行动。

可持续发展目标11：可持续城市和社区

- 目标11.1：确保所有人获得充分、安全和经济适用的住房和基本服务，并更新贫民窟。
- 目标11.3：在所有国家加强包容性、可持续性的城市化和参与性，促进综合可持续的人类居住区规划和管理能力。
- 目标ll.a：通过加强国家和区域发展规划，支持城市、城郊和农村之间积极的经济、社会和环境联系。
- 目标ll.c：通过财政和技术援助，支持最不发达国家利用当地资源建设可持续、有弹性的建筑物。

可持续发展目标16：和平、正义和强大的制度

- 目标16.3：在国家和国际层面上促进法治，确保所有人平等地适用司法。
- 目标16.5：大幅度减少各种形式的腐败和贿赂。
- 目标16.6：建立各级有效、负责任、透明的机构。

人权

人权是普遍的法律保障，其保护个人，并在一定程度上保护群体自由免受侵犯。人权是所有人固有的，旨在保护人的自由、平等和尊严。它们基于国际规范和标准，在批准人权条约时对各国均具有法律约束力。

什么人权与城市领导有关？

与城市经济相关的人权包括但不限于

- 享有充分的生活水准的权利[6]；

- 充分住房权[7]；

- 水和卫生设施的权利[8]；

- 工作权[9]；

- 健康权[10]；

- 受教育权[11]；

- 获取信息的权利[12]；

- 持有财产权[13]；

- 土地权。[14]

发展融资

"发展融资必须满足所有人的要求，使其最基本的需求在一个缺乏手段的世界中得到满足，但没有表现出意志，使人权成为人人共享的事实。"

扎伊德·拉阿德·侯赛因（Zeid Ra'ad Al Hussein）

联合国人权事务高级专员

以人权为基础的方法对市政财政的附加值

基于人权的方法（HRBA）由城市领导人者使用的程序设计原则组成，旨在确保他们的决策有助于可持续发展和解决城市领导者、市长、地方政府官员等决策者——例如官员和部门官员——的能力差距，才能履行人权，使城市居民享有人权权利。[15]

基于人权方法的好处包括：

- 财政政策通盘考虑所有城市居民的知识和经验，从而增加了获得成功、可持续性和成本效益的潜力；

- 可以以促进平等和对抗排斥的方式制定税收政策；

- 融资计划囊括了所有群体，并为其带来收益，包括可能在城市化进程中被遗弃的城市居民；

- 决策者和城市居民参与决策过程，对财务挑战进行全面分析；

- 它提供给社区干预的权限和理解认知，这建立了信任，增加了接受过程和结果的机会，并成功完成了干预。

城市领导者在保护和促进人权方面的职责

人权可以被理解为具有人权权利的个人或团体之间的关系，团体人具有相应的人权义务，或是决策者，或是其他人之间的责任和义务（图A）。具有人权权利的城市居民以这种方式成为"权利持有者"。权利持有者包括那些生活在贫民窟和非正式居住区的人，以及生活在正式定居点的没有任期保障和获得服务的居民。权利持有者包括不同性别和年龄的人。处于脆弱境地的人也是权利持有者，包括城市穷人、遭受强迫驱逐（或受威胁）的人、无家可归者、残疾人、土著人、少数民族、难民、移徙者和国内流离失所者、艾滋病毒/艾滋病患者以及不同性取向和性别认同的人。

具有城市领导者、市长、地方政府官员、国家政府官员和部级官员等相关职务的

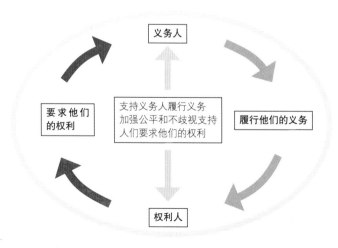

图A　决策者（承担义务人）与城市居民（权利持有人）之间的关系

人员都是"义务人"。人权不仅要在国家层面上为国家承担义务，还要在地方和城市层面承担义务。特别是城市领导者因为靠近城市居民，需处理日常人权问题。[16]

市政府的人权义务遵循国家人权义务的古典三方分类法，即尊重义务、保护义务和履行义务。

尊重义务/义务意味着城市领导在其管辖范围内不要干涉所有人享有的权利和自由。例如：

- 必须消除妇女获得资金的具体障碍，妇女和女童必须平等获得金融服务，拥有土地和其他资产的权利。[17]

- 城市领导者必须确保税费的支付不超出居民的支付能力，并且不会对他们获得充分居住权、水、卫生和教育等产生消极影响。[18]

- 城市领导者需要评估金融工具如何影响各种群体。例如，如果资产评估对昂贵资产有系统性低估，则相比于较富裕的居民而言，对贫困城市居民来说可能会造成不适当的负担。

保护义务/义务需要采取措施确保第三方不违反个人的权利和个人的自由。例如：

- 要求城市领导者确保企业对个人不造成伤害。在共同努力下，城市领导者和企业应将公私合作关系纳入人权保障和尽职调查，其中包括对人权的影响评估。[19]

- 人们应该获得有关缴纳税费的公平司法程序。

履行义务/义务要求采取适当的立法、行政、预算、司法、促进和其他措施，以充分实现人权。此外，城市领导者还应努力确保在收入水平、性别、地域分配、年龄和其他群体中普遍和透明地获得可负担的适当金融服务。[20]例如：

- 城市领导者需要确保适当的地方创收，能够逐步实现住房、供水、卫生等参与式预算流程的附加值。

参与式预算流程的附加值

公共支出的分配可以促进人权的实现，城市领导者需要评估金融工具如何影响各种群体，以确保某些个人或群体不受不利影响。美国国家人类住区规划署（联合国人居署）正在采取参与性方法，促进包容性和透明的预算编制进程，社区自身将与决策者一起确定优先事项（见案例1）。

参与式预算过程以这些方式增加价值：

- 社区成员的生活经验表明，要增加公共支出或金融工具发展的相关性，确定节约成本和时间的策略。

- 这些过程建立信任并增强所有权意识，从而增加目标社区接受税收、金融工具和公共支出决策的可能性。

- 这些过程增加了社区保护和照顾已构建或安装的产品的可能性。

人权原则如何有益于财政过程

为了确保财政政策有助于实现包容性和可持续的城镇化以及所有人能够实现基本的人权，人权原则应该指导政策过程的所有联合国人居署与西班牙政府合作进行的"地方参与规划、预算编制和性别主流化能力建设"方案侧重于发展地方议员、市政工作人员、非政府组织、社区组织的能力，以及地方培训机构以参与式方法进行战略规划和预算编制。该方案以顺序方式结合并应用了一些参与式规划的工具和治理方法，最好地满足刚果民主共和国、莫桑比克和塞内加尔8个市镇确定的需要。为了确保性别观点，将性别考虑纳入决策和执行的主流，重点是加强妇女在这一进程中的能力和作用。

参与式预算委员会已经成立，确保了市政府的参与，妇女的代表权也得到了保障。通过这些委员会，制定了一个参与式的规划和预算过程，以促进参与性预算编制、资源调动和预算采用、预算执行、监测和评估。这样，由促进基础设施和公共空间工程的居民和地方决策者选择了战略性项目，逐步实现了人的水、卫生、工作和适当住房权利。

参与式预算过程有如下的一些益处：

- 性别对于当地文化实践的包容性和敏感性得以实现；
- 由各个参与城市发起了联合基金；
- 参与的城市对项目的执行作出贡献；
- 地方的相关方获得了高度的所有权；
- 地方和国家的政策制定者的责任得以加强；
- 项目有助于民主和非集权化。[21]

阶段。人权原则——比如相互依存和不可分割、平等和非歧视、参与性与包容性以及责任和法治——代表着确保财政过程融入人权观念的程序保障。根据以人权为基础的方法，对过程和结果都应该给予同等的关注。

人权原则通过以下的方式为城市财政过程增加了价值：

- 通过承认人权，城市领导者们有助于为城市居民的生命和生活水平带来可持续的、积极的改变。例如，通过逐步实现适当住房权利，地方决策者也可以促进适当生活标准的权利、城市

居民的健康（健康权）、他们参与经济生活和工作的能力（工作权）、孩子有学习和住得临近学校的能力（教育权），等等。[22]

- 考虑到满足那些通常面临特殊困境和不利因素的群体不同的特定需求，城市领导者们可以通过实施评估来确保政策并没有无意的歧视效应，以促进平等和非歧视。[23]

- 确保被作为财政政策目标群体的人们以一种自由的、有意义的和积极的方式得以参与将有助于增加财政政策的

相关性，并且产生长期的可持续的结果。[24]

- 透明的财政过程，责任清晰，法治得到尊重，能够确保在收入和支出分配上更加明晰，促进经济资源的有效利用，其对于反腐败也是重要的。[25]

地方政府能够促进人权原则的一个主要的方式，是地方立法框架的包容性（见案例2）。这种地方人权机制的建立，使地方当局在人权保护中的作用变得明显。为了使他们有效地展现他们的功能，这些方面应该配备充足的人员和财政资金，并且确保各自区域内的每一个人都可得到。[26]

案例2　危地马拉的城市准则

危地马拉的城市准则建立起了地方政府召集城市不同社会部门参与到发展以及城市公共政策和城乡发展规划的制度化的义务。它也规定了保护和促进社区对他们根据价值观、语言、传统和习俗的文化认同的权利。该准则也批准建立了合规委员会。[27]

危地马拉，奇奇卡斯特南哥的露天市场© Wikipedia

性别平等

在当前的城市环境中，由于性别歧视，女性面临着特殊的挑战。例如，城市住区目前面临着公共空间性别暴力（GBV）的发生率增加以及由于性别中立的城市规划所带来的流动性挑战——这种规划没有认识到并适应非正式性和考虑经济。[28]具体来说，城市贫困有其独特的性别维度，并由劳动分工、城市治理表现不佳以及公共空间的不平等问题使其加剧。[29]

因此，城市化推动可持续发展和一个适当的生活标准的潜力取决于的交叉方法是：认识到城市贫困人口，尤其是妇女，面对着

妇女的关键性角色

"妇女的从属地位使得对[城市]的住房、运输和公共设施等进行了最少的维护，因为妇女能保障无偿运输，因为她们能照顾家庭，因为她们在没有食堂的时候能做饭，因为没有托儿所时她们照顾别人的孩子。……如果妇女真的像一些人所说的那样"无所事事"的话，那么我们所知道的整个城市结构将完全不能维持其功能。"[31]

严峻的挑战，比如住房短缺、水和卫生设施不足和有限的访问服务，使他们面临着人权被侵犯或有着被侵犯风险的整体挑战。[30]为了迎接这些挑战，城市领导者必须利用社会包容性的城市化工具，承认所有人的参与和权利。

性别平等和妇女赋权（GEWE）以及将性别观点纳入主流

实施健全、包容性的市政财政将决定2030年议程在城市和新城市议程（NUA）方面所能达到的成就。简而言之，透明有效的市政财政将成为SDG 11和NUA融资的源泉。[32]同样重要的是，认识到妇女生计是城市经济的主要驱动力很有必要，这对于有效融资和实施可持续城市增长至关重要。

GEWE的核心与行为变化和一个总体的长期发展目标相关。赋权依赖于女性规划和控制自己生活的能力。因此，为了获得权利，女性不仅必须拥有平等的能力（如教育和健康）、平等权利和获得资源的机会（即土地和就业），他们还必须有机构来部署这些权利和能力，并纳入社会决策过程（即通过制度层面的领导和参与）。[33]

将性别观点纳入主流是对所有领域和各级计划行动中对妇女和男子的影响进行评估的过程（具体例子，见案例3）。[34]因此，应

> "城市贫穷具有鲜明的性别维度，并因劳动分工的性别化、城市治理中的代表性不足和公共空间不平等而加剧。"

界定所有活动，以确定性别差异，性别中立绝对不只是个例。将性别观点纳入主流是促进男女平等的主要国际途径。[35]

其目标是使男女双方的需求成为所有政治、经济和社会领域政策和方案的设计、执行、预算程序和审计的一个组成部分。[36]为了实现这一点，妇女在各级决策中的参与必须根据SDG 5.5来扩大和实现。从长远来看，性别主流化旨在改变歧视性的社会制度、法律、文化规范和社区做法——例如限制妇女获得财产权或限制她们进入公共空间。

最后，仍然需要通过对妇女赋权采取有针对性的干预，将性别观点纳入主流，特别是存在持续歧视妇女和男女不平等现象的情况下。将性别观点纳入主流并不会取代针对妇女的特定的政策和方案以及积极的立法的需求。[38]

案例3 将埃塞俄比亚的性别纳入主流[37]

1993年，在埃塞俄比亚，通过了"国家妇女事务政策。"该政策在联邦和州一级的每个部门制定了妇女协调中心。这些协调中心的主要目的是将性别问题纳入各部门和权力机构的活动，其中包括制定预算。在议会中还有一个妇女事务委员会作为九个常设委员会之一。该委员会的作用是确保议会通过的每一项立法都考虑到适当的性别平衡。此外，委员会还试图监测各部门和机构的活动如何有效地逐步实现真正的两性平等。

支持将性别观点纳入主流，以促进两性平等的宏观经济分析

性别主流化需要足够的人力和财力资源。[39]如果没有提供这些，性别平等的政策就不能转化为现实。因此，性别平等预算（GRB）对于确保将人力和财政资源用于将性别观点纳入主流和赋予权利的活动至关重要。作为出发点，考虑到宏观经济分析通常是性别中立的至关重要，原因如下：

- **经济机构抱有和传播性别偏见**：经济机构通常忽视就业立法、产权和继承法中的男性偏见，所有这些都限制和决定妇女的经济活动。

- **再生和维持劳动力的成本是不可见的，因为经济分析不考虑无偿劳动**：女性不成比例地负担着照顾工作的责任；虽然这是无偿的，但对再生和维持劳动力至关重要。

- **性别关系在分工和就业、收入、财富的分配以及生产性投入方面发挥重要作用**：有一些职业由一个性别所主导，而不管所需的教育或技能水平如何，由女性主导的职业通常比男性主导的职业收入要低。[40]

为了在宏观经济分析中弥补这些性别中立层面的问题，预算中将性别观点纳入主流有三个重要阶段[41]：

- 提高对性别和预算影响的认识和了解；

- 确保政府对维护性别预算和政策承诺负责；

- 修改和改革预算和促进两性平等的政策。

城市贫困女性化和劳动力市场性别层面

毫无疑问，城市化带来了国家经济的变化，越来越多的人离开了初级部门的工作，转向了第二和第三产业。[42]如前所述，目前，70%—80%的经济产出是由城市创造的。[43]

然而，城市化并不一定意味着人人有适当的生活水平。在一些国家，它通常与不平等、排斥、种族隔离、城市贫困率增加、贫民窟的扩散以及不平等地获得城市化的服务和利益有关。目前，全球54%的人口居住在城市里。[44]预计到2050年，这一数字将上升至66%；到2045年城市人口将超过60亿大关。[45]由于城市经济与第二和第三产业密切相关，工资劳动在满足基本需求的手段上占主导地位。因此，城市贫困有一种独特的性别维度，因为它对那些负责无薪工作的社区和家庭成员造成了不成比例的负担——主要是对妇女而言。[46]因此，结合不平等的适足住房权、最低经济福利、投票权以及公共空间的行动自由、平衡有偿工作和无偿照顾工作的努力会不成比例地影响到妇女，在某些情况下甚至影响到女孩。[47]

这一事实引起了人们对城市贫困日益加剧的女性化[48]以及国家和地方政府无力为其发展中城市的所有居民提供服务的担忧。因此，妇女的贫困直接关系到缺乏经济机会和自治；缺乏经济资源、土地所有权和继承权；缺乏获得教育和支持服务的机会以及她们对决策过程的最小参与度。[49]在这个意义上，SDG1、SDG 5和SDG 11是密不可分的。

由于照料家庭的工作负担过重，妇女易受时间贫困的影响，这可能导致弹性工作经济体（即以家庭为基础的灵活工作时间）

的大量涌入，这些经济主要与非正规部门有关。简言之，妇女的照料工作责任、性别分工的结果可能导致妇女聚集非正规部门，寻找灵活的工作安排。事实上，处理和参与非正规部门通常是地方当局面临的一个挑战，因此，与妇女的基层组织和民间社会组织接触是最重要的。

鉴于妇女在城市经济中的地位及其在现实中城市贫困的相对位置，城市财政管理人员认为GEWE在战略计划和预算中至关重要，因此将SDG 1.4（"确保所有的男女，特别是穷人和弱势群体，享有 平等的经济资源权利……"），SDG 5.a（"按照国家法律，进行改革，赋予妇女平等的经济资源权利以及对土地和其他形式的财产、金融服务、继承和自然资源的所有权和控制权……"）和SDG 11（"让城市和人类住区包容、安全、有活力、可持续"）结合在一起。

通过GRB实现透明的市政机构：在城市中实现SDG1、5和16

市政财政的最新趋势导致人们更多地认识到男女在融资和预算方面的不同需求。这些趋势包括权力下放政策，以确保提供更有效的公共服务[50]；更多地强调土地财产税，以增加收入和完善城市发展；公私伙伴关系越来越受欢迎，以及对地方治理问责制和透明度的要求不断增加，包括更多地实施透明的参与式预算方法。[51]

机构透明度是指公民在政府作出的所有决定和行动中获得信息的可能性和可达性[52]；因此，预算是关注治理和问责的理想领域。在决策过程中纳入性别观点提高了治理的合法性，符合SDG 16.7（"确保响应性、包容性、参与性和代表性的各级决策"）和16.b（"促进和执行可持续发展的非歧视性

法律和政策"）的相关规定。它通过贡献新的技能、风格和愿景丰富了政治进程（见案例4）。

案例4　让妇女参与决策过程[53]

在菲律宾巴科洛德市，非政府组织通过活跃妇女网络（DAWN）基金会第一次开展帮助妇女支持和反对地方选举。由于DAWN的活动，女议员人数增加。DAWN 的执行董事是新的议员之一。她和她的同事们认识到预算的重要性，并与其他两个城市的性别活动家在GRB计划中合作。研究结束后不久，DAWN的领导成员（预算研究人员之一）成为了地方政府的高级官员。她和她在DAWN的同事们和行政当局正在努力执行她们在研究中倡导的性别敏感的政策和预算。

作为提高透明度的手段，GRB倡议一种能够评估政府的收入和支出对妇女和男子、女童和男童影响的方法。因此，这些举措有助于改善经济治理和财务管理，同时向政府提供有关是否满足不同群体需求的反馈意见。对于政府外部人士，GRB可用于鼓励透明度，问责制和人们对发展过程的主导权。从根本上说，GRB计划提供信息。以便更好地决策如何修订政策和优先事项以实现SDG5。[54]

此外，GRB举措与许多国际议程和协议一致，可以确保实现SDG 16.6（"在各个层次发展有效、负责任和透明的机构"）。特别是对于地方当局，GRB的举措也可以成为满足SDG 1.4、5.5 和5.a 以及SDG11.3的一种手段。此外，这些举措符合《消除对妇女的一切形式的歧视公约》（1979年公布的消除对妇女一切形式歧视公约）[55]和《北京宣言和行动纲要》（1995年颁布）。[56]

马里邦贾加拉取水的妇女©UN—Habitat

重要的是要注意，GRB的举措不是将政府资金平均分配给男女。相反，他们从性别角度来看待政府的全部预算，以评估如何解决妇女和男子、女童和男童、不同群体的男女的不同需求。[57]具体来说，GRB需要采纳精确的目标、成就指标、数据收集和有效的审计。GRB 计划有许多应用工具来确保有效的预算（图B），这些工具可以单独实施，也可以整合到整个预算过程中。预算收入和支出的性别分析可以在预算编制阶段进行，以评估基线和确定目标；（也可以）在预算监测阶段以及在预算审计和评估预算阶段。[58]关于在城市财政中使用GRB的更深入例子，参见案例5至案例7。

联合国人居署在海地首都太子港的青年培训© UN—Habitat/Julius Mwelu

在哪里应用GRB	整体预算	→	✓ 对整体预算的分析 ✓ 对性别平等和受益人的影响研究
	特定单位	→	✓ 具体部门或方案的分析 ✓ 对性别平等和受益人的影响研究
	方案设计	→	✓ 对新方案的预算分配分析 ✓ 对性别平等和受益人的影响研究
	收入来源	→	✓ 分析不同收入来源对男女的影响
	法律/政策	→	✓ 新法律或政策的分析 ✓ 对性别平等和受益人的影响研究
GRB的成果	性别中立	→	✓ 对现有的性别关系没有影响 ✓ 没有性别分列的数据和分析
	性别平等	→	✓ 预算考虑到男女的不同的需求和优先顺序 ✓ 制定目标利益相关者的性别
	赋予妇女权力	→	✓ 预算包括赋予妇女权利的活动 ✓ 资金专门用于通过赋予妇女权力来缩小性别平等差距
	起变革作用的	→	✓ 预算旨在促进性别平等 ✓ 通过所有资助活动性别平等将主流化

图B 在城市财政中应用GBR，以及预期成果[59]

案例5 加强喀麦隆地方议会对妇女和女童需求的回应[60]

在喀麦隆，联合国妇女署为GRB在地方议会制度化，向当地民间社会组织市政发展咨询小组（MUDEC）提供了支持。该计划在以前工作的基础上提供支持，以提高地方议会将性别问题至点纳入规划和预算程序的技术能力。MUDEC还有助于发展妇女团体在理事会中监督和执行基于产出的预算的能力。

喀麦隆，在丰班市场上的交易者©Flickr/Elin B

由于这些努力，16个目标委员会中有10个通过了关于为性别平等增加投入的市政决定。该项目促进了16个理事会中的妇女包容性治理基金会（WOFIG）和性别委员会的建立和运作。在2013年9月30日地方选举期间，每个理事会区域至少有3名WOFIG成员当选为议员。

此外，7名WOFIG成员当选为国民议会候补委员。这些成员现在在地方决策中，特别是资源和预算的分配中发挥关键作用。

为加强目标理事会对性别平等的问责制和透明度，项目收集了两性平等分配数据，并广泛传播，以确保地方行政人员公开承诺提高两性平等融资水平，向WOFIG成员提供支持以加强与两性平等委员会的联系，以便继续游说来提高性别平等融资问责制。该项目还促进了选民与项目区当选人的性别公众听证会和其他参与论坛（面对面讨论）。

案例6　塞尔维亚公民社会组织要求性别回应的地方计划和预算[61]

以女性为导向的民间社会组织（CSOs）在对性别回应的预算编制过程中发挥着至关重要的作用，这一事实一直是塞尔维亚Fenomena协会所开展的项目背后的动力。Fenomena 协会在2013年发起了一项倡议，有助于加强来自塞尔维亚欠发达地区的妇女组织的作用和参与，以影响地方政策，并倡导当地的GRB进程。它与塞尔维亚西部、中部和南部的7个镇/市（Movi Pazar、Kraljevo、Kragujevac、Užice、Kruševac、Niš和Leskovac）的8个女性民间社会组织合作。

目标城市侧重于涉及妇女需要和要求的广泛领域和问题。例如，在塞尔维亚的普里耶波列和新帕扎尔，重点是对分配到体育的资金进行性别分析，以满足妇女的需要，并评估妇女和男子是否从目前的预算拨款中获得同等的收益。在克拉列沃，城市预算的性别分析评估了包括预算编制、执行和报告在内的预算过程的透明度。在克拉古耶瓦茨，对福利服务预算拨款的性别分析满足了针对妇女暴力的幸存者（VAW）的需要。

利用现有的塞尔维亚妇女领导的公民社会组织的潜力和经验，Fenomena提出了一项共同议程，在目标国家层面更有效地影响当地政策和GRB进程。这种方法也解释了需要发展网络的力量来要求和监测性别平等的筹资问题的必要性，这是塞尔维亚西部，中部和南部的共同关切。

塞尔维亚莱斯科瓦茨的骑自行车者©Flickr/Gagarin Miljkovich

这些努力有助于在目标领域加强对地方政府的问责，以促进性别平等的规划和预算，增加对性别平等的筹资。该项目加强了妇女组织在各自城市开展的性别响应性投资和筹资方面的宣传技巧。该项目在当地行动者之间建立了关键的伙伴关系，并织牢了目标城镇和城市妇女组织的网络。它汇集了包括财政官员在内的地方当局代表、地方性别平等理事会代表以及国家层面的利益相关者，例如财政部、劳工部、就业和社会政策部以及性别平等理事会。

案例7　摩洛哥在执行性别回应预算方面的成功经验[62]

摩洛哥在性别回应的预算编制工作上有悠久的历史，有着持续的、高水平的政治意愿来处理两性平等问题。自2014年1月通过新的财务法以来，妇女和女童的需求越来越多地反映在政府的支出方面，性别优先事项在整个预算编制过程中得到整合。

正在进行的努力导致GRB正在逐步扎根于摩洛哥的预算改革进程。摩洛哥十多年来在以结果为基础的和性别回应的公共财政管理方面的经验，促使政府理事会通过了新的有组织的财政法，该理事会在整个预算过程中将性别平等法律制度化。在GRB进程向前迈进的过程中，新立法明确提到在线路预算目标、成果和绩效指标的定义中必须考虑性别平等。新的组织法还将性别报告制度化为作为年度财务法案一部分的正式文件，这是一项重要成就。

每年摩洛哥都会生成一份性别报告，其中包含按性别分列的各个部门（数据允许的情况下）进行的工作的信息，这已成为重要的问责和监测工具，推动了GRB从一年到今后的实施。到2012年，共有27个部门加入了该报告，相当于国家总体预算的80%以上。报告成功地获取了来自卫生和教育等更多传统部门（为GRB）的报告，还有一些非传统部门，如基建和运输部。

扫盲部门现在根据其"目标"进行方案的预算规划，这些"目标"主要是妇女，现在这些妇女占摩洛哥扫盲方案的85%。这种方法从2009年开始，使得该部门能够更好地适应受益者的需求。因此，根据年龄（15—24岁，25—45岁和45岁以上）以及就业状况（已有工作或正在寻找工作），还开展了几个不同的计划。

另一项突破是2011年7月在该国新宪法中列入有利于两性平等的条款。第19条明确规定两性在享有公民、政治、经济、社会、文化和环境权利方面都是平等的。新宪法也通过提及政府承诺的若干条款，来介绍性别平等的原则，努力创造条件，以便在所有领域实现两性平等和男女平等的代表权，并讲入决策机构。

青年

青年[63]作为一个跨领域的交叉议题是确保实现可持续城市化的基础，原因有以下几点：首先，青年构成了一些城市人口的绝大部分。2030年"可持续发展议程"，特别是"可持续发展目标11"[64]所代表的城市化是推动世界在21世纪实现经济和社会繁荣的引擎，青年是推动这一引擎的工程师。"青年膨胀"在提高生育率的同时降低婴儿死亡率，创造了一个发展阶段，即一个国家大多数人口是儿童和年轻人。目前，在大多数发展中国家，25岁以下的人口比以往任何时候都多，总共近30亿，甚至近似达到全球人口的一半；在12岁至24岁之间的人口总数达18亿。他们代表一群变革者——最活跃和最具活力，也是最易变动和最脆弱的群体。

这些青年大多数都住在城镇里，发展中国家的城市贡献了全球城市增长的90%以上。这些城市居民中，青年所占的比例很大。据估计，到2030年，有60%的城市居民将不到18岁。[65]基于这一数据，青年资源需要被看作安全、有弹性和可持续发展的城市的资产和驱动力。

城市金融为青年，并由青年创造

城市融资可以被定义为城市化进程中以可持续的方式为城市化融资的模式。与城市面临的挑战相反，新的城市化模式希望构建具有包容性、安全性、弹性和可持续性的城市和人类住区。因此，地方政府不仅仅应该把城市化看作为发展的结果，而且也应看作是实现城市发展的强大动力。

青年可以在实现这一承诺方面发挥关键作用，在许多情况下，他们已经接受了发展中城市面临的挑战，并提供了可以改善城市

社会、经济和环境条件的城市方案。然而，只有为青年提供平等机会的包容性，城市才能实现这一点。[66]为了整个社会的利益，发挥他们的才能是非常重要的。

但是，大多数地方当局，特别是发展中国家城市管理面临的根本问题，在于财政资源和市政支出需求之间日益扩大的差距。财政差距日益扩大的主要原因之一是城市人口的快速增长，这对公共服务、新的公共基础设施及其维护的需求也日益增加。

因此，这在发展中国家的城市中心的不同部分之间造成裂痕，从而形成了相对富裕地区和贫困地区的混合体，从而导致了整个城市不同区域的服务水平和供应水平的差距日益扩大。由于低收入或无收入等挑战，大多数青年生活在非正规住区。由于它们提供虽然不合标准，缺乏基本服务却价格合理的住房，因此非正规住区[67]吸引着城市的贫困人口，尤其是青年人。因此，随着居民寻求城市挑战的解决方案，非正式住区滋生着大部分的社会不公，而且也是创新的实验室。如果这些解决方案在城市的环境下被发现、分析、扩大和复制，那么它们不仅是为城市创造收入的模式，而且也是向城市居民提供服务的支出模式。

青年在城市融资中的角色

非正式定居点的城市青年

对于城市贫困人口，特别是青年人，城市的财政收益从未企及，这些贫困人口被困在非正规和非法的世界中——这些贫民窟没有被反映在地图上，这里垃圾没有被收集，税款没有被缴纳，公共服务没有被提供。官方说，它们就不存在。虽然他们可能居住在城市或城市的行政边界内，但他们的地方当

局也许是一个黑社会头目或卡特尔成员，而不是市议会工作人员，他们往往不再试图宣称管辖权甚至进入非正式定居点。作为非法或未被认可的居民，许多生活在非正规住区的青年没有财产权，也没有稳定的职位，但是他们在非正式的、不受管制的，在某些方面昂贵的二级市场中做出各种安排，这在城市形成地方治理结构（见案例8）。

所罗门群岛霍尼亚拉的年轻人©UN–Habitat/Bernhard Barth

案例8　贫民窟企业的营利能力

内罗毕市内的基贝拉是非洲最大的贫民窟。该市是非洲大陆最重要的经济中心之一，占肯尼亚国内生产总值的60%（2016年增长5.6%）。[68]青年和儿童在肯尼亚的人口中占了很大比例，其中15岁至34岁的人口为790万人——这之中有260万人居住在城市地区（占32.3%）。在后一组中，约49%的人在城市地区生活贫困，这一群体的青年人生活在贫民窟社区。[69]

这是在内罗毕非正式定居点提供高端务的一个案例研究。该研究讨论了住房部门的收入、基础设施务的提供以及私人服务提供者。

房地产行业

内罗毕非正式房屋租赁由大规模的地主土地所有制所控制。[70]在基贝拉，有6%的地主拥有所有房屋的25%[71]——这表明了高度的所有权集中度。此外，内罗毕贫民窟密度的增加表明，土地所有者无视官方规定，通过在土地上建造越来越多的房屋来增加收入。[72]因此，内罗毕贫民窟的密度达到每公顷250个房屋。[73]此外，非法建造地块的非法建筑物以及提供基本服务的问题，使内罗毕的许多原计划中的低成本房屋成为贫民窟，尤其是考虑到住房质量差、租金很高——贫民窟家庭的平均月租金为790肯尼亚先令（合11美元），占平均月收入的12%。[74]如果肯尼亚的"租金限制法"在内罗毕贫民窟得到有效应用，租金将下降70%"。[75]这种"高成本低质量陷阱"[76]使得地主在仅仅三年内就能实现100%（免税）的租金投资回报。[77]

在内罗毕贫民窟提供基本的基础设施服务

在内罗毕贫民窟中，获得基本共服务的程度远低于内罗毕整体的数据。[78]不到五分之一的贫民窟家庭可以使用自来水（即私人住房内部或院子里接入了水龙头）。[79]绝大多数贫民窟居民依靠水亭从私人供应商那里购买水。相比之下，内罗毕整研究报告数据显示，可以使用自来水的家庭占比达到71%。[80]获得基本服务的不平等也体现在电力接入：内罗毕贫民窟中有五分之一（22%）的家庭接入了电力，并将其用作照明。相比之下，在整个城市，52%的人接入了电力。[81]虽然垃圾有负面外部效应，但是100个贫民窟家庭中不到一个（0.9%）是由公共提供收集系统服务的。非正住区的绝大多数家庭，都是通过倾倒、燃烧或掩埋来处理固体废物。在内罗毕级别的省市中，至少有6%的家庭不经常性地由公共提供垃圾收集系统。[82]

私人服务提供者

特别是对于水亭业主，可以赚取高额收入。像许多其他城市一样，内罗毕的公共网络提供低于全额收回价格的水，这证明了穷人获得用水的重要性。贫民窟家庭在水亭为每立方米水平均支付100肯尼亚先令（合1.33美元/立方米）[83]——这一价格是最低关税区价格的8倍。[84]因此相比于从公共网络获得水的高收入地区的居民和水亭业主来说，其支付的是全额成本回收价格。由于集中在少量的水亭内销售，也有可能获取高额的租金。[85]这表明，控制水市场准入的官员限制了他们的客户，并趁机行贿。[86]此外，公职人员也获得了部分利润。水供应商报告表明，他们至少有四分之一的初期投资是以贿赂的形式促成的。此外，他们还必须继续向公用事业官员支付寻租费用，以维持业务。[87]

然而，高价格的水也是寻租的结果。据报，水供应商利用临时用水的短缺获利。通常这些短缺是由于公用事业的一般性问题。然而，人为的短缺有时是通过与公用事业官员的勾结而产生的。[88]

教训

非正规住区对于实现城市目标具有很大的未开发潜力。这包括住房部门提供服务机制的法律和财务条例以及基本基础设施服务的提供。这强调测绘非正式定居点努力弥合财政缺口，同时确保城市中的社会保障措施得到满足的迫切性。

在这方面，应鼓励城市领导人采用以青年为主导的创新解决方案，更有效地满足基本生活需要。尽管城市由于私有化而对一些基础服务的影响力有限，但城市领导者需要创造一个有利于私营和公共伙伴关系的环境，同时也鼓励私人对基础设施和公共服务的投资，以实现其现有目标。

肯尼亚内罗毕，玛萨瑞水亭©UN-Habitat

青年是创新和生产的力量

青年是社会变革的最前沿，他们的创新思想和精力可以成为社会和经济变革的力量。 在城市中，年轻人最能利用城市化带来的经济效益，因为城市创造了推动创新和社会变革的思想、人才和活动。城市规模的扩大增加了机会，创造了城市优势，使财富的产生和追求经济机会变得更容易。通过利用城市规模经济，年轻人的内在潜力可以被利用去创造财富和就业机会。今天的年轻人正在向城市迁移，因为他们提供了农村地区不具备的向上流动的机会和资源。目前的挑战是努力引导城市的经济力量为青年的需要服务，并确保经济增长的红利得到公平分配。

创新源于创业精神，而城市具备产生成功企业的所有基本要素：消费者和劳动力的密集网络、过剩的商品和服务、基础设施和机构。

促进青年创业，除了为失业者创造经济机会之外，还有很大的好处。从社会的角度来看，创业涉及一些社会–心理问题和犯罪活动所造成的失业。创业也使边缘化和心怀不满的年轻人重新融入城市的经济主流；曾经被迫进入社会边缘的青年获得意义感，自我价值感和归属感。

从经济的角度来看，青年企业家是动态的，他们不断学习和迅速适应，因此，他们提供了大量关于如何做生意的独立实验。在创业率高、创业文化强的地区，经济资源利用效率高，经济增长率高。

因此，必须培育创造经济价值和促进增长的小型和成长型企业。支持成长最快，最具活力的青年。成为企业家是实现这一目标的最佳手段。案例9举例说明了以青年为主导的企业家精神，解决紧迫的城市挑战：创造收入。

赞比亚的建设©UN–Habitat

案例9　MatQ——面向内罗毕当局的创新收入收集系统

创新市场旨在利用当今世界的三大关键动力：越来越多的年轻城市公民、信息通信技术（ICT）的扩散以及权力的下放过程。联合国人居署同参与县、青年群体和私营部门的地方当局协商，确定公共交通系统收入的征收是肯尼亚基安布县面临的最紧迫的城市挑战之一。 不同的城市挑战被表示为挑战的声明，用于通知一个为期两天的创新"黑客马拉松"。这个"黑客马拉松"（hackathon）旨在让青年和地方政府的代表共同努力，确定ICT创新，以支持地方治理。

数字排队管理收入系统MatQ以创新制胜。这项创新旨在改善基安布县的运输系统，这对于居住在县内但在内罗毕工作的数百万居民而言至关重要。相对于无效的模拟终端管理和收费容易受到路线管理人员和司机操纵的系统来说，MatQ为地方当局提供了一个更负责任的收费管理系统。系统的实施包括以下内容：马塔图（私人拥有的公共服务车辆）在其指定的终端进行检查，路由管理器通过系统对其进行排队。根据检查的人数，每个马塔图应向路由管理器支付费用（按照市政府附则规定），并将收取的款项汇入各储蓄信贷合作社（SACCO）。[89]SACCO反过来将税收交给地方当局。通过该应用程序，基安布县居民能够找到自己喜欢的马塔图，预订座位，并实时查看其位置。

教训

城市需要更有效地提供公共服务，同时支持可持续和长期的经济增长。最新思想认为，最好的方式就是变得"智能"，这通常意味着使用新的技术（主要是信息和通信技术）和数据来改善服务和应对各种经济、社会与环境的挑战。

MatQ展示了青年的创新力量，可以被定义为一种可以用来提高资金流动效率、加强问责制度、改善城市服务提供的智能机制。这种干预措施可能会改变城市居民生活、休闲和做生意的方式。当他们在现有的经济发展和公共服务计划中整合这些举措时，政府当局最有利可图，并确定新技术如何帮助他们实现目标。

需要赋予青年权利成为市政融资的推动者

显然，地方当局和其他利益相关方必须考虑到青年人的需要，不仅要在自己的城市创造收入和支出，而且也要让他们实现融资。年轻人拥有原汁原味的创业才能，但要真正发起和建立一个能够增加经济价值的成功企业，需要许多青年无法获得的技术技能、知识、网络和资源。因此，创建一个促进创新、生产和就业的蓬勃发展的创业文化的创业生态体系是至关重要的。创建这个生态体系有三个基本要素：加强以创业培训为重点的教育制度；开发一个支持和有利的环境，使其更容易推出业务，特别是青年拥有和经营的融资业务；加强系统内的问责制。

仅靠信贷和资本的渠道，还远远不足以充分利用青年企业的机会。青年企业家必须培养出能够在竞争环境中竞争和成长的现代化可持续企业的技能。商业计划发展、管理、财务管理、机会识别和资本化等领域的正式培训为企业的成功创办和成长提供了基础。教育项目还需要关注可转移和可销售的创业技能，这些技能可以用于创建利用城市经济效益的新兴企业和小型企业。

也有必要通过促使青年人更容易地开展业务的规则、政策和法规来营造一种使人各尽所长的环境氛围。这些政策应包括执行立法来鼓励年轻企业家参与社会和经济发展，并通过更容易的商业注册和建立流程来增加经营的便利性。一个以青少年为中心的、有利于创新和实验的、具有低发现成本的监管环境是必不可少的。

此外，青年企业家缺乏获得贷款的抵押品，通常无法获得比小额信贷贷款更多的资金，这可能不足以满足新兴和不断增长的业务需求。由于缺乏风险厌恶的债权人在寻求贷款或投资时往往所需要的长期业务历史，这成为了进一步发展企业的重要障碍。需要扩大青年企业家的融资机会，也需要政府支持的资金来补充私人资金来源。投资新兴的创新型青年企业也可能对发展产生乘数效应。

通过青年主流化实现透明和负责任的城市

治理决定了在整个大都市地区如何有效地分摊成本，如何在当地政府边界协调服务供给，当地居民和企业如何有效地访问政府和影响他们的决策，地方政府对公民如何负责以及如何回应他们的要求。因此，显而易见的是，要使城市在经济和社会方面取得成功，青年就应该成为主流。换句话说，由于其跨学科和跨部门的性质，青年人应被考虑纳入所有方案和倡议（图C）。

这意味着在城市层面建立社会问责机制，使公民和公民社会——特别是最贫穷和最边缘化的群体——在监督和问责制中发挥决定性和正式的作用。这与城市的青年有很好的联系。在这样做的时候，领导人将会向传统上被排除在发展进程之外的人们发出声音，同时加强政府自身的监督工作，特别是在弥补落实影响青年政策的执行差距时。为了实现制度化的青年主流化，城市领导者应该考虑年轻人的具体做法，并对具体的青年需求作出回应（见专栏2），以实现透明和负责的机制。

"青年企业家缺乏获得贷款的抵押品，通常无法获得比小额信贷贷款更多的资金，这可能不足以满足新兴和不断增长的业务需求"。

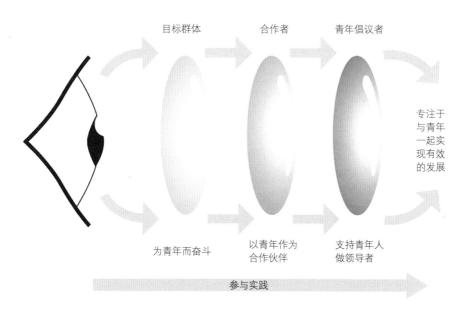

目标群体　　合作者　　青年倡议者

专注于与青年一起实现有效的发展

为青年而奋斗　　以青年作为合作伙伴　　支持青年人做领导者

参与实践

图C　青年主流化
资料来源：Adapted from World Bank Development Report 2007

专栏2　实现青年主流化制度化的具体做法

- 制定政策和做法，支持青年人实现公民的职责、权利和获得服务的能力。
- 确保有效的法律和司法制度，解决青年法律地位和保护的问题。
- 确保公共支出反映出政府明确的青年目标，并为所有公民提供高质量的服务。
- 设计结构和实施过程，确保青年有效参与治理，确保政治决策进程包括关键机构（如议会和地方政府）中的关键青年人数。
- 确保在关键部门提供的服务，有助于增强参与和透明决策、机构问责制和对青年具体需要的回应能力。
- 设立青年专项监测评估体系。

结论

执行健全和包容的市政财政对于在城市和NUA实现2030年议程至关重要。透明、有效的市政财政将成为SDG 11和NUA的融资来源。[90]同样，最重要的是，认识到城市的经常被边缘化的群体是城市经济的主要驱动力，对于有效融资和实施可持续城市增长至关重要。

城市化提供了改善人们生活的潜力，但由于城市管理水平不足，基于不准确或有偏见的观点，机会可能会变成灾难。[91]为了发挥城市化的潜力，实现减少异化和排斥的社会包容性战略至关重要，为所有社会团体，特别是最边缘化群体的赋权和参与铺平道路。这些努力将成为2030年议程的基石，因为它促进了每一个人影响和/或参与影响他们生活的决定的权利和能力。[92]

人权是所有人所固有的，旨在保护人的自由、平等和尊严的价值观。城市领导人可以解决能力差距，并确保他们的决策通过采用基于人权的方法（HRBA）来促进可持续和包容性的城市化进程。

参与公共支出分配的方法有诸如增加金融工具的相关性、提高公有制意识、增加社区保护和维护产品的可能性之类的好处。市政财政应该是透明的、参与性的和基于人权的。融资策略、财政政策、税收制度、补贴、发展计划和预算应惠及最贫穷和最边缘化的人群并且应该是透明和参与过程的产物，他们也应该受到保护人权的法律的支持，包括经济领域以及非歧视性、包容性、参与性和对财务政策和战略负责的公共机构。

认识到妇女的生计是城市经济的主要驱动力对实现可持续的城市增长至关重要。与农村地区相比，城市中心的妇女参与劳动力的比例要高一些。因此，发展富有生产力和包容性的城市经济，有助于国家发展和筹资机制。

作为提高透明度和促进人民对发展进程的所有权的一种手段，GRB倡议提供了一种评估政府收入和支出对妇女和男子、女童和男童的影响的方法。这些措施可以帮助改善经济治理和财务管理，并向政府提供反馈和数据，以确定它是否满足不同群体的需求。因此，GRB计划提供的信息能够更好地决策如何修订政策和优先事项，以实现SDG 1、5、11和16[93]，并履行《消除对妇女的一切形式的歧视公约》，消除对妇女的歧视（《消除对妇女的一切形式的歧视公约》，1979年）[94]和《北京宣言和行动纲要》（1995年）。[95]

此外，很明显，青年是实现有弹性和可持续城市的宝贵资产。投资青年将有助于满足对公共服务、新的公共基础设施和维护的不断增长的需求。城市的经济和社会增长受到年轻人的支持，他们能够为现有的城市挑战提供可持续的解决方案。在这方面，赋予青年人权利是政府负责实施"不让任何人掉队"的最重要手段之一。

如果城市领导者考虑上述建议，那么市政府不仅将投资于创收系统和解决方案，还将通过城市法规、城市规划和城市金融这三种武器来改善城市居民的生活条件至关重要的是，城市领导者必须制定政策，承诺遵守人权、两性平等和赋予青年权利。这样做将有助于实现《2030年议程》，确保所有城市居民都能成为城市生活和城市经济的贡献者和受益者。

厄瓜多尔首都基多的郊外©wikipedia

本章由团队撰写而成，团队由塔伊布·博伊斯（Taib Boyce）、索尼娅·加德里（Sonja Ghaderi）、布莱恩·奥伦加（Brian Olunga）、雅万·翁巴多（Javan Ombado）、罗西奥·阿尔米拉斯-蒂塞伊拉（Rocio Armillas-Tiseyra）、朱迪恩·穆卢瓦（Judith Mulwa）、道格拉斯·拉根（Douglas Ragan）、伊莫金·豪厄尔斯（Imogen Howells）和黑兹尔·库里亚（Hazel Kuria）组成。

注　释

1. IIED and UNFPA, Urbanization, Gender and Urban Poverty: Paid Work and Unpaid Care Work in the City (n.p., IIED & UNFPA, 2012).

2. World Bank, Planning, Connecting, and Financing Cities-Now: Priorities for City Leaders (Washington, World Bank, 2013).

3. Refers to the level of wealth, comfort, and material goods and necessities available to a certain socioeconomic class in a certain geographic location.

4. IIED and UNFPA, Urbanization, Gender and Urban Poverty: Paid Work and Unpaid Care Work in the City (n.p., IIED & UNFPA, 2012).

5. United Nations, Transforming Our World: The 2030 Agenda for Sustainable Development (New York, United Nations, 2015), para. 8.

6. Enshrined in the Universal Declaration of Human Rights (UDHR) Article 25 and International Covenant on Economic, Social and Cultural Rights (ICESCR) Article 11.

7. UDHR Article 25 and ICESCR Article 11.

8. Committee on Economic, Social and Cultural Rights, General Comment No. 15 on the Right to Water (Geneva, United Nations, 2002).

9. ICESCR Article 6.

10. UDHR Article 25 and ICESCR Article 12.

11. UDHR Article 26(1), ICESCR Article 13, Convention on the Rights of the Child (CRC) Article 28, 29.

12. UDHR Article 19, International Covenant on Civil and Political Rights (ICCPR) Article 19(2).

13. UDHR Article 17.

14. For further reading on land rights, consult UN-Habitat, Programmatic Guidance Note on the Promotion and Protection of Human Rights (Nairobi, UN-Habitat, 2015), pp. 43–48.

15. For further reading on the Human Rights–Based Approach, consult UN-Habitat, Programmatic Guidance Note on the Promotion and Protection of Human Rights (Nairobi, UN-Habitat, 2015).

16. Human Rights Council, Role of Local Government in the Promotion and Protection of Human Rights – Final report of the Human Rights Council Advisory Committee (New York, Human Rights Council, 2015).

17. OHCHR, Key Messages on Human Rights and Financing for Development (New York, OHCHR, 2015). Available from http://www.ohchr.org/Documents/Issues/MDGs/Post2015/HRAndFinancingForDevelopment.pdf.

18. Affordability is a human rights standard, and defines the core content of human rights. Facilities, goods, and services must be affordable and expenses must not disproportionally burden poorer households. See UN-Habitat, Programmatic Guidance Note on the Promotion and Protection of Human Rights (Nairobi, UN-Habitat, 2015), p. 11.

19. OHCHR, Key Messages on Human Rights and Financing for Development (New York, OHCHR, 2015). Available from http://www.ohchr.org/Documents/Issues/MDGs/Post2015/HRAndFinancingForDevelopment.pdf.

20. UN-Habitat, Programmatic Guidance Note on the Promotion and Protection of Human Rights (Nairobi, UN-Habitat, 2015), p. 7.

21. UN-Habitat Regional Office for Africa, Research and Capacity Development Branch, Capacity Building for Local Participatory Planning, Budgeting and Gender Mainstreaming Programme: DRC, Mozambique, Senegal – Final Report (Nairobi, UN-Habitat, 2012).

22. The human rights principle of interdependence implies that the realization of each human right contributes to the realization of a person's dignity through the satisfaction of her or his developmental, physical, and spiritual needs. The human rights principle of interrelatedness means that the fulfillment of one right often depends, wholly or in part, upon the fulfillment of other rights. UN-Habitat, Programmatic Guidance Note on the Promotion and Protection of Human Rights (Nairobi, UN-Habitat, 2015), p. 10.

23. The human rights principles of equality and non-discrimination mean that individuals are equal as human beings by virtue of the inherent dignity of each human person, and that every individual is entitled to enjoy human rights without discrimination of any kind, such as discrimination due to race, religion, political or other opinion, national or social origin, disability, property, birth, or other status. UN-Habitat, Programmatic Guidance Note on the Promotion and Protection of Human Rights (Nairobi, UN-Habitat, 2015), p. 10.

24. The human rights principles of participation and inclusion imply that all stakeholders, duty-bearers, and rights-holders, including slum dwellers and other urban residents in vulnerable situations, should be given the opportunity to participate in activities and interventions that affect them. UN-Habitat, Programmatic Guidance Note on the Promotion and Protection of Human Rights (Nairobi, UN-Habitat, 2015), p. 10.

25. The human rights principle of accountability requires that duty-bearers, including city leaders, mayors, and local government officials, be answerable for the observance of human rights. Rule of law means that all persons, institutions and entities, public and private, including the state itself, are accountable to laws that are publicly promulgated, equally enforced, independently adjudicated, and which are consistent with international human rights norms and standards. UN-Habitat, Programmatic Guidance Note on the Promotion and Protection of Human Rights (Nairobi, UN-Habitat, 2015), p. 10.

26. Human Rights Council, Role of Local Government in the Promotion and Protection of Human Rights – Final report of the Human Rights Council Advisory Committee (New York, Human Rights Council, 2015), para. 37.

27. Human Rights Council, Role of Local Government in the Promotion and Protection of Human Rights – Final report of the Human Rights Council Advisory Committee (New York, Human Rights Council, 2015), para. 41.

28. Vienna City Council, Gender Mainstreaming in Urban Planning and Urban Development (Vienna, Vienna City Council, 2013).

29. UN-Habitat, State of Women in Cities 2012/13 (Nairobi, UN-Habitat, 2013).

30. UNFPA, State of the World Population 2007: Unleashing the Potential of Urban Growth (New York, UNFPA, 2007).

31. M. Castells, City, Class and Power (London, Macmillan, 1978), pp. 177–178.

32. UN-Habitat, World Cities Report 2016 (Nairobi, UN-Habitat, 2016).

33. UNICEF, UNFPA, UNDP, UN Women, "Gender Equality, UN Conference and You" [training module]. Available from http://www.unicef.org/gender/training/content/scoIndex.html.

34. ECOSOC Resolution 1997/2.

35. D. Budlender and G. Hewitt, Engendering Budgets: A Practitioners' Guide to Understanding and Implementing Gender-Responsive Budgets (London, Commonwealth Secretariat, 2003).

36. GA Resolution S-23/3 (2000) annex, paragraph 73[c].

37. Case study available in D. Budlender and G. Hewitt, Engendering Budgets: A Practitioners' Guide to Understanding and Implementing Gender-Responsive Budgets (London, Commonwealth Secretariat, 2003).

38. ECOSOC Resolution 1997/2

39. D. Budlender and G. Hewitt, Engendering Budgets: A Practitioners' Guide to Understanding and Implementing Gender-Responsive Budgets (London, Commonwealth Secretariat, 2003).

40. D. Elson and N. Cagatay, Engendering Macro-Economic Policy and Budgets for Sustainable Human Development (New York, Human Development Report Office, 1999).

41. Rhonda Sharp, Moving Forward: Multiple Strategies and Guiding Goals (New York, UNIFEM, 2002).

42. IIED and UNFPA, Urbanization, Gender and Urban Poverty: Paid Work and Unpaid Care Work in the City (n.p., IIED & UNFPA, 2012).

43. World Bank, Planning, Connecting, and Financing Cities-Now: Priorities for City Leaders (Washington, World Bank, 2013).

44. UN-Habitat, World Cities Report (WCR): Emerging Futures (Nairobi, UN-Habitat, 2016).

45. UNDESA, World Urbanization Prospects (New York, UN DESA, 2014).

46. IIED and UNFPA, Urbanization, Gender and Urban Poverty: Paid Work and Unpaid Care Work in the City (n.p., IIED & UNFPA, 2012).

47. IIED and UNFPA, Urbanization, Gender and Urban Poverty: Paid Work and Unpaid Care Work in the City (n.p., IIED & UNFPA, 2012).

48. S. Chant and C. McIlwaine, Cities, Slums and Gender in the Global South: Towards a Feminised Urban Future (New York, Routledge, 2016).

49. Beijing Declaration and Platform for Action, Strategic Objectives and Actions: A. Women and Poverty, 49–51.

50. G.K. Ingram and Y. Hong, Land Policies and their Outcomes (Cambridge, Mass., Lincoln Institute of Land Policy, 2007).

51. UN-Habitat, Guide to Municipal Finance (Nairobi, UN-Habitat, 2009).

52. D. Budlender and G. Hewitt, Engendering Budgets: A Practitioners' Guide to Understanding and Implementing Gender-Responsive Budgets (London, Commonwealth Secretariat, 2003).

53. Case study available in D. Budlender and G. Hewitt, Engendering Budgets: A Practitioners' Guide to Understanding and Implementing Gender-Responsive Budgets (London, Commonwealth Secretariat, 2003).

54. D. Budlender and G. Hewitt, Engendering Budgets: A Practitioners' Guide to Understanding and Implementing Gender-Responsive Budgets (London, Commonwealth Secretariat, 2003).

55. To view countries that have ratified the Convention, see: https://treaties.un.org/Pages/ViewDetails.aspx?src=TREATY&mtdsg_no=IV-8&chapter=4&lang=en.

56. Supported by GA Resolution S-23/3 (2000) annex, paragraph 73[c].

57. D. Budlender and G. Hewitt, Engendering Budgets: A Practitioners' Guide to Understanding and Implementing Gender-Responsive Budgets (London, Commonwealth Secretariat, 2003).

58. Austrian Development Cooperation, Making Budgets Gender-Sensitive: A Checklist for Programme-Based Aid (Vienna, Austrian Development Cooperation, 2009).

59. Adapted from HELVETAS Swiss Intercooperation, Gender in Municipal Plans and Budgets: Manual with Practical Guidelines on Gender Responsive Planning and Budgeting at Local Level, Based on Experiences with Municipalities in Kosovo (Vernier, Switzerland, HELVETAS Swiss Intercooperation, 2012).

60. UN Women, "Strengthening Local Councils in Cam-

eroon to Respond to Women and Girls Needs," 2014, available from http://gender-financing.unwomen.org/en/highlights/local-governance-in-cameroon.

61. UN Women, "CSOs in Serbia Demand for Gender Responsive Local Plans and Budgets," 2014, available from http://gender-financing.unwomen.org/en/highlights/csos-in-serbia-demand-for-gender-responsive-local-plans-and-budgets.

62. UN Women, "Morocco's Successful Case in Implementing Gender Responsive Budgets," 2014, available from http://gender-financing.unwomen.org/en/highlights/gender-responsive-budgets-case-of-morocco.

63. Youth does not have a defined age. Youth is defined differently in different countries, organizations, and contexts. The UN defines youth as between the ages of 15–32 years.

64. Sustainable Development Goal 11: "Make cities inclusive, safe, resilient and sustainable."

65. UN DESA, World Urbanization Prospects: The 2014 Revision (New York, UN DESA, 2014); Douglas Ragan, Cities of Youth, Cities of Prosperity (Nairobi, UN-Habitat, 2012).

66. An inclusive city promotes a model of interaction that upholds the rights of every inhabitant.

67. UN-Habitat defines informal settlement as characterized by inadequate access to safe water, inadequate access to sanitation and other infrastructure, poor structural quality of housing, overcrowding, and insecure residential status.

68. Kenya National Bureau of Statistics, Economic Survey (Nairobi, Kenya National Bureau of Statistics, 2016).

69. Kenya National Bureau of Statistics, Economic Survey (Nairobi, Kenya National Bureau of Statistics, 2016).

70. P. Amis, "Squatters or Tenants: The Commercialization of Unauthorized Housing in Nairobi," World Development, vol. 12, no. 1, 1984, p. 88; P. Syagga, W. Mitullah, and S. Karirah-Gitau. Nairobi Situation Analyses Supplementary Study: A Rapid Economic Appraisal of Rents in Slums and Informal Settlements (Nairobi, Government of Kenya and UN-Habitat, 2001), p. 93.

71. P. Amis, A Shanty Town of Tenants: The Commercialization of Unauthorized Housing in Nairobi 1960-1980 (Canterbury, University of Kent, 1983), p. 206.

72. P. Syagga, W. Mitullah, and S. Karirah-Gitau, Nairobi Situation Analyses Supplementary Study: A Rapid Economic Appraisal of Rents in Slums and Informal Settlements (Nairobi, Government of Kenya and UN-Habitat,

2001), p. 96.

73. P. Syagga, W. Mitullah, and S. Karirah-Gitau, Nairobi Situation Analyses Supplementary Study: A Rapid Economic Appraisal of Rents in Slums and Informal Settlements (Nairobi, Government of Kenya and UN-Habitat, 2001), p. 21.

74. S. Gulyani, D. Talukdar, and C. Potter, Inside Informality: Poverty, Jobs, Housing and Services in Nairobi's Slums (Washington, D.C., World Bank, 2006), p.37.

75. P. Syagga, W. Mitullah, and S. Karirah-Gitau, Nairobi Situation Analyses Supplementary Study: A Rapid Economic Appraisal of Rents in Slums and Informal Settlements (Nairobi, Government of Kenya and UN-Habitat, 2001), p. 5.

76. S. Gulyani, D. Talukdar, and C. Potter, Inside Informality: Poverty, Jobs, Housing and Services in Nairobi's Slums (Washington, D.C., World Bank, 2006), p. 43.

77. M. Huchzermeyer, "Slum Upgrading in Nairobi Within the Housing and Basic Services Market: A Housing Rights Concern," Journal of Asian and African Studies (2008), p. 30.

78. S. Gulyani, D. Talukdar, and C. Potter, Inside Informality: Poverty, Jobs, Housing and Services in Nairobi's Slums (Washington, D.C., World Bank, 2006), pp. 49–53.

79. S. Gulyani, D. Talukdar, and C. Potter, Inside Informality: Poverty, Jobs, Housing and Services in Nairobi's Slums (Washington, D.C., World Bank, 2006), p. 50.

80. S. Gulyani, D. Talukdar, and M. Kariuki, "Universal (Non)service? Water Markets, Household Demand and the Poor in Urban Kenya," Urban Studies, vol. 42, no. 8 (2005), p. 1252.

81. S. Gulyani, D. Talukdar, and C. Potter, Inside Informality: Poverty, Jobs, Housing and Services in Nairobi's Slums (Washington, D.C., World Bank, 2006), p. 51.

82. Central Bureau of Statistics Kenya, Demographic and Health Survey. Available from http://www.measuredhs.com/pubs/pub_details.cfm?ID=462&ctry_id=20&SrchTp=type (accessed 25 August 2008).

83. S. Gulyani, D. Talukdar, and C. Potter, Inside Informality: Poverty, Jobs, Housing and Services in Nairobi's Slums (Washington, D.C., World Bank, 2006), p. 50.

84. S. Mehrotra, Rogues No More? Water Kiosk Operators Achieve Credibility in Kibera (Nairobi, World Bank, 2005), p. 6.

85. S. Mehrotra, Rogues No More? Water Kiosk Operators Achieve Credibility in Kibera (Nairobi, World Bank, 2005), p. 7.

86. S. Mehrotra, Rogues No More? Water Kiosk Operators Achieve Credibility in Kibera (Nairobi, World Bank, 2005), p. 5.

87. S. Mehrotra, Rogues No More? Water Kiosk Operators Achieve Credibility in Kibera (Nairobi, World Bank, 2005), p. 7.

88. S. Mehrotra, Rogues No More? Water Kiosk Operators Achieve Credibility in Kibera (Nairobi, World Bank, 2005), p. 7.

89. A Savings and Credit Cooperative Society (SACCO) is a member-owned financial cooperative whose primary objective is to mobilize savings and afford members access to loans (productive and provident) on competitive terms as a way of enhancing their socio-economic well-being.

90. UN-Habitat, World Cities Report 2016 (Nairobi, UN-Habitat, 2016).

91. UNFPA, State of the World Population 2007: Unleashing the Potential of Urban Growth (New York, UNFPA, 2007).

92. M. Kaldor, Our Global Institutions Are Not Fit for Purpose. It's Time for Reform (London, World Economic Forum, 2016).

93. D. Budlender and G. Hewitt, Engendering Budgets: A Practitioners' Guide to Understanding and Implementing Gender-Responsive Budgets (London, Commonwealth Secretariat, 2003).

94. To see which countries have ratified the convention, visit https://treaties.un.org/Pages/ViewDetails.aspx?src=TREATY&mtdsg_no=IV-8&chapter=4&lang=en.

95. Supported by GA Resolution S-23/3 (2000) annex, paragraph 73[c].

制砖的马拉维妇女©UN–Habitat

第15章 地方政府与经济发展、生产力及空间分析

前言

　　集聚经济和规模经济是城市化的两大优势，尽管全球的趋势是城市化，但高人口密度作为实现集聚经济的关键要素，并不是普遍存在的。即使有人口的高密度，城市也可能遭受来自交通拥堵、环境恶化、犯罪、暴力和贫民窟等负外部性因素的影响。同样，不可持续的密度水平限制了城市从人口的集聚中获得好处，使得公共服务的供给低效而昂贵。这要求进行政策干预，以确保城市在空间和经济方面进行有效和可持续的发展。

　　密集、紧凑、连通的城市是思想、知识和投资的枢纽。通过促进人与人之间的互动，它们激发了就业的增长、财富

与创新，从而提高了居民的生活质量。[1]城市越来越多地将自己视为全球供应链的主要节点，城市的竞争力通常由其连通性水平来定义。通过对全球经济施加比许多国家还大的影响，一些城市正在逐渐提升传统经济的层次。城市可以通过创造更有利于投资和增长的商业环境来增加其影响力，并通过利用各种开发和规划工具来确保这种增长是可持续的和包容性的。不幸的是，很多因素并未完全整合进相关的经济维度以融合进城市规划的过程之中。

前面的章节着重于阐述融资方式的多样化，以便地方政府提供更好的基础设施和服务。本章介绍了一种创新性的地方经济发展（LED）方法，以帮助城市领导者刺激经济增长和创造就业机会。在吸引新投资者和熟练劳动力的方面，具有生产力和竞争力的城市表现出较高的保留现有企业和人才的倾向。繁荣的地方经济发展和多元化的城市税基，能促进可持续的地方财政管理。为此，我们提出了一种将生产力分析与空间分析相结合的综合方法，以最大限度地发挥集聚的效益，同时追求空间的可持续性。

何为地方经济的发展？

地方经济发展（LED）是一个参与式的过程，在此过程中，各地方利益相关者共同努力，通过创造就业机会和提高人们所共享的生活质量来实现充满活力、有弹性、包容性和可持续性的经济发展。LED不是一个银弹也不是"快速修复"，相反，它是一项战略规划工作，需要有一个对城市经济资产和潜力进行深入了解的长期过程，在该过程中，要确定战略性的增长行业及其领头羊，设计战略和有效分配资源，以提高目标行业的竞争力。进行这一工作的方法范围广泛而包容——它既涉及公共和私人部门，也涉及

人口密度高的城市要想保持竞争力及人口密度与竞争力之间的相关性，越来越需要制定提高效率和补充现有基础设施的计划，而人口不足的城市必须促进可持续的发展。

正式和非正式的经济部门。其旨在提高经济增长率，扩大经济规模，同时测评投资环境，为所有人提供生产性的就业机会。[2]

LED战略是国家城市化战略的补充。虽然中央政府常常利用国家城市化战略为所有行为者提供协调性的指导和共同愿景，但地方政府对其自身的经济资产、潜力和局限性有最好的认识。通过针对具体城市布局中有利于增长和创造就业的行业，这种自下而上的方式能够促进可持续性的经济多样化和更加有效的城市体系。

斯里兰卡的市场©United Nations

在许多发展中国家,特别是在南亚和非洲——预计未来20年内人口将增加一倍的地区——城市的可持续发展是一项非常艰巨的任务。在一个理想的世界中,城市将会开发出各种各样的基础设施,以提高生产力和竞争力。然而,在现实中,政府面临的是有限的资源条件,需要有效开发增长潜力的策略——而这正是LED方法提供的战略,基于问题针对性和资源有效性的规划流程,以补充更为宽泛的国家经济发展战略。LED方法有两个主要构成部分:1)价值链和供应链的生产力分析;2)空间分析。

生产力分析

许多城市已经证明了特定行业发展战略

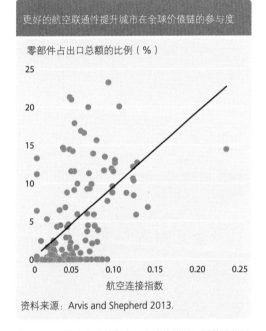

更好的航空联通性提升城市在全球价值链的参与度

零部件占出口总额的比例(%)

资料来源:Arvis and Shepherd 2013.

此图显示了航空连接性和参与全球价值链之间的强相关性。随着连接性的增加,零部件的出口份额也增加。这一发现为各国和各城市提供了改善物流和连接全球网络而减少低效率的基础。

图A 航空连接性和对全球价值链的参与
资料来源:World Bank, Connecting to Compete: Trade Logistics in the Global Economy (Washington, World Bank, 2014). Available from http://www.worldbank.org/content/dam/Worldbank/document/Trade/LPI2014.pdf.

城市是生产、创新和贸易的主要平台,而工业是经济发展和创造就业的动力。城市促进诸如劳动力和资本等资源的流动,结果是工业化改变了许多城市的面貌。

下的经济发展政策如何实现经济增长(例如班加罗尔和硅谷的软件业,迪拜的贸易和旅游业,或鹿特丹的航运业)。生产力分析有助于确定具有增长潜力的经济部门,并创造一个有利于企业发展的环境,以支持目标经济部门提高生产力和竞争力。通过这种方式,一个城市将能够扩大和巩固上游和下游的联系,在整个行业价值链中创造更多的就业机会。

连通性良好的城市也是全球市场的重要节点(图A)。传统观点认为,贸易开放与增长和机会有很强的相关性。虽然贸易被认为是经济发展的必要条件,但许多发展中国家受到各种内生因素的阻碍。就此而言,生产力分析方法也旨在通过使目标行业更具竞争力和高效率,进入全球价值链。

价值链分析与供应链分析[3]

生产力分析既包含价值链分析(VCA)也包含供应链分析(SCA)。一般而言,如果能够以最低的成本和最少的时间提供高品质的商品和服务,价值链/供应链就是更有竞争力的。

VCA是一种会计工具,它解构了从原材料到最终产品的产品流,体现其如何创造和增加价值（见案例1）。它是当今全球化经济中用于创造有利商业环境最强大的工具之一。通过解剖和分析生产过程（从原料阶段直到产品达到最终消费者）的每个环节增加了多少成本和价值，它让我们得以衡量每个阶段的效率。VCA还能确定由政策、法规以及市场和人力资源造成的扭曲。它们阻碍行业变得更具竞争力。[4]

VCA的过程可以简化为三个阶段：

1）定性和定量地界定从原材料到终端用户的产业价值链。

2）制定针对国际竞争和最佳实践的基准，以确定价值链或政策的哪个具体环节在竞争中面临挑战。

3）将这些知识与对制度和监管因素的了解结合起来，这些因素是公共和私营部门制定战略以减轻障碍，同时提高竞争力的基础。[5]

一些确定性的限制可能是行业特有的，而另一些则可能存在于所有行业。一个适当的VCA的范围跨越了行业，整合了有关企业运营的政策和监管环境的方方面面。因此，分析对于公共和私营部门制定增长和竞争力战略都有重大影响。所以，需要一个参与式和综合性的方法来吸引广泛利益相关者的参与。

案例1　莱索托和肯尼亚在经济部门层面的生产力和竞争力对比

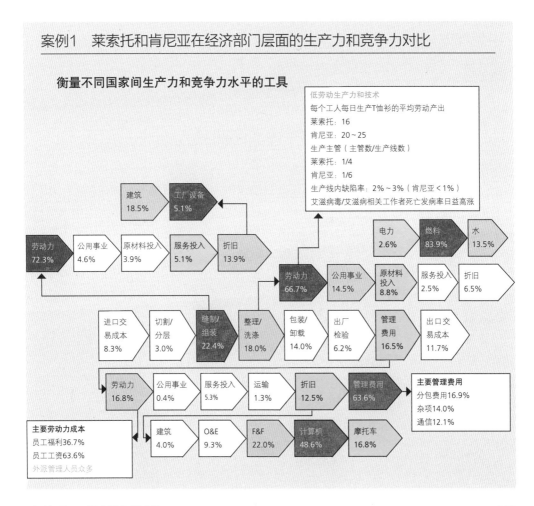

衡量不同国家间生产力和竞争力水平的工具

低劳动生产力和技术
每个工人每日生产T恤衫的平均劳动产出
莱索托：16
肯尼亚：20～25
生产主管（主管数/生产线数）
莱索托：1/4
肯尼亚：1/6
生产线内缺陷率：2%～3%（肯尼亚＜1%）
艾滋病毒/艾滋病相关工作者死亡发病率日益高涨

上图是莱索托针对美国市场生产的T恤衫的价值链分析图。如图所示，T恤衫的生产共经历了8个增值阶段，即进口交易成本（进口棉花材料），切割和分层，缝制和组装，整理和洗涤，包装和卸载，出厂检验，管理费用和出口交易成本（德班港的铁路费用以及运输到美国的费用）。VCA地图显示，缝制和组装（以红色突出显示），其次是整理和洗涤（黄色突出显示），再次是管理成本（绿色突出显示）是三个成本最大的环节。当对每个关键成本环节进行进一步解构时，分析发现了生产T恤衫的劳动技能的薄弱，这降低了劳动生产率（莱索托工人的平均生产率是16件T恤衫/人/天；而生产同样的T恤衫，肯尼亚工人的平均生产率是20—25件）。这表明专门针对莱索托工人在缝制和组装、整理和洗涤方面的技能开发和培训将提高莱索托服装业的竞争力。这种分析有助于让政策制定者和私人运营商的注意力集中在具体的干预措施上，以帮助提高行业的竞争力。[6]

资料来源：Global Development Solutions, Measuring the Cost of Trade Logistics on Agribusiness (Reston, Va., Global Development Solutions, 2013).

虽然VCA价值链分析帮助我们了解生产系统中每个增值环节的成本效益，但供应链分析可以评估货物和服务流动的效率——从生产者的原始投入开始，一直到国内外终端消费者的全过程。产品、服务、信息和资本从链条的一个部分转移到另一个部分，直到达到最终消费者为止。[7]例如，供应链反映了农作物的价值获取流程，反映其成本、时间和效率是如何从农业生产者转移到消费者手中的。供应链分析能帮助人们了解具体的贸易物流的限制性因素，这些因素会阻碍竞争力的提升，并有助于确定政策性和市场性干预措施，以提高效率和竞争力。供应链效率受物质性和贸易物流基础设施的约束，这些基础设施通常由城市规划来确定。

许多人认为提升供应链和物流的功能是全球价值链参与和经济增长的核心。根据价值链分析的结果，可以确定特定的增值环节或进入全球价值链的经济部门。这项工作的目标是在连通性与全球价值链参与之间存在强相关的前提下提高物流绩效。[8]然而，供应链往往是碎片化的，特别是在发展中国家。

碎片化导致浪费、收入损失、产品价格上涨以及市场缺乏可用的商品。例如，尽管国内有农民，还是可以看到国内市场在进口农产品。

供应链分析的方法论框架突出了影响运营一个竞争性部门所需商品和服务的成本、时间、质量这些关键因素。在进行分析时，需要考虑从原材料到国内外消费者手上的最终产品和服务的整个流程。分析需要找出流程中每个环节的经济成本。例如，图B表明了进出口物流和不同环节所涉及的关键因素。

供应链是一种制度安排，链接了企业所在的特定行业的一整套活动，这些活动以生产者开始，从包装商、营销商，最后到消费者。

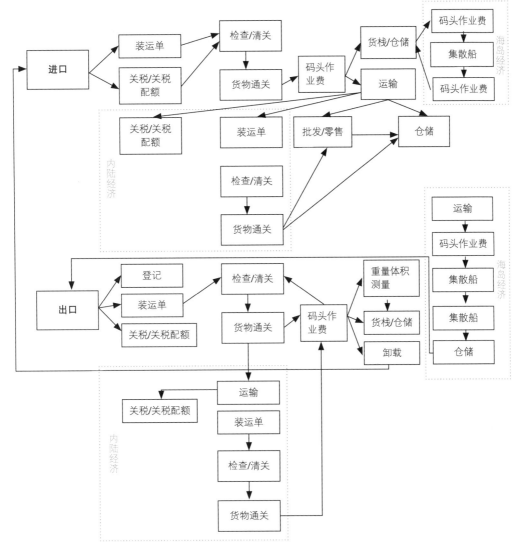

图B 进出口贸易物流框架
资料来源：Global Development Solutions, Measuring the Cost of Trade Logistics on Agribusiness (Reston, Va., Global Development Solutions, 2013).

在此分析中采取的步骤与价值链分析的步骤相同。一旦获取到产品流程中关键因素的经济成本，就将目标供应链的效率与竞争对手和全球标准进行对比。在设计战略以克服供应链瓶颈之前，对制度和基础架构的透彻了解至关重要。

同样，要想充分地了解价值/供应链的效能如何，需要基本和最新的信息。次级的

案头研究就足以了解全球和区域的趋势和需求。然而，获取国内市场的数据和信息可能是一个巨大的挑战，特别是在发展中国家，其数据可用性有限。寻找已有的相关报告既省时又能节省成本。如果这些报告不可用或需要更新，可以通过进行连锁调查和与相关公共和私人机构的利益相关者进行访谈，重新进行估计。这样做需要考虑到种种因素。

影响价值/供应链竞争力的变量

价值/供应链分析需要分析关键环节的变量才能确定其竞争力。这些变量大致可以分为硬设施和软设施，前者包括：

- 交通基础设施：有三种主要的交通工具：陆、空、海。一个发达和相互连接的陆上、空中和海运网络及高效的货运系统，将有助于货物和服务的流动，而任何设计不良的运输方式都将导致运输缓慢和运输成本的增加。交通运输设施的质量对价值链上真正的经济运距[9]有着巨大的影响。[10]

- 物流：指仓库、制冷和配送设施以及冷链设施。这些设施对价值链的重要性更大，会对时间敏感和易腐货物（如农业企业生产的货物）产生影响。

对于部门竞争力而言，以下属于软设施的变量与硬设施同样重要：

- 人力资源：指劳动技能（包括生活技能、工作及特定任务技能）以及确定劳动生产率的工资，还包括正式的教育机构和职业培训机构，它们会传播技术、技术性和管理性的技能以及知识。没有这些机构的大力支持，即便拥有先进的交通运输设施，一个经济部门也不可能具有竞争力。

- 金融机构：虽然物质基础设施对于将货物和服务从生产者转移到消费者至关重要，但金融部门在有效分配资源和促进支付方面发挥着关键作用。金融服务行业包括五大类：银行、保险、证券、资产管理和财务信息。如果行业涉及国际贸易，金融服务会越来越重要，其对企业的发展十分重要。[11]

- 海关和货运代理：货物沿着供应链，从生产者传递到消费者也取决于运输和相关服务的质量，如海关和货运代理。[12]

- 法律/监管框架：政府机构提供服务或制定影响贸易物流竞争力的法规。此外，反竞争行为和对运输服务及设施的限制性规定可能会增加运输成本，最终会破坏贸易和市场占有率。只要投资能获得必要的信贷，私营部门可以在基础设施投资和服务方面发挥主要作用。但在发展中国家，私营部门获得可负担性的信贷概率很低，原因在于缺乏强有力的公共机构、执法不力和法治不健全。监管框架的薄弱让投资者慎于在最需要投资的地方进行投资。[13]

- 信息和计算机技术（ICT）：信息和计算机技术是一个跨领域的问题，有助于价值链上的信息和知识共享。例如，海关计算机系统的发展大大降低了人为错误、腐败和清关过程的长度。此外，供应链上通信的改善，在改善库存管理的同时降低了不一致性和意外发生的可能性。[14]

- 商业环境：为了经济部门得到扩大和发展，一个经济体需要投资和企业来改造和支持现有的及新的产品和服务的发展。在这方面，必须营造一个促进和鼓励创业及冒险的商业环境。

- 安全防范：安全是经济增长的重要前

提。当实际出现或已感觉到军事力量、恐怖主义或宗教原教旨主义者出现的风险时，未来投资的可能性会大大降低。由于在不稳定环境中经营的成本很高，所以很少有投资会流入。

除了上述内生变量外，还有其他一些超出了城市或中央政府控制范围的因素——如地理和气候变化——也会影响供应链和贸易效率。虽然不能忽视这些影响，但是对上述内生变量的改善就可为城市供应链和物流业绩带来显著的改善。拥有一个高效的国内供应链和物流体系是参与全球价值链的敲门砖。

行动导向的参与过程

俗话说"链条的强度由其最弱的一环决定"，同一价值/供应链的各个组成部分之间具有高度的相互依赖性。一个部分的效率严重影响另一个部分的竞争力。例如，如果制革厂以高成本生产皮革片，皮鞋制造商可能就会增加成品皮鞋的市场价格。价值/供应链的整体协调性能产生信任和可预测性，其可以提高经济部门的效率。这为整个供应链系统合作探索一个更为综合的价值链方法提供了激励。因此，从一开始起，价值链上私人和公共部门成员的广泛参与就是非常重要的。这将使各部门制定共同愿景，从而带来一个综合性、可持续和具有竞争力的价值链和供应链。

通过价值链和供应链的角度来分析一个行业，能使我们识别和减小链条上的不足。结合全球和区域性趋势及需求的调查结果，当地行业可以探索增值机会或扩大市场份额。在当今全球化的经济背景下，竞争性行业或部门的专业化可使得城市将自身融入全球价值链，同时将其中的人与世界连接起来。

空间经济分析

空间分析的主要目标是帮助城市设计一个紧凑、集成、连通的城市布局。行进中的城市化带来的城市重组（urban reconfiguration）使得地方政府面临着提供基本服务的压力。目前的研究表明，发展中国家每7个城市中有6个城市的人口密度正在下降，这给政府带来了巨大的代价[15]，意味着越来越需要对公共服务和基础设施进行更好的空间分配，使城市成为宜居和可持续的经济火车头。

综合性地方经济发展（LED）方法的第二个组成部分探讨了一个城市及其重点工业部门的空间和规划视角。这不仅让我们能开发城市的空白空间，更重要的是有助于提高那些连接和支撑产业的各种基础设施项目之间的凝聚性。

实施空间分析

如果生产率分析是发现价值/供应链中利益相关者之间的联系和确定利益相关者效率的一种行为，则空间分析是生产力分析结果的可视化。其可以简化成四个阶段：

1）规划出城市基本要素，如道路，港口和仓库的位置。

2）通过空间角度审视生产率分析的结果：在目标行业的利益相关者之间绘制部门参与者以及产品、服务和劳动力流动。在目标行业的利益相关者之中标示出参与部门以及产品、服务和劳动力流。[16]

3）确定集聚业务活动和企业的生产中心/集群。

4）制定近期和长期战略，进一步整合供应链，通过将前三个步骤与预计中的城市扩张相结合，优化生产要素的流动。例如，确定要支持的重点生产中心后，地方政府可以规划区域内的城市开发，以适应人口的增加，促进技术性劳动力的供应，改善基础设施和提供公共交通。

实施空间分析的关键因素

以下是进行空间分析以优化其使用时要考虑的三个关键因素：

- **流动性**：目标是最大限度地提高生产要素——人员和货物的流动性，同时最大限度地减少经济运距。生产率分析将能明确价值/供应链成员之间错综复杂的联系以及投入和产出的流动。通过使用地理空间工具绘制产品和服务，我们能够了解投入所经过的距离。这项工作在改善流动性方面产生了许多潜在的活动。例如，它使得经济部门能够检测邻近供应商是否丧失任何经济机遇。通过分析趋势，价值链上的利益相关者可以有效地增加本地公司之间的业务交易。因此，经济部门将看到其生产的增加，同时货物流动更具经济效率。

  同样的概念适用于劳动力。劳动力是生产的关键因素之一，其流动的便捷与否会影响到一个城市的生产率。[17]通过增加技能的匹配度来提升劳动力的流动性，可以提高经济生产力。此外，在增加劳动力流动性和提高其可获得性的前提下，减少通勤时间可以让人们进行其他生产活动。在发展中国家，公共交通可能是一个主要制约因素，人们有多个就业机会的情况很普遍，增加劳动力流动性和可获得性可为个人和经济带来巨大的经济效益。

在一个城市中，以下指标可以衡量其劳动力和产品的流动性水平：干线道路的可达性、交叉口的密度、土地利用组合、是否存在安全和专用的行人空间。

联合国人居署认为可持续流动性是为了实现可达性而不在于流动性本身。无可达性的概念不止于简单的物理距离，它还包括机会的获得和赋予人们充分行使其人权的权利。[18]

- **连通性**：连通性衡量的是一个城市在多大程度上位于全球市场、交通运输和物流网络的中心。越来越多的人认为连通性是衡量一个城市发展潜力更有力的指标之一。更好、更有效地连接到大市场能降低经济成本。此外，一个城市的连通性越高，获得新思想、技术、创新等的可能性就越高。虽然连通性通常由地理位置定义，但它并不一定决定了某一特定地点的行业的竞争力。基础设施也是一个关键的变量，空间分析使我们能评估连通水平，并确定需要进行基础设施投资和提供公共服务的领域。存在诸如联合国贸易暨发展会议"班轮航运连接指数"等指标，来衡量各国的连通性。[19]

- **包容性**：空间分析的一个目标是促进包容性经济增长。多年的经验表明，城市化是经济发展的有力工具。然而，如果没有适当的规划和行动，城市化这种正的外部性就不会平均分配，弱势群体可能无法享受到其好处。空间分析的应用确保了扩张后的城市区域的新设施配置与现有的城市网络融为一体，不会与城市经济和基本设施相脱节。

巴布亚新几内亚，莫尔兹比港高峰时段© UN–Habitat

城市区域面积的增长率一直高于人口增加率，导致1990—2000年间全球城市密度的降低。[21]预计这一趋势将持续。除了发展中国家在2010年至2050年间城市人口会翻番外，城市土地的面积也将爆炸性增长；由于运输成本的降低和经济增长，人均土地消费量也将会增加。人均土地消费每年增长1%，就会导致发展中国家城市土地面积增加3倍。对于撒哈拉以南非洲地区而言，这一效果将更为显著——同样1%的增长将导致城市土地面积上升6倍。[22]此外，政策制定者必须预计需要增加的土地和就业机会，用以维持足够和可负担的住房，确保较高的生活质量和较低的失业率。

忽视这一持续的城市扩张及其对以已存在的事实为基础的规划需求不仅会对城市流动性和连通性，而且会对城市生产力产生负面影响。许多城市已经受到了局限性的城市政策行动带来的不利影响。表1显示，许多非洲城市的城市布局性能指标低于平均水

未来预测的空间分析

空间分析不仅对评估现状非常重要，而且对于制定和预测未来计划至关重要。[20]对120个样本城市的研究表明，平均而言，

表1 非洲和利雅得的城市布局：街道网络

城市/地区	道路占用的建筑面积比例	地块的平均大小（公顷）	十字路口密度（每公顷数）	通达比率	非正式土地细分中地块平均大小	正式土地细分中地块平均大小
阿克拉	17 ± 3%	3.7 ± 1.0	0.12 ± 0.08	1.7 ± 0.2	949 ± 287	905 ±
亚的斯亚贝巴	25 ± 4%	3.9 ± 1.7	0.33 ± 0.10	1.6 ± 0.1	239 ± 365	±
阿鲁沙	14 ± 3%	4.2 ± 0.9	0.16 ± 0.06	1.7 ± 0.2	289 ±	±
伊巴丹	13 ± 1%	5.1 ± 3.4	0.13 ± 0.07	1.6 ± 0.1	±	±
约翰内斯堡	18 ± 3%	7.5 ± 3.0	0.16 ± 0.08	2.3 ± 0.5	191 ± 96	291 ± 103
拉各斯	14 ± 2%	4.4 ± 1.2	0.01 ± 0.02	1.8 ± 0.3	±	±
罗安达	15 ± 2%	2.3 ± 0.7	0.40 ± 0.16	1.7 ± 0.2	403 ± 192	±
开罗	26 ± 4%	5.3 ± 1.8	0.28 ± 0.34	1.6 ± 0.1	672 ± 187	418 ± 1,953
利雅得	34 ± 4%	6.0 ± 2.5	0.04 ± 0.05	1.7 ± 0.2	±	496 ± 193
世界平均	20	6.3	0.21	1.7	465	643
总计	53	53	53	53	18	26

资料来源：NYU, Lincoln Institute of Land Policy, and UN-Habitat, Atlas of Urban Expansion (n.p., forthcoming 2016).

平。面对持续的低密度的城市土地扩张，地方政府在提供基础设施和服务方面困难重重。发展中国家城市失控性的扩张将使已经很差的城市连通性和流动性雪上加霜。

随着城市扩张规划的实施，城市的发展需包括主干路网计划，要列出城市和市内道路与公共交通等主要交通基础设施（图C）。[23]目标是在整个规划扩张区域内提供公平的接入和连接。精心规划的交通运输基础设施可以显著增加城市的连通性以及供应链中产品和服务的流动。

图C　加纳阿克拉的城市土地扩张以及印度的艾哈迈达巴德的主干道路网

资料来源：NYU, Lincoln Institute of Land Policy, and UN-Habitat, Atlas of Urban Expansion (n.p., forthcoming 2016).

结论：一个综合的路径

综合性的地方经济发展方法汇集了城市发展的两个关键方面：一方面，它使用价值链和供应链分析来进行更多常规经济竞争力方面的评估，以确定目标行业中的关键参与者和限制目标行业的因素。然后，分析会提出监管和行业政策建议，以解决所发现的瓶颈问题；另一方面，该方法将城市规划的空间要素应用于可视化价值/供应链的功能方面，探索城市人口和城市土地消费扩张的利用方式，使其适用于行业和经济。

通过整合城市发展的经济和设计方面，地方经济发展（LED）的方法以现有开发工具很少可以胜任的全面性方式检测城市的竞争力和可持续性。它为公共和私营部门提供参与式框架，让它们从问题识别阶段到解决方案的实施阶段进行合作。更具竞争力和综合性的部门将通过创造增值性的就业机会和促进当地经济活力，为私营部门和城市居民带来好处。它还通过为循证决策地方治理的改善和收入增长机会的扩大奠定坚实基础，给地方政府带来好处。

我们所讨论的LED工具提出了一个针对具体行业的方法（sector-specific approach）来提高当地的经济竞争力和空间的可持续性。与将政府有限的预算用于多个薄弱的行业相反，针对具体行业的方法能以更有效的方式施加更大影响。然而，行业的识别问题至关重要。在应用LED工具包之前，城市必须确

政府往往封闭性地进行经济和城市规划。经济发展项目往往忽视空间层面的因素，而经济方面在许多城市规划的过程中也总是被忽略。

定一个新兴行业。虽然识别过程是成功执行LED的关键先决条件，但对于地方政府来说，这可能并不是小任务，需要进行技术分析和私营部门的共同努力。识别过程可以通过结合贸易数据、行业增加值统计数据和劳动强度数据来完成，但是，这些信息并不总是可用的。描述和开发这种方法超出了本章的范围，但这是人居署即将进行研究的一部分。

扬胡思·穆恩（Younghoon Moon），联合国人居署城市经济部顾问。

马尔科·卡米亚（Marco Kamiya），联合国人居署城市经济与金融局局长。

亚索·小西（Yasou Konishi），全球开发方案有限责任公司总经理。

注 释

1. Edward L. Glaeser, Triumph of Cities (New York, Penguin Press, 2011).

2. UN-Habitat, Promoting Local Economic Development Through Strategic Planning (Nairobi, UN-Habitat, 2005).

3. VCA is often used interchangeably with supply chain analysis. The minor difference resides in the fact that supply chain analysis focuses on the movement of products, materials, services, and information, from one point of value addition to the next, while VCA focuses specifically on accounting for each stage of value addition for a good or service.

4. Foreign Investment Advisory Service (FIAS), Moving Toward Competitiveness: A Value-Chain Approach (Washington, Foreign Investment Advisory Service, 2007).

5. Foreign Investment Advisory Service (FIAS), Moving Toward Competitiveness: A Value-Chain Approach (Washington, Foreign Investment Advisory Service, 2007).

6. Since the analysis was conducted, skills development programmes were introduced in the garment sector in Lesotho, which has contributed greatly to improve sector competitiveness, and Lesotho continues to be the second-largest exporter of garments to the U.S. market under the African Growth and Opportunity Act.

7. Martha C. Cooper, Douglas M. Lambert, and Janus D. Pagh, "Supply Chain Management: More Than a New Name for Logistics," International Journal of Logistics Management, vol. 8, issue 1 (1997).

8. World Bank, Connecting to Compete: Trade Logistics in the Global Economy (Washington, World Bank, 2014). Available from http://www.worldbank.org/content/dam/Worldbank/document/Trade/LPI2014.pdf.

9. Economic distance is the time and cost of transporting goods between departure to destination. It could be measured by the costs incurred or the time required.

10. Global Development Solutions, Measuring the Cost of Trade Logistics on Agribusiness (Reston, Va., Global Development Solutions, 2013).

11. Global Development Solutions, Measuring the Cost of Trade Logistics on Agribusiness (Reston, Va., Global Development Solutions, 2013).

12. Global Development Solutions, Measuring the Cost of Trade Logistics on Agribusiness (Reston, Va., Global Development Solutions, 2013).

13. Global Development Solutions, Measuring the Cost of Trade Logistics on Agribusiness (Reston, Va., Global Development Solutions, 2013).

14. Global Development Solutions, Measuring the Cost of Trade Logistics on Agribusiness (Reston, Va., Global Development Solutions, 2013).

15. UN-Habitat, State of the World Cities (Nairobi, UN-Habitat, 2012). Available from http://mirror.unhabitat.org/pmss/listItemDetails.aspx?publicationID=3387.

16. UN-Habitat. First Steps Towards Strategic Urban Planning (Nairobi, UN-Habitat, 2008). Available from http://unhabitat.org/books/garowe-first-steps-towards-strategic-urban-planning/.

17. Mobility of capital is also crucial for the reasons mentioned in the financial institutions section under value chain analysis.

18. UN-Habitat, Planning and Design for Sustainable Urban Mobility (Nairobi, UN-Habitat, 2013). Available from http://unhabitat.org/planning-and-design-for-sustainable-urban-mobility-global-report-on-human-settlements-2013/.

19. UNCTAD, Liner Shipping Connectivity Index (Geneva, UNCTAD, 2016). Available from http://unctadstat.unctad.org/wds/TableViewer/tableView.aspx?ReportId=92.

20. There are a number of ongoing studies and platforms for urban spatial data and analysis that can be accessed by the public. City leaders are encouraged to explore platforms such as Lincoln Institute's Atlas of Urban Expansion and World Bank's Platform for Urban Management and Analysis (PUMA) to understand global urbanization trends and to compare urbanization across countries and cities.

21. S. J. Angel, D. Parent, L. Civco, and A. M. Blei, Atlas of Urban Expansion (Cambridge, Mass., Lincoln Institute of Land Policy, 2010). Available from http://www.lincolninst.edu/subcenters/atlas-urban-expansion/.

22. NYU Urban Expansion Program, Monitoring the Quantity and Quality of Global Urban Expansion (New York, New York University, 2015). Available from http://marroninstitute.nyu.edu/uploads/content/Monitoring_the_Quantity_and_Quality_of_Urban_Expansion,_22_September_2015_WP24.pdf.

23. NYU, Lincoln Institute of Land Policy, and UN-Habitat, Atlas of Urban Expansion (n.p., forthcoming 2016).

译者简介

王 伟 博士,现为中央财经大学政府管理学院城市管理系主任,副教授,主要研究领域:城市与区域可持续规划理论与方法,大数据与城市精细管理。

那子晔 博士,现为中央财经大学政府管理学院城市管理系讲师,主要研究领域:区域战略及结构、城市(功能)网络测度以及城乡规划政策。

朱 洁 硕士,现就职于国家开发银行总行专家委员会,主要研究领域:政府战略、公共政策、城市基础设施投融资等。

李一双 硕士,重庆市两江新区管委会招商合作局招商经理,主要研究领域:区域产业经济、投融资规划。